城市建设与园林规划设计研究

孔德静　张　钧　胥　明◎著

吉林科学技术出版社

图书在版编目（CIP）数据

城市建设与园林规划设计研究 / 孔德静，张钧，胥明著 . -- 长春：吉林科学技术出版社，2018.4（2024.1重印）
ISBN 978-7-5578-3951-2

Ⅰ . ①城… Ⅱ . ①孔… ②张… ③胥… Ⅲ . ①园林—规划—研究②园林设计—研究 Ⅳ . ① TU986

中国版本图书馆 CIP 数据核字 (2018) 第 075952 号

城市建设与园林规划设计研究

著　　者　孔德静　张　钧　胥　明
出 版 人　李　梁
责任编辑　孙　默
装帧设计　孙　梅
开　　本　787mm×1092mm　1/16
字　　数　280千字
印　　张　19.5
印　　数　1-3000册
版　　次　2019年5月第1版
印　　次　2024年1月第2次印刷

出　　版　吉林出版集团
　　　　　吉林科学技术出版社
发　　行　吉林科学技术出版社
地　　址　长春市人民大街4646号
邮　　编　130021
发行部电话/传真　0431-85635177　85651759　85651628
　　　　　　　　　85677817　85600611　85670016
储运部电话　0431-84612872
编辑部电话　0431-85635186
网　　址　www.jlstp.net
印　　刷　三河市天润建兴印务有限公司

书　　号　ISBN 978-7-5578-3951-2
定　　价　118.00元

前言
PREFACE

城市建设与园林规划设计作为一门综合性的学科，不仅是空间的艺术，更是视觉的艺术。园林的设计、城市的建设离不开人的视觉、心理和行为，它们之间是相互作用和相互影响的。本书中介绍了园林建筑设计及其理论、风景园林景观规划设计、城市规划建设设计等三个部分，结合古今中外园林景观发展的脉络，以现代城市环境建设及社会需求为背景，综合各学科对园林景观学科的需要，并从色彩景观、视觉元素等方面进行了深入的探究。同时结合现代技术及理论对园林景观、城市建设规划及设计的过程、内容、方法及理论体系进行新的诠释。

目　录
CONTENTS

第一章　园林景观基础概述

环境或者是经过人为改造可引起良好视觉感受的某种景象。

3.园林地形（terrain）指一定范围内承载树木、花草、水体和园林建筑等物体的地面。“园林微地形”是专指一定园林绿地范围内植物种植地的起伏状况。在造园工程中，适宜的微地形处理有利于丰富造园要素，形成景观层次，达到加强园林艺术性和改善生态环境的目的。

4.园林地貌（landform）是指园林用地范围内的峰、峦、坡、谷、湖、潭、溪、瀑等山水地形外貌。它是园林的骨架，是整个园林赖以存在的基础。按照园林设计的要求，综合考虑同造景有关的各种因素，充分利用原有地貌，统筹安排景物设施，对局部地形进行改进，使园内与园外在高程上具有合理的关系，这个过程叫作园林地貌创作。

5.绿化（greening，planting）指栽种植物以改善环境的活动。

6.公园（park）指供公众游览、观赏、休憩、开展户外科普、文体及健身等活动，向全社会开放，有较完善的设施及良好生态环境的城市绿地。

7.花园（garden）指以植物观赏为主要功能的小型绿地。可独立设园，也可附属于宅院、建筑物或公园内。

8.街旁绿地（roadside green space）指位于城市道路用地之外，相对独立成片的绿地。

9.带状公园（line park）指沿城市道路、城墙、水系等，有一定游憩设施的狭长形绿地。

10.社区公园（community park）指为一定居住用地范围内的居民服务，其有一定活动内容和设施的集中绿地。

11.防护绿地（green buffer，green area for environmental protection）指城市中具有卫生、隔离和安全防护功能的绿化用地。

12.附属绿地（attached green space）指城市建设用地中除绿地之外各类用地中的附属绿化用地。

13.居住绿地（green space attached to housing estate，residential green space）指城市居住用地内除社区公园之外的绿地。

14.道路绿地（green space attached to urban road and square）指城市道路广场

用地内的绿地。

15.屋顶花园（roof garden）指在建筑物屋顶上建造的花园。

16.立体绿化（vertical planting）指利用除地面资源以外的其他空间资源进行绿化的方式。

17.风景林地（scenic forest land）指具有一定景观价位，对城市整体风貌和环境起改善作用，但尚没有完善的游览、休息、娱乐等设施的林地。

18.绿化覆盖面积（ green coverage）指城市中所有植物的垂直投影面积。

19.绿化覆盖率（percent age of greenery coverage）指一定城市用地范围内，植物的垂直投影面积占该用地总面积的百分比。

20.园林植物（landscape plant）指适于园林中栽种的植物。

（三）景点、景区和景线

1.景点

景点是构成园林景观的基本单元，它具有一定的独立性，一般若干个景点可构成一个景区。园林设计中的景点一般通过选景、造景和借景等多种手法确定和形成。

（1）选景。

根据园林景区的自然地形、植被情况、功能要求以及人文景观资料，结合外围资料，确定景点的位置，并对其设计，使之成为具有一定观赏价值的景观点。

（2）造景。

造景是将园林中既有的主题因素加以提炼、加工，使之“升华”成为具有一定观赏价值的景观点。造景的手法很多，一般有以下几种类型：

1）调整主景与配景的关系。

景无论大小均有主景与配景之分，通过调整处理二者关系，升高主体，运用轴线，采用动势向心、空间构图等方法突出主景，使之成为景点中的重心、视线控制的焦点，具有较强的艺术感染力。

2）组织好前景、中景与背景。

园林景观以视觉空间上的不同分为前景、中景与背景，或为前景、中景和

远景。一般前景和背景都是为突出中景而设置的，不一定每个景点都要具备前景、中景与背景，应根据造景要求而定，如营造开朗宽阔、气势宏伟的景观，则前景就可以不必设置，只需用简洁的背景予以烘托即可。对于一些大型建筑物前的绿化景观，可以配置较为低矮的小灌木、草坪和山石、水池作为前景，便可显示出建筑物自身的形象，此时背景也没有多大必要设置了。

在前景的处理上，除了直接置物设景之外，还有框、夹、漏、添四种技法，所形成的景相应被称为框景、夹景、漏景和添景。

框景：凡利用门、窗、树、山洞、桥洞等框状形体来有选择地摄取后一空间景色的手法，所形成的景称为框景。

夹景：常以树丛、树列、山石、建筑物等将左右两侧加以屏障，形成较为封闭的狭长空间，空间中的景观称为夹景。

漏景：漏景是由框景发展而来的。框景景色全现，漏景景色则若隐若现，含蓄雅致。漏景的框状形体，常使用漏窗、漏花墙、疏林、树干枝网、花木藤幕等设施配制。

添景：添景是指使用造景要素，在中景的前后或左右添加一些景物设施，以便使整个景点取得较好的过渡或呈现协调的艺术构成效果。

（3）借景。

有意识地把图外的景物借到图内可透视的视觉范围内，称为借景。一个园林绿地，其地域面积和自身的空间总是有限的，使用借景的手法，可以巧妙地利用园外景物达到扩大景物的广度的目的，收无限于有限的景观之中。

借景的内容常为形、声、色、气息等。可以将具有一定景观价值的建筑物、山、石、花木等自然景物纳入画面，进行借形置景；可以借自然中的鸟语、雨声、流水声、钟声等，纳入空间中，进行借声置景；可以借助于灯光、月色、云霞、雨中雨后的雾幕色状、蓝天白云彩虹等的自然色彩、不同季节植物的叶色和花色，组成五光十色的景点景观；可以依靠植物自身散发出的幽香，以营造可视可闻的景点美景。

借景的方法，一般可依距离、视角、时间、地点不同，分为远借、邻借等。

远借是把远处的非本园林区域的景物组织进来。为借得远处的景物，常常需登高望远，故多利用园内的有利地形开辟通透视线，也可以堆设假山、叠建高台、设亭建阁等，以形成新的观赏通透视线。

邻借是指把邻近的景色景物组织进来，将邻近的山、石、水、植物、建筑等，通过周边的漏空景墙、景廊等设施，作为景点置景的对象。因此，邻借是一种更直接的近距离借景配景方法。

借景中根据观景视角的不同，除了正常的平视借景外，还有仰借和俯借两种。仰借是通过仰视观赏高处的景点景物，如高岗上的塔、大树、山峰、繁星明月、白云飞鸟等。仰视观赏容易造成疲劳，故观赏点应设置座椅、石凳等物。俯借为通过俯视观赏低处的景点景物，如水池湖面、脚下奇花异石等。俯借眺览处一般常有坠落危险，一般需设置栏杆扶手等安全设施。

2.景区

由若干个景色主题特点相连贯或功能性质基本统一的景点所组成的地域称为景区。一般来说，一个景区总是由若干个景点所组成，而若干个景区才能构成一个完整的园林绿地或园林公园。

在园林规划设计中，景区一般具有两重属性，即功能性和景色属性。功能属性是按功能分区理论而产生的景区性质。这些景区主要是满足某项功能要求而设立的各小区，例如公共设施区、文化教育设施区、体育活动设施区、休息区、经营管理区等。各区内部及各区之间采用不同造园元素进行配置。

景色属性是依据景观主题造景理论而产生的景区性质。这些景区主要是为营造某种人文景观或自然景观要求而设立的小区，例如古迹区、牡丹园、兰花圃、盆景园、观云听音区等。

中国古典园林，一般都具有较显著的景色属性，常有较美的景点设施。现代园林中，各小区都具有明确的功能特点，并配置了相应的满足功能要求的设施。当然，在进行组景和景物配置时，必须将景色属性、功能属性综合在一起，根据造园的要求，找出最佳的结合点，既要满足相应的功能要求，又可形成较美的景观景色。

3.景线

景线是指园林中连接各景点、各景区之间的线性因素。景线一般分为导游线和风景视线两种。

（1）导游线。

导游线是指导游人游览的线路线。在园林中，除了生产管理所需的专设道路外，所设置的通行道路和导游线基本吻合，故这些道路称为游览道路，简称为园路，或干脆称为导游路。

导游路按路面的宽度和在导游中的作用分为主要园路、次要园路、游憩小路三种。

1）主要园路。

主要园路是连接各景区及各主要建筑的道路，是园林道路系统中的骨架。由于主要园路的交通量和游人量都很大，故路面宽度应为4.7m，道路纵向坡度应小于10%，并且园路两旁应有景色可赏。

2）次要园路。

次要园路是连接园林景区内各景点的道路，并接通于主要园路。在园林中，当主要园路不能形成环路时，常以次要园路作为补充，构成环路。次要园路的路面宽度一般为2~4m，纵向坡度可大于10%，当坡度较大时可以平台、踏步的构造方式处理。

3）游憩小路。

游憩小路为各景区内通往各景点的来往通行、散步、游玩小路，其坡度不受限制，路面宽度一般为0.9~2m，游憩小路旁应有较好的景观配置，或者自身也作为景观配置的一个重要要素。

园林中的导游线，因与园路紧密结合在一起，所以可以将其视为平面构图中的一条可视可触摸的“实线”。

（2）风景视线。

风景视线是指园林中观赏相应景观的视线，是园林空间构图中的一条虚线。风景视线既可作为平面中的视线与导游线相一致，也可与导游线分离作空间中上下纵横各个角度的观赏。

风景视线的设置，在手法上主要有以下三种：

（1）开门见山的风景视线。

开门见山的风景视线采用的是直接明显展示的方法。可用对称或均衡的中轴线引导视线前进，中心内容、主要景点始终呈现在前进方向上，利用人们对轴线的认识和感觉，使游人始终明确主轴尽端是主要景观所在。在轴线的两侧适当地布置一些次要的景物，以起到辅助与引导的作用。

（2）半隐半现的风景线。

半隐半现的风景线不是将中心一次性展现，而是逐次地、由少到多地、先展现几个部分或侧面，最后才展示出全部内容。这种风景线具有较强的引导性和吸引力。例如登山寻塔过程中，同时观赏沿途各景点景物，最后到达山顶宝塔处进入高潮。

（3）深藏不露的风景视线。

深藏不露的风景视线将景区、景点掩映在山峦、丛林、建筑群体中，由远处观赏仅见一鳞半爪，近观则全然不见要寻找的景点。这时只能沿园路探索前进，行走于沿途的各个辅助景点之中，游人在游览的过程中不断被吸引，被鼓励，直至进入最终的景点而达到观赏的高潮，形成峰回路转、柳暗花明、深谷藏幽、豁然开朗等境界。

在景线中，各个景点、景区一般都被导游线或风景视线组合成线状、串联状或并联状。所以，应特别注意，俗称的风景线，一般是指沿线状布置的各景点景观，它与园林工程设计中的景线有所区别。

二、园林景观的研究范畴

从广义的角度讲，城市公园绿地、庭院绿化、风景名胜区、区域性的植树造林、开发地域景观、荒废地植被建设等都属于园林的范围或范畴；从狭义的角度讲，中国的传统园林、现代城市园林和各种专类观赏园都称为园林。而“景观”一词，则是从1900年在美国设立的Landscape Architecture学科发展而来。1986年，在美国哈佛大学举办的国际大地规划教育学术会议明确阐述了这一学科的含义，其重点领域甚至扩大到土地利用、自然资源的经营管理、农业地区的发展与变迁、大地生态、城镇和大都会的景观。西方的景观研究观念现在已扩展到“地球表层规划”的范畴，目前国内一些学者则主张“景观”一词等同于“园林”，而事实上现代园林的发展已不局限于园林本身的意义了，所以此种论点存在很大争议。

园林景观设计作为一门综合性边缘学科，主要是研究如何应用艺术和技术手段恰当处理自然、建筑和人类活动之间的复杂关系，以达到各种生命循环系统之间和谐完美、生态良好的一门学科。俞孔坚对此加以扩展，他认为：园林景观是美，是栖息地，是具有结构和功能的系统，是符号，是当地的自然和人文精神。

就研究范畴而言，本书将对园林景观加以分类归纳，即在微观意义上理解为：针对城市空间的设计，如广场、街道；针对建筑环境、庭院的设计；针对城市公园、园林的设计。中观意义上理解为：针对工业遗存的再开发利用，针对文化遗存的保护和开发，针对历史风貌遗存的保护开发，生态保护或生态治理相关的景观设计，以及城市内大规模景观改造和更新。宏观意义上理解为：针对自然风景的经济开发和旅游资源利用，自然环境对城市的渗透以及城市绿地体系的建立，供休憩使用的区域性绿地系统等。

第二节 东西方园林景观的发展及比较

一、东方园林景观的发展

（一）中国园林景观的发展

中国古典园林是中国传统文化的重要组成部分，作为精神物化的载体，中国园林不仅客观真实地反映了不同时代的历史背景、社会经济和工程技术水准，而且特色鲜明地折射出中国人的自然观、人生观和世界观的演变，蕴含了儒、释、道的哲学与宗教思想渗透及山水诗画等传统艺术的影响。

中国古典园林的发展历史久远。据古文字记载，奴隶社会后期，殷周出现了方圆数十里的皇家园林——“囿”，被认为是传统园林的雏形。此前先民臆造的神灵的生活环境也为后世造园提供了基本的要素，如山、水、石、植物、建筑等。先秦、两汉的造园规模十分庞大，但演进变化相对缓慢。总的发展趋势是由神本转向人本，其间宗教意义淡化，更多地融入了基于现世理性和审美精神的明朗节奏感，游宴享乐之风超越巫祝与狩猎活动，山水人格化始露端倪；造园者对自然山水的竭力模仿，开创了“模山范水”的先河，这一时期是中国园林史的第一个高潮。魏晋南北朝是中国古典园林发展史上重要的转折阶段。此时园林的规划由粗放转为细致自觉的经营，造园活动已完全升华到艺术创作的境界。佛学的输入和玄学的兴起，熏陶并引导了整个南北朝时期的文化艺术意趣，理想化的士人阶层借山水来表达自己体玄识远、萧然高寄的情怀，因此园林风格雅尚隐逸。隋唐园林在魏晋南北朝奠定的风景式园林艺术的基础上，随着封建经济和文化的进一步发展而臻于全盛。隋唐园林不仅发扬了秦汉时期大气磅礴的气派，而且取得了辉煌的艺术成就，出现了皇家园林、私家园林、寺观园林三大类属。这一时期，园林开始了对诗画互渗的写意山水式风格的追求。到了唐宋，山水诗画跃然巅峰，写意山水园也随之应运而生。及至明清，园林艺术达到高潮，这是中国园林史上极其重要的一个时期。而皇家园林的成熟更标志着中国造园艺术的最高峰，它既融合了江南私家园林的挺秀与皇家宫廷的雄健气派，又凸显了大自然生态之美。1994年，素有中国古典园林美誉的四大园林，承德避暑山庄、北京颐和园、苏州拙政园、留园先后被联合国教科组织列入世界文化遗产名录，从而成为全人类共同的文化财富。纵观中国传统园林的发展过程。在设计理念上可以概括为以下4点：1）本于自然，而又高于自然；2）自然美和人工共的融合；3）诗情画意；4）意境深蕴。

中国传统造园艺术所追求的最高境界“虽由人作，宛自天开”“外师造化，中得心源”实际上是中国传统文化中“天人合一”的哲学观念与美学观念在园林艺术中的具体体现，即纯任自然与天地共融的世界观的反映。这一宣扬人与自然和谐统一的命题，是以“天人合一”为最高理想，注重体验自然与人的契合无间的一种精神状态，是中国传统文化精神的核心。其较早可追溯到汉代思想家董仲舒的“天人相类”说，他在《春秋繁露》的《人副天数》中将人与天相比附，虽不免有牵强之嫌，但本质上却不自觉地蕴含着“天人同构”——“人体与自然同构”的观点，恰好与马克思的人对于自然不可分离的关系——生命维系关系的言论有异曲同工之妙。之后，宋代的张载首次提出了“天人合一”这一概念性词汇。这是中国思想史上较早地出现并最早建立的初具完整体系基础的“天人合一”论。中国园林即是天人合一生态艺术的典范。探究中国古典园林的发展历程和艺术的建构、意境、规律以及审美文化心理，均不能离开“天人合一”这一具有中国特色的哲学、生态、美学的思想渊源。从20世纪中叶开始，人类面对环境恶化的生存危机，不断发出了以生态拯救地球的呼吁，表达了对回归自然、返璞归真的由衷渴慕。中国古典园林作为一门充满东方智慧的生态艺术，其关于人与自然的和谐营造思想，对现代环境的开发和保护提供了理论依据和历史参照，是符合可持续发展永继生存的未来趋向的。

（二）日本园林景观的发展

作为与中国一衣带水的邻邦，中国文化在日本得到了最大化的传播和移植，尤其是源于佛文化东渐的禅宗思想更是与日本美学的“幽”“玄”“佗”“寂”相交融，以其特有的复合变异性，形成了具有民族特色的哲学思想。日本园林即是在吸收中国园林艺术的基础上，创造的一种以高度典型化、再现自然美为特征的“写意庭园”和“以一木一石写天下之大景”的艺术形式。

日本园林样式主要表现为庭园格局：筑山水庭园、枯山水庭园、茶庭。写意是日本园林的最大特色，而写意园林的最纯净形态是“枯山水”（也称涸山水、唐山水）。枯山水即“以砂代水，以石代山”。理水运用抽象思维的表现手法，将白砂均匀地排布在平整的地面上，用犁耙精心地划过，形成平行的水纹似的曲线，以此来象征波浪万重，与石景组合时则沿石根把砂面耙成环状的水形，模拟水流湍急的态势，甚至利用不同石组的配列而构成“枯泷”“以象征无水之瀑布”，是真正写意的无水之水。至于“石景”，也是日本园林的主景之一，正所谓“无园不石”，尤其在枯山水中显示了很高的造诣。日本石景的选石，以浑厚、朴实、稳重者为贵，不追求中国似的繁多变化，尤其不做飞梁悬石、上阔下狭的奇构，而是山形稳重，底广顶削，深得自然之理。石景构图多以“石组”为基本单位，石组又由若干单块石头配列而成，它们的平面位置的排列组合以及在体形、大小、姿态等方面的构图呼应关系，都经过精心推敲，在长期的实践过程中，逐渐形成了经典的程式和实用的套路。总的来说，其抽象的内涵是有别于中国园林的。此外，日本园林的植物配置以少而精为美，尤其讲究控制体量和姿态，不植高大树木，不似中国园林般枝叶蔓生。虽经修剪、扎结，仍力求保持它的自然，极少植栽花卉而种青苔或蕨类。日本枯山水对植物形态的精心挑选和修剪，说明日本园林比中国园林更加注重对林木尺度与造型的抽象，但在整体组景造景方面似少有超越中国园林之处。

禅宗思想与日本美学的结合影响了日本园林艺术的造园设计和审美品位。首先，日本枯山水艺术专注于对“静止与永恒”的追求：枯山水庭园是表达禅宗观念与审美理想的凭借，同时也是观赏者“参禅悟道”的载体，它们的美是禅宗冥想的精神美。为了反映修行者所追求的“苦行、自律”“向心而觉”“梵我合一”的境界，园内几乎不使用任何开花植物，而是使用诸如长绿树、粗拙的木桩、苔藓以及白沙、砾石等具有禅意的简素、孤高、脱俗、静寂和不均整特性的元素，其风格一丝不苟，极尽精雅。这些看似素朴简陋的元素，恰是一种寄托精神的符号，一种用来悟禅的形式媒介，使人们在环境的暗示中反观自身，于静止中求得永恒，即直觉体认禅宗的“空境”。其二是追求“极简与深远”：枯山水庭院内，寥寥数笔蕴含极深寓意，乔灌木、岛屿、水体等造园惯用要素均被一一删除，仅以岩石蕴含的群山意象、耙制沙砾仿拟的流水、生长于荫蔽处的苔地象征的寂寥、曲径寓意的坎坷、石灯隐晦的神明般的导引，来表现情境和回味，传达人生的感悟，其形式单纯，意境空灵，达到了心灵与自然的高度和谐。枯山水庭园对自然的高度摹写具有抽象和具象的构成意味，将艺术象征美推向了极致，具有意韵深邃、内涵丰富的美学价值。

二、西方园林景观的发展

（一）西方欧美园林的发展历程

西方欧美园林起源于古埃及和古希腊，而欧洲最早接受古埃及中东造园影响的是希腊，希腊将精美的雕塑艺术及地中海区盛产的植物加入庭园，使庭园更具观赏功能。几何式造园传入罗马，再演化到意大利，将水变为美妙的喷水出现在园景中，在山坡上建起许多台地式庭园，把树木修剪成几何图形。台地式庭园传到法国，成为平坦辽阔形式，并加进更多的草花栽培成人工化图案。英国部分造园家不喜欢这种违背自然的庭园形式，而是提倡自然庭园，内有天然风景似的

森林及河流，有像牧场似的草地及花草。后来又产生了混合式庭园，形成了美国等国造园主流，并加入科学技术及新潮艺术等内容，使造园确立了游憩及商业上的地位。欧美园林的发展经历了如下几个时期。

1.上古时代

埃及：早在公元前3000多年，古埃及在北非建立奴隶制国家。由于尼罗河沃土的冲积，一部分土地适于农耕，而大部分为沙漠地带。当地“绿洲”是珍贵的地方，因此古埃及的园林以“绿洲”为模拟对象。尼罗河每年泛滥，每年需丈量耕地，因而发展了几何学。古埃及将几何学用于园林设计，将水池和水渠、房屋和树木都按几何规矩安排，成为世界上最早的规则式园林。

巴比伦：巴比伦王国位于底格里斯河和幼发拉底河之间的美索布达米亚。气候温润，地势平坦，土地肥沃，林木茂盛，物产富饶。然而，两河流量受上游雨量影响，时有泛滥成灾。因此，当地人热衷于堆叠土山，并将花园、宫殿、神庙等都建在土台上，并在台上栽培树木花草，从远处看去，就像悬在半空中，故称为悬园。建于公元前6世纪的空中花园就是其典型代表。

波斯：波斯多丘陵，土地高燥。利用山坡地造园，成为立体式建筑；引山水，利用水的落差，设置瀑布与喷水；栽植点缀成景，著名的“乐园”为王侯、贵族之狩猎苑。

2.中古时代

古希腊：古希腊是欧洲文明的发源地。据传说，公元前10世纪时，希腊已有贵族花园。公元前5世纪，贵族住宅往往以柱廊环绕，形成中庭，庭中有喷泉、雕塑、瓶饰等，栽培蔷薇、罂粟、百合、风信子、水仙等以及芳香植物，最终发展成为柱廊园形式。由于民主思想发达，公共集会及各种集体活动频繁，为此建造了众多的公共游乐地，圣庙附近的圣林也成为民众聚集和休息的场所。圣林中竞技场周围有大片绿地，布置了浓荫覆被的行道树和散步小径，有柱廊、凉亭和座椅。这种配置方式对以后欧洲公园的形成颇具影响。

古罗马：古代罗马受古希腊文化的影响，很早就开始建造宫苑和贵族庄园，由于气候条件和地势的特点，庄园多建在郊外依山邻海的坡地上，将坡地辟成不同高程的台地，各层台地分别布置建筑、雕塑、喷泉、水池和树木，用栏杆、台阶、挡土墙把各层台地连接起来，使建筑同园林小品融为一体。园林的地形、水景、植物都呈规则式布置，树木、绿篱被修剪成各种几何体和绿色雕塑，它奠定了后世欧洲园林艺术的基础。

3.中世纪时代

公元5世纪罗马帝国崩溃直到16世纪的欧洲，史称“中世纪”。整个欧洲处于封建割据的自然经济状态，当时，除了城堡园林和寺庙园林之外，园林几乎完全停滞。寺庙园林依附于基督教堂或修道院一侧，包括果园、菜园、药圃、花坛等，布局随意无定式。城堡园林用深沟高墙隔离，园内置藤萝架、花架和凉亭，沿城墙设坐凳。有的中央堆一座土山，上建亭阁，便于观景瞭望。

4.文艺复兴时代

意大利园林：西方园林在更高水平上发展始于意大利的“文艺复兴”时期。由于田园自由扩展，风景绘画融入造园，以及建筑雕塑在造园上的利用，成为近代造园的渊源，直接影响欧美各国的造园形式。意大利园林一般附属于郊外别墅，由设计师统一设计，统一布局，但别墅不起统率作用，它继承了古罗马花园的特点，采用规则式布局而不突出轴线。园林分两部分：紧挨着主体建筑物的部分是花园，花园之外是林园。别墅的主建筑一般建在台地上，下面几层台阶是花园，外围多为天然林木。用管道引水到平台上，借地形修渠道让水层层下跌，形成喷泉、跌水。16～17世纪，是意大利台地园林的黄金时代，著名的埃斯特别墅为该时期典型。

法国园林：17世纪，意大利文艺复兴式园林传入法国。法国多平原，有大片天然植被和大量的河流湖泊。法国人没有完全接受台地园的形式，而是把中轴线对称均齐的规整式园林布局手法运用于平地造园，从而形成法国特有的勒诺特式园林。该园林把宫殿或府邸放在高地上，居于统帅地位。从建筑的前面伸出笔直的林荫道，在其后是一片花园，花园的外围是林园。花园里，中央轴线控制整体，配上几条次要轴线，外加几道横向轴线，便构成花园基本骨架。沃·勒·维贡特府邸花园便是这种古典主义园林的代表作。

（二）18世纪英国自然风景园

英伦三岛丘陵起伏，17～18世纪时由于毛纺工业的发展而辟为牧场，草地、

森林、树丛与丘陵地貌相结合，构成了英国天然风致的特殊景观。这种优美的自然景观促进了风景画和田园诗的兴盛，进而波及园林艺术，于是早先流行的封闭式“城堡园林”和规则严谨的“勒诺特式园林”逐渐为人们所厌弃，而促使他们去探索另一种近乎自然、返璞归真的新风格的园林，即自然风景园。自然风景园抛弃了所有几何形状和对称均齐的布局，代之以弯曲的道路、自然式的树丛和草地、蜿蜒的河流，讲究借景和与园外的自然环境相融合。英国自然风景园在发展过程中，曾受到中国园林艺术的启发。英国皇家建筑师钱伯斯两度游中国，归去后著文盛谈中国园林，并在他设计的邱园（Kew Garden）中首次应用“中国式”手法，在园中建亭、廊、塔等园林建筑小品。

（三）美国近、现代园林

美国历史较短，多元文化，衍生混合式园林。早期盛行英国自然风景园，此后传入意、法、德模式，在南部和西部为西班牙式园林。以美国为代表的现代园林，接受了各国的庭园式样，有一时期风行古典庭园，以后又渐渐自成风格，成为混合式园林，城市公园和住宅花园，倾向于自然式。为扩大教育、保健和休养，建设乡土风景区。1858年纽约市建立了美国历史上第一座公园——中央公园，为近代园林先驱奥姆斯特德设计。他强调公园设计要保护原有的优美自然景观，避免采用规则式布局：在公园中心地段保留开朗的草地或草坪；强调应用乡土树种，并在公园边界栽植浓密的树丛或树林；利用徐缓曲线的小道形成公园环路，有主要园路可以环游整个公园。这些设计思想被美国园林界推崇为“奥姆斯特德原则”。美国城市公园除有仿古典式和现代各流派的园林建筑小品外，还有北美印第安人的图腾柱，成为美国城市公园的一个重要标志。国家公园（National Park）是19世纪诞生于美国的又一种新型园林。建立国家公园的主要宗旨在于对为遭受人类干扰的特殊自然景观、天然动植物群落、有特色的地质地貌加以保护，并进行科学研究和向游人开放。黄石公园是美国最大的国家公园。全美已有40多个国家公园，占地总面积约为125 400平方千米，约占国土面积的1.39%，年接待国内外游客2亿多人次。

三、东西方园林景观的文化差异

作为各具特性的系统，中国园林和西方园林有着不同甚至截然对立的品格，特别是在天人关系的终极理念上表现出严格的分野。

西方园林艺术，突出科学、技能。它着眼于几何美或人工美，以几何图案、轴线、对称、整齐为特点，一切景物无不方中矩，圆中规，体现出精确的数的关系，遵从“强迫自然接受均匀的法则”；而中国园林则着眼于自然美，以自然、变化、曲折为特点，追求自由生动、具象化的风韵之美，使自然生态如真，气韵生动如画，在宏观和中观上崇尚天然的生态美，达到“虽由人作，宛自天开”的境界。究其原因，首先，从园林的产生之初分析，中国园林发源于苑囿，后融合诗书画并取自然山水之意趣。西方园林则发源于果园菜地，追求规整，喷泉即可视为农业灌溉的物态留存。其次，从意识形态看，中国老庄哲学崇尚自然写意，主张“人法地，地法天，天法道，道法自然”，庄子的“天”明显的自然性，也代表着一种自然情状，认为只有顺应自然回归自然，进入“天和”状态才能达到常乐的境界，所以，中国古典园林在营构布局，配置建筑、山水、植物上都竭力追求顺应自然，着力显示纯自然的天成之美，并力求打破形式上的中规中矩，使得模山范水成为中国造园艺术的最大特点之一。而西方哲学则强调理性和规则，这和西方美学的历史传统密切相关。西方美学史上最早出现的美学家是古希腊的毕达格拉斯学派，他们都是数学家、天文学家和物理学家。该学派认为“数的原则是一切事物的原则”“整个天体就是一种和谐和一种数”。所以西方园林相对于东方园林而言大异其趣，它是古希腊数理美学的感性显现和历史积淀，它通过数的关系，把科学、技能物化，使园林设计中处处可见几何学、物理学、机械学、建筑工程学等学科的人为成果，是科学之真和园林之美的结合。这种风格的园林尤以意大利、法国为代表。

其次，关于天人关系的意识形态的不同，决定着东西方园林风格的迥异。与作为中国文化发展的基础性和深层次根源的“天人合一”思想传统相反，西方的文化思想传统，从古希腊的本体论到近代的认识论，主客二分的基本思路始终占主导地位，构成了东西文化的本原性差异。希腊的美学思想认为“人是万物的尺度，是一切存在的事物存在的尺度，也是一切不存在的事物不存在的尺度”，这可以说是较早地以人为本思想。日本学者铃木大拙也指出东方人认同自然是一体的观点。西蒙德更认为，在人与自然的关系上，西方人对自然持进攻、征服的

态度，强调人与自然的对立和斗争，而东方人则以自身适应自然为原则。所以西方园林强调的是“人”，中国园林强调的是“天”。

此外，民族审美气质的不同也是二者差异的原因之一。关于形式，中国美学追求多样统一，崇尚“自然天成之趣”，强调“参差”“尽殊”，避免整齐划一的刻板。“参差”是自然的本相，“均齐”不符合自然的本真。计成的《园冶》中即有“合乔木参差山腰，蟠根嵌石”的体悟。因此，中国园林在处理环境与建筑的关系上，使建筑营造得像自然“生”成一样。而亚里士多德则认为美的形式是空间的“秩序、匀称与明确”，所以，西方园林呈现的是一切服从建筑，或一切有如建筑的规整、谨严，显示着强烈的人工、技能、数比之美。它传达的是一种鲜明的理性感，其园林内的秩序与外界自然的野趣形成了鲜明的对比。尽管西方也有注重自然之趣的审美观念，但不占主流，这就决定着西方古典园林讲求规矩格律、对称均衡，乐于从几何形式中体会数的和谐和整一性以及齐整了然的优美。总之，一个时代一个民族的造园艺术，集中反映了当时在文化上占支配地位的理想、情感和憧憬，如浪漫主义之于英国园林、禅宗之于日本园林、理性主义之于法国园林、自然意境之于中国园林的影响。

第三节 当代园林的发展趋势及特征

一、当代园林的发展趋势

当今地球，臭氧层空洞、天气变暖、沙尘暴频繁、沙漠化加剧、自然灾害连年、大气污染、水资源短缺、其生态环境日趋恶化，已受到世界有识之士的普遍关注。针对当前人类生存环境不断恶化的严峻形势，世界各国都把保护环境、实现可持续发展作为今后发展的首要任务和最终目标。森林是陆地生态系统的主体，具有调节气候、涵养水源、保持水土、防风固沙、抵御自然灾害和减少污染等多种功能，对于维持生态平衡、保护人类生存和发展具有不可替代的作用。绿色已成为衡量一个国家文明程度和可持续发展能力的重要标志。随着人类现代文明的发展和生态意识的提高，崇尚自然、回归自然的热潮正在全球兴起。走进森林、休闲旅游正成为人们追求的新时尚。

中国园林已从小园林（庭园）走向大园林（风景园林），从模仿自然、浓缩山水发展到走进自然、真山真水；从只为少数人欣赏游憩的闭锁空间发展到为广大民众休闲游览的开敞空间；从古典园林艺术发展为具有现代气息中西合璧、博采众长的多元化环境艺术。现代园林发展趋势主要体现在如下几个方面：

（一）规模扩大，形式多样

规模扩大包含数量的增多和面积的扩大。园林从狭义上讲就是庭园，从广义上讲包括皇家园林、私家园林、寺庙园林和风景名胜区。现在的发展趋向还会扩大，例如城市公园数量在不断增加，乡镇也纷纷建立公园，其总数与日俱增；寺庙复建和新建的也很多，总数也在增加；风景区也愈来愈多，以森林为主体的森林公园自1982年全国第一个森林公园——张家界国家级森林公园自成立以来，如雨后春笋，数量急剧上升。另外，机关单位大院、医院学校大院、厂矿企业大院、疗养院干休所大院以及居民区小游园等达到绿化标准和园林艺术要求的都可纳入广义的园林。

（二）功能从以观赏为主向以生态为主的大目标转变

古典园林的功能为“可望、可行、可游、可居”，而风景园林常与旅游密不可分。旅游有食、住、行、游、购、娱六大要素，按功能可分为观光旅游、美食旅游、购物旅游、休闲旅游、访问旅游、拜佛旅游、生态旅游等等，但围绕的中心及发展方向必然是崇尚生态、回归自然。

（三）组成元素发生变化

古典园林主要由建筑、水体、叠石、花木四部分构成。现代园林以大面积的自然山水为主，隐以少量的景点建筑和服务设施建筑；植被在天然的地带性植被的基础上，在特殊区域加入观赏性乔灌木及花草；还有被保护的野生动物以及被招引或放养的鸟类等动物。

（四）寓意发生变化

古典园林的园名及园中的建筑、雕塑、书画、花木等都有其寓意，例如，苏州沧浪亭取自《楚辞·渔父》中“沧浪之水清兮，可以濯吾缨，沧浪之水浊兮，可以濯吾足”。拙政园取自晋代潘岳《闲居赋》“灌园鬻蔬，是亦拙者之为政也”之意。园内建筑厅堂、楼阁、亭榭、轩馆等也各有寓意。例如，拙政园的“远香堂”是赞颂荷花“出淤泥而不染，濯清涟而不妖”的高尚品德；“雪香云蔚亭”是颂扬梅花的傲骨风格。花木中牡丹象征富贵，松竹梅为“岁寒三友”，梅兰竹菊为“四君子”，竹子“未出土时便有节，及凌云处尚虚心”（郑板桥）寓意有气节、谦虚，青桐“家有梧桐树，招得凤凰来”寓意栖凤，枇杷寓意兄弟团结，石榴寓意多子多福，等等。现代园林在园中有仿古建筑和园林植物，还会保留上述传统的某些审美理念，但在总体上将焕然一新，祖国大好河山处处生机勃勃，蒸蒸日上，呈现一派繁荣、和谐、富庶的光辉景象。

（五）从位置上看，园林已从城市走向山野

古典园林多数在城区，而风景园林已向城郊和山区转移。由于交通发达和旅游设施的完善，原来的深山幽谷不再遥远，原来“以小见大，以少胜多”的理念将改为“会当凌绝顶，一览众山小”（杜甫）。

（六）从风格和流派上看，风景园林将形成多元融合

风景园林将汲取西方园林艺术的长处，形成多元融合，处理好人与环境的关系，不断丰富创新中国的园林艺术，使源远流长的中国园林更加绚丽多姿，更加和谐完美，更加诗情画意，更加让人流连忘返。

二、当代园林的时代特征

随着科学技术的迅猛发展，文化艺术的不断进步，国际交流及旅游的日益方便，人们的审美观念也将发生很大变化，审美要求也将更强烈、更高级。纵观世界园林绿化的发展，现代园林表现出如下特征：

1）各国既保持自己优秀传统园林艺术的特色，又互相借鉴、融合他国之长及新创造。

2）把过去孤立的、内向的园林转变为敞开的、外向的整个城市环境。从城市中的花园转变为花园的城市。

3）园林中建筑密度减少了，以植物为主组织的景观取代了以建筑为主的景观。

4）丘陵起伏的地形和建立草坪，代替大面积的挖湖堆山，减少土方工程和增加了环境容量。

5）增加了养鱼、种藕以及栽种药用和芳香植物等生产内容。

6）强调功能性、科学性与艺术性结合，用生态学的观点进行植物配置。

7）新技术、新材料、新的园林机械在园林中应用越来越广泛。

8）体现时代精神的雕塑在园林中的应用日益增多。

第二章　园林景观设计的基本原理

第一节 园林景观设计的原则

园林景观在设计的过程中一般要遵循一定的原则，本节就简要介绍园林景观设计所要遵循的原则。

一、生态性原则

景观设计的生态性主要表现在自然优先和生态文明两个方面。自然优先是指尊重自然，显露自然。自然环境是人类赖以生存的基础，尊重并净化城市的自然景观特征，使人工环境与自然环境和谐共处，有助于城市特色的创造。另外，设计中要尽可能地使用再生原料制成的材料，最大限度地发挥材料的潜力，减少能源的浪费。

二、文化性原则

作为一种文化载体，任何景观都必然地处在特定的自然环境和人文环境中，自然环境条件是文化形成的决定性因素之一，影响着人们的审美观和价值取向。同时，物质环境与社会文化相互依存，相互促进，共同成长。

景观的历史文化性主要是人文景观，包括历史遗迹、遗址、名人故居、古代石刻、坟墓等。一定时期的景观作品，与当时的社会生产、生活方式、家庭组织、社会结构都有直接的联系。从景观自身发展的历史分析，景观在不同的历史阶段，具有特定的历史背景，景观设计者在长期实践中不断地积淀，形成了系列的景观创作理论和手法，体现了各自的文化内涵。从另一个角度讲，景观的发展是历史发展的物化结果，折射着历史的发展，是历史某个片段的体现。随着科学技术的进步，文化活动的丰富，人们对视觉对象的审美要求和表现能力在不断地提高，对视觉形象的审美体征，也随着历史的变化而变化。

景观的地域文化性指某一地区由于自然地理环境的不同而形成的特性。人们生活在特定的自然环境中，必然形成与环境相适应的生产生活方式和风俗习惯，这种民俗与当地文化相结合形成了地域文化。

在进行景观创作甚至景观欣赏时，必须分析景观所在地的地域特征、自然环境，入乡随俗，见人见物，充分尊重当地的民族系统，尊重当地的礼仪和生活习惯，从中抓住主要特点，经过提炼融入景观作品中，这样才能创作出优秀的作品。

三、艺术性原则

景观不是绿色植物的堆积，不是建筑物的简单摆放，而是各生态群落在审美基础上的艺术配置，是人为艺术与自然生态的进一步和谐。在景观配置中，应遵循统一、协调、均衡、韵律四大基本原则，使景观稳定、和谐，让人产生柔和、平静、舒适和愉悦的美感。

第二节 园林景观设计的构图研究

本节主要从园林景观设计的构图形式和构图原理两方面对园林景观设计的构图进行讲述。

一、园林景观的构图形式

（一）规则式园林

这类园林又称整形式、建筑式或几何式园林。西方园林，从埃及、希腊、罗马起到18世纪英国风景式园林产生以前，基本上以规则式为主，其中以文艺复兴时期意大利台地建筑园林和17世纪法国勒诺特平面图案式园林为代表。这一类园林，以建筑式空间布局作为园林风景的主要题材。其特点强调整齐、对称和均衡。有明显的主轴线，在主轴线两边的布置是对称的。规则式园林给人以整齐、有序、形色鲜明之感。中国北京天安门广场园林、大连市斯大林广场、南京中山陵以及北京天坛公园都属于规则式园林。其基本特征是：

1.地形地貌

在平原地区，由不同标高的水平面及缓倾斜的平面组成，在山地及丘陵地，需要修筑成有规律的阶梯状台地，由阶梯式的大小不同的水平台地、倾斜平

面及石级组成，其剖面均由曲线构成。

2.水体

外形轮廓均为几何形。采用整齐式驳岸，园林水景的类型以整形水池、壁泉、喷泉、整形瀑布及运河等为主，其中常运用雕像配合喷泉及水池为水景喷泉的主题。

3.建筑

园林不仅个体建筑采用中轴对称均衡的设计，而且建筑群和大规模建筑组群的布局，也采取中轴对称的手法，布局严谨，以主要建筑群和次要建筑群形式的主轴和副轴控制全园。

4.道路广场

园林中的空旷地和广场外形轮廓均为几何形。封闭性的草坪、广场空间，以对称建筑群或规则式林带、树墙包圈，在道路系统上，由直线、折线或有轨迹可循的曲线所构成，构成方格形或环状放射形，中轴对称或不对称的几何布局，常与棋纹花坛、水池组合成各种几何图案。

5.种植设计

植物的配置呈有规律有节奏的排列、变化，或组成一定的图形、图案或色带，强调成行等距离排列或做有规律的简单重复，对植物材料也强调整形，修剪成各种几何图形。园内花卉布置用以图案为主题的棋纹花坛和花境为主，花坛布里以图案式为主，或组成大规模的花坛群。并运用大量的绿篱、绿墙以区划和组织空间。树木整形修剪以模拟建筑体形和动物物态为主，如绿柱、绿塔、绿门、绿亭和用常绿树修剪而成的鸟兽等。

6.园林其他景物

除建筑、花坛群、规则式水景和大量喷泉等主景以外，其余常采用盆树、盆花、瓶饰，雕像为主要景物，雕像的基座为规则式，雕像位置多配置于轴线的起点、终点或支点上。表现规则式的园林，以意大利台地园和法国宫廷园为代表，给人以整洁明朗和富丽堂皇的感觉。遗憾的是缺乏自然美，一目了然，并有管理费工之弊。中国北京天坛公园、南京中山陵都是规则式的，它给人以庄严、雄伟、整齐和明朗之感。

（二）自然式园林

这一类园林又称风景式、不规则式、山水派园林等。中国园林，从有历史记载的周秦时代开始，无论大型的帝皇苑囿还是小型的私家园林，多以自然式山水园林为主，古典园林中可以北京颐和园，承德避暑山庄，苏州拙政园、留园为代表。中国自然式山水园林，从唐代开始影响了日本的园林。从18世纪后半期传入英国，从而引起了欧洲园林对古典形式主义的革新运动，自然式园林在世界上以中国的山水园与英国式的风致园为代表。

自然式构图的特点是：它没有明显的主轴线，其曲线无轨迹可循，自然式绿地景色变化丰富、意境深邃、委婉。中华人民共和国成立以来的新建园林，如北京的陶然亭公园、紫竹院公园，上海虹口鲁迅公园等也都进一步发扬了这种传统布局手法。这一类园林，以自然山水作为园林风景表现的主要题材，其基本特征如下：

1.地渗地貌

平原地带，地形起伏富于变化，地形为自然起伏的和缓地形与人工堆置的若干自然起伏的土丘相结合，其断面为和缓的曲线，在山地和丘陵地，则利用自然地形地貌，除建筑和广场基地以外不搞人工阶梯形的地形改造工作，原有破碎侧面的地形地貌也加以人工整理，使其自然。

2.水体

其轮廓为自然的曲线，岸为各种自然曲线的倾斜坡度，如有驳岸，亦为自然山石驳岸。园林水景的类型多以小溪、池塘、河流、自然式瀑布、池沼、湖泊等为主，常以瀑布为水景主题。

3.建筑

园林内个体建筑为对称或不对称均衡的布局，其建筑群和大规模建筑组群，多采取不对称均衡的布局。对建筑物的造型和建筑布局不强调对称，善于与地形结合。全园不以轴线控制，而以主要导游线构成的连续构图控制全园。

4.道路广场

广场的外缘轮廓线和通路曲线自由灵活。园林中的空旷地和广场的轮廓为自然形的封闭性的空旷地和广场，被不对称的建筑群、土山、自然式的树丛和林

带所包围。道路平面和剖面由自然起伏曲折的平面线和竖曲线组成。

5.种植设计

绿化植物的配置不成行列式，没有固定的株行距，充分发挥树木自由生长的姿态。不强求造型，着重反映植物自然群落之美，树木配植以孤立树、树丛、树林为主，不用规则修剪的绿篱，树木整形不做建筑、鸟兽等体形模拟，而以模拟自然界苍老的大树为主，以自然的树丛、树群、树带来区划和组织园林空间。注意色彩和季相变化，花卉布宜以花丛、花群为主，不用模纹花坛。林缘和天际线有疏有密，有开有合，富有变化，自然和缓。在充分掌握植物的生物学特性的基础上，不同种和品种的植物可以配置在一起，以自然界植物生态群落为蓝本，构成生动活泼的自然景观。

6.园林其他景物

除建筑、自然山水、植物群落等主景以外，其余尚采用山石、假石、桩景、盆景、雕刻为主要景物，其中雕像的基座为自然式，多配置于透视线集中的焦点，自然式园林在世界上以中国的山水园与英国式的风致园为代表。

（三）混合式园林

严格说来，绝对的规则式和绝对的自然式园林，在现实中是很难做到的。像意大利园林除中轴以外，台地与台地之间，仍然为自然式的树林，只能说是以规则式为主的园林。北京的颐和园，在行宫的部分，以及构图中心的佛香阁，也采用了中轴对称的规则布局，因此，只能说它是以自然式为主的园林。

实际上，在建筑群附近及要求较高的园林植物类型必然要采取规则式布局，而在离开建筑群较远的地点，在大规模的园林中，只有采取自然式的布局，才易达到因地制宜和经济的要求。

园林中，如规则式与自然式比例差不多的园林，可称为混合式园林，如广州起义烈士陵园、北京中山公园、广东新会城镇文化公园等。混合式园林是综合规则与自然两种类型的特点，把它们有机地结合起来，这种形式应用于现代园林中，既可发挥自然式园林布局设计的传统手法，又能吸取西洋整齐式布局的优点，创造出既有整齐明朗、色彩鲜艳的规则式部分，又有丰富多彩、变化无穷的自然式部分。其手法是在较大的现代园林建筑周围或构图中心，采用规则式布局，在远离主要建筑物的部分，采用自然式布局，因为规则式布局易与建筑的几何轮廓线相协调，且较宽广明朗，然后利用地形的变化和植物的配置逐渐向自然式过渡，这种类型在现代园林中间用之甚广。实际上大部分园林都有规则部分和自然部分，只是所占比重不同而已。

在做规划设计时，选用何种类型不能单凭设计者的主观愿望，而要根据功能要求和客观可能性。比如说，一块处于闹市区的街头绿地，不仅要满足附近居民早晚健身的要求，还要考虑过往行人在此作短暂逗留的需要，则宜用规则不对称式。绿地若位于大型公共建筑物前，则可作规则对称式布局；绿地位于具有自然山水地貌的城郊，则宜用自然式，地形较平坦，周围自然风景较秀丽，则可采用混合式。由此可知，影响规划形式的有绿地周围的环境条件，还有物质来源和经济技术条件。环境条件包括的内容很多，有周围建筑物的性质、造型、交通、居民情况等。经济技术条件包括投资和物质来源，技术条件指的是技术为量和艺术水平。一块绿地决定采用何种类型，必须对这些因素作综合考虑后，才能做出决定。

在公园规划工作中，原有地形平坦的可规划成规则式，原有地形起伏不平的，丘陵、水面多的可规划为自然式；原有自然式树木较多的可规划自然式，树木少的可规划为规则式；大面积园林，以自然式为宜，小面积以规则式较经济；四周环境为规则式宜规划规则式，四周环境为自然式则宜规划成自然式。林荫道、建筑广场的街心花园等以规则式为宜。居民区、机关、工厂、体育馆、大型建筑物前的绿地以混合式为宜。

二、园林景观的构图原理

（一）园林景观构图的含义

所谓构图即组合、联想和布局的意思。园林景观构图是在工程、技术、经济可能的条件下，组合园林物质要素（包括材料、空间、时间），联系周围环境，并使其协调，取得景观绿地形式美与内容高度统一的创作技法，也就是规划布局。这里园林景观绿地的内容，即性质、空间、时间是构图的物质基础。

（二）园林景观构图的特点

1.园林是一种立体空间艺术

园林景观构图是以自然美为特征的空间环境规划设计，绝不是单纯的平面构图和立面构图。因此，园林景观构图要善于利用地形、地貌、自然山水、绿化植物，并以室外空间为主又与室内空间互相渗透的环境创造景观。

2.园林景观的构图是综合的造型艺术

园林美是自然美、生活美、建筑美、绘画美、文学美的综合，它是以自然美为特征，有了自然美，园林绿地才有生命力。因此，园林景观绿地常借助各种造型艺术加强其艺术表现力。

3.园林景观构图受时间变化影响

园林绿地构图的要素如园林植物、山、水等的景观都随时间、季节而变化，春、夏、秋、冬植物景色各异，山水变化无穷。

4.园林景观构图受地区自然条件的制约

不同地区的自然条件，如日照、气温、湿度、土壤等各不相同，其自然景观也都不一样，园林景观绿地只能因地制宜，随势造景，景因境出。

（三）园林景观构图的基本要求

1.园林景观构图应先确定主题思想，即意在笔先，它还必须与园林绿地的实用功能相统一，要根据园林绿地的性质、功能确定其设施与形式。

2.要根据工程技术、生物学要求和经济上的可能性进行构图。

3.按照功能进行分区，各区要各得其所，景色在分区中要各有特色，化整为零，园中有园，互相提携又要多样统一，既分隔又联系，避免杂乱无章。

4.各园都要有特点，有主题，有主景；要主题突出主次分明，避免喧宾夺主。

5.要根据地形地貌特点，结合周围景色环境，巧于因借，做到“虽由人作，宛自天开”，避免矫揉造作。

要具有诗情画意，发扬中国园林艺术的优秀传统，把现实风景中的自然美，提炼为艺术美，上升为诗情和画境。园林造景，要把这种艺术中的美，搬回到现实中来。实质上就是把规划的现实风景，提高到诗和画的境界，使人见景生情，产生新的诗情画意。

三、园林景观构图的基本规律

（一）统一与变化

任何完美的艺术作品，都有若干不同的组成部分，各组成部分之间既有区别，又有内在联系，通过一定的规律组成一个整体。其各部分的区别和多样，是艺术表现的变化，其各部分的内在联系和整体，是艺术表现的统一。有多样变化，又有整体统一，是所有艺术作品表现形式的基本原则。园林构图的统一变化，常具体表现在对比与协调、韵律与节奏、主从与重点、联系与分隔等方面。

1.对比与协调

对比、协调是艺术构图的一种重要手法，它是运用布局中的某一因素（如体量、色彩等）中，两种程度不同的差异，取得不同艺术效果的表现形式，或者说是利用人的错觉来互相衬托的表现手法，差异程度显著的表现称对比，能彼此对照，互相衬托，更加鲜明地突出各自的特点；差异程度较小的表现称为协调，使彼此和谐，互相联系，产生完整的效果。园林景色要在对比中求协调，在协调中求对比，使景观既丰富多彩，生动活泼，又突出主题，风格协调。

对比与协调只存在于同一性质的差异之间，如体量的大小，空间的开敞与封闭，线条的曲直，颜色的冷暖、明暗，材料质感的粗糙与光滑等，而不同性质的差异之间不存在协调与对比，如体量大小与颜色冷暖就不能比较。

2.韵律与节奏

韵律节奏就是艺术表现中某一因素做有规律的重复，有组织的变化。重复是获得韵律的必要条件，只有简单的重复而缺乏规律的变化，就令人感到单调、枯燥，而有交替、曲折变化的节奏就显得生动活泼。所以韵律节奏是园林艺术构图多样统一的重要手法之一。

3.联系与分隔

园林绿地都是由若干功能使用要求不同的空间或者局部组成的，它们之间都存在必要的联系与分隔，一个园林建筑的室内与庭院之间也存在联系与分隔的问题。

园林布局中的联系与分隔是组织不同材料、局部、体形、空间，使它们成为一个完美的整体的手段，也是园林布局中取得统一与变化的手段之一。

（二）均衡与稳定

由于园林景物是由一定的体量和不同材料组成的实体，因而常常表现出不同的重量感，探讨均衡与稳定的原则，是为了获得园林布局的完整和安定感，这里所说的稳定，是指园林布局的整体上下轻重的关系。而均衡是指园林布局中的部分与部分的相对关系，例如，左与右，前与后的轻重关系等。

1.均衡

自然界静止的物体要遵循力学原则，以平衡的状态存在，不平衡的物体或造景使人产生不稳定和运动的感觉。在园林布局中要求园林景物的体量关系符合人们在日常生活中形成的平衡安定的概念，所以除少数动势造景外，一般艺术构图都力求均衡。

2.稳定

自然界的物体由于受地心引力的作用，为了维持自身的稳定，靠近地面的部分往往大而重，而在上面的部分则小而轻，例如，山、土壤等，从这些物理现象中，人们就获得了重心靠下、底面积大可以获得稳定感的概念。园林布局中稳定的概念，是指园林建筑、山石和园林植物等上大下小所呈现的轻重感的关系而言。

在园林布局上，往往在体量上采用下面大、向上逐渐缩小的方法来取得稳定坚固感，中国古典园林中的高层建筑如颐和园的佛香阁、西安的大雁塔等，都是通过建筑体量上由底部较大而向上逐渐递减缩小，使重心尽可能降低以取得结实稳定的感觉。

另外在园林建筑和山石处理上也常利用材料、质地所给人的不同的重量感来获得稳定感。如园林建筑的基部墙面多用粗石和深色的表面处理，而上层部分采用较光滑或色彩较浅的材料，在带石的土山上，也往往把山石设置在山麓部分而给人以稳定感。

（三）空间组织

空间组织与园林绿地构图关系密切，空间有室内、室外之分，建筑设计多注意室内空间的组织，建筑群与园林绿地规划设计，则多注意室外空间的组织及室内外空间的渗透过渡。

园林绿地空间组织的目的是在满足使用功能的基础上，运用各种艺术构图的规律创造既突出主题、又富于变化的园林风景；其次是根据人的视觉特性创造良好的景物观赏条件，适当处理观赏点与景物的关系，使一定的景物在一定的空间里获得良好的观赏效果。

1.视景空间的基本类型

（1）开敞空间与开朗风景。

人的视平线高于四周景物的空间是开敞空间，开敞空间中所见到的风景是开朗风景，开敞空间中，视线可延伸到无穷远处，视线平行向前，视觉不易疲劳。开朗风景，目光宏远，心胸开阔，壮宽豪放。古人诗“登高壮观天地间，大江茫茫去不还”，正是开敞空间、开朗风景的写照。但开朗风景中如游人视点很低，与地面透视成角很小，则远景模糊不清，有时只见到大片单调天空。如提高视点位置，透视成角加大，远景鉴别率也大大提高，视点愈高，视界愈宽阔，因而有“欲穷千里目，更上一层楼”的需要。

（2）闭锁空间与闭锁风景。

人的视线被四周屏障遮挡的空间是闭锁空间，闭锁空间中所见到的风景是闭锁风景。屏障物之顶部与游人视线所成角度愈大，则闭锁性愈强，反之成角愈小，则闭锁性也愈小，这也与游人和景物的距离有关，距离愈近，闭锁性愈强，距离愈远，闭锁性愈小。闭锁风景，近景感染力强，四面景物，可琳琅满目，但久赏易感闭塞，而觉疲劳。

（3）纵深空间与聚景。

道路、河流、山谷两旁有建筑、密林，山丘等景物阻挡视线而形成的狭长空间叫纵深空间。人们在纵深空间里，视线的注意力很自然地被引导到轴线的端点，这样形成风景叫聚景。开朗风景，缺乏近景的感染，而远景又因和视线的成角小，距离远，而使人感觉色彩和形象不鲜明，所以园林中，如果只有开朗景观，虽然给人以辽阔宏远的情感，但久看觉得单调。因此，希望能有些闭锁风景近览，但闭锁的四合空间，如果四面环抱的土山、树丛或建筑，与视线所成的仰角超过15度，景物距离又很近时，则有井底之蛙的闭塞感，所以园林中的空间构

图，不要片面强调开朗，也不要片面强调闭锁。在同一园林中，既要有开朗的局部，也要有闭锁的局部，开朗与闭锁综合应用，开中有合，合中有开，两者共存，相得益彰。

（4）静态空间与静态风景。

视点固定时观赏景物的空间叫作静态空间，在静态空间中所观赏的风景叫静态风景。在绿地中要布置一些花架、座椅、平台供人们休息和观赏静态风景。

（5）动态空间与动态风景。

游人在游览过程中，通过视点移动进行观景的空间叫作动态空间，在动态空间观常到的连续风景画面叫作动态风景。在动态空间中游人走动，景物随之变化，即所谓“步移景易”。为了使动态景观有起点，有高潮，有结束，必须布置相应的距离和空间。

2.空间展示程序与导游线

风景视线是紧相联系的，要求有戏剧性的安排、音乐般的节奏，既要有起景、高潮、结景空间，又要有过渡空间，使空间可主次分明，开、闭、聚适当，大小尺度相宜。

3.空间的转折有急转与缓转之分

在规则式园林空间中常用急转，如在主轴线与副轴线的交点处。在自然式园林空间中常用缓转，缓转有过渡空间，如在室内外空间之间设有空廊、花架之类的过渡空间。两空间之分隔有虚分与实分。两空间干扰不大，须互通气息者可虚分，如用疏林、空廊、漏窗、水面等。两空间功能不同、动静不同、风格不同宜实分，可用密林、山阜、建筑实墙来分隔。虚分是缓转，实分是急转。

第三节 园林景观设计的理论基础研究

一、文艺美学

在当代社会发展中，景观设计师往往必须具备规划学、建筑学、园艺学、环境心理艺术设计学等多方面的综合素质，那么所有这些学科的基础便是文艺美学。具备这一基础，再加之理性的分析方法，用审美观、科学观进行反复比较，最后才能得出一种最优秀的方案，创造出美的景观作品。而在现代园林景观设计中，遵循形式美规律已成为当今景观设计的一个主导性原则。美学中的形式美规律是带有普遍性和永恒性的法则，是艺术内在的形式，是一切艺术流派学依据。运用美学法则，以创造性的思维方式去发现和创造景观语言是人们的最终目的。

和其他艺术形式一样，园林景观设计也有主从与重点的关系。自然界的一切事物都呈现出主与从的关系，例如植物的干与枝、花与叶，人的躯干与四肢。社会中工作的重点与非重点，小说中人物的主次人物等都存在着主次的关系。在景观设计中也不例外，同样要遵守主景与配景的关系，要通过配景突出主景。

总之，园林景观设计需要具备一定的文艺美学基础才能创造出和谐统一的景观，正是经过在自然界和社会的历史变迁，人们发现了文艺美学的一般规律，才会在景观设计这一学科上塑造出经典，让人们在美的环境中继续为社会乃至世界创造财富。

二、景观生态学

景观生态学（Landscape Ecology）是研究在一个相当大的领域内，由许多不同生态系统所组成的整体的空间结构、相互作用、协调功能以及动态变化的一门生态学新分支。在1938年，德国地理植物学家特罗尔首先提出景观生态学这一概念。他指出景观生态学由地理学的景观和生物学的生态学两者组合而成，是表示支配一个地域不同单元的自然生物综合体的相互关系分析。进入20世纪80年代以

后，景观生态学才真正意义上实现了全球的研究热潮。另一位德国学者Buchwaid进一步发展了景观生态的思想，他认为景观是个多层次的生活空间，是由陆圈、生物圈组成的相互作用的系统。

“二战”以后，全球人类面临着人口、粮食、环境等众多问题，加之工业革命带动城市的迅速发展，使生态系统遭到破坏。人类赖以生存的环境受到严峻考验。这时一批城市规划师、景观设计师和生态学家们开始关注并极力解决人类面临的问题。美国景观设计之父奥姆斯特德正是其中之一，他的《Design With Nature1969》奠定了景观生态学的基础，建立了当时景观设计的准则，标志着景观规划设计专业勇敢地承担起后工业时代重大的人类整体生态环境设计的重任，使景观规划设计在奥姆斯特德奠定的基础上又大大扩展了活动空间。景观生态要素包括水环境、地形、植被等几个方面。

（一）水环境

水是全球生物生存必不可少的资源，其重要性不亚于生物对空气的需要。地球上的生物包括人类的生存繁衍都离不开水资源。而水资源对于城市的景观设计来说又是一种重要的造景素材。一座城市因为有山水的衬托而显得更加有灵气。除了造景的需要，水资源还具有净化空气、调节气候的功能。在当今的城市发展中，人们已经越来越认识到对河流湖泊的开发与保护，临水的土地价值也一涨再涨。虽然人们对于河流湖泊的改造和保护达成了共识，但具体的保护水资源的措施却存在着严重的问题。比如对河道进行水泥护堤的建设，却忽视了保持河流两岸原有地貌的生态功效，致使河水无法被净化等。

（二）地形

大自然的鬼斧神工给地球塑造出各种各样的地貌形态，平原、高原、山地、山谷等都是自然馈赠于人们的生存基础。在这些地表形态中，人类经过长期的摸索与探索繁衍出一代又一代的文明和历史。今天，人们在建设改造宜居的城市时，关注的焦点除了将城市打造得更加美丽、更加人性化以外，更重要的还在于减少对原有地貌的改变，维护其原有的生态系统。在城市化进程迅速加快的今天，城市发展用地略显局促，在保证一定的耕地的条件下，条件较差的土地开始被征为城市建设用地。因此，在城市建设时，如何获得最大的社会、经济和生态效益是人们需要思考的问题。

（三）植被

植被不但可以涵养水源，保持水土，还具有美化环境、调节气候、净化空气的功效。因此，植被是景观设计中不可缺少的素材之一。因此，无论是在城市规划、公园景观设计还是居民区设计中，绿地、植被是规划中重要的组成部分。此外，在具体的景观设计实践时，还应该考虑树形、树种的选择，考虑速生树和慢生树的结合等因素。

三、环境心理学

社会经济的发展让人们逐渐追求更新、更美、更细致的生活质量和全面发展的空间。人们希望在空间环境中感受到人性化的环境氛围，拥有心情舒畅的公共空间环境。同时，人的心理特征在多样性的表象之中，又蕴含着一般规律性。比如有人喜欢抄近路，当知道目的地时，人们都是倾向于选择最短的旅程。

另外，当在公共空间时，标志性建筑、标志牌、指示牌的位置如果明显、醒目、准确到位，那么对于方向感差的人会有一定的帮助。

人居住地的周围公共空间环境对人的心理也有一定的影响。如果公共空间环境提供给人的是所需要的环境空间，在空间体量、形状、颜色、材质视觉上感觉良好，能够有效地被人利用和欣赏，最大限度地调动人的主动性和积极性，培养良好的行为心理品质。这将对人的行为心理产生积极的作用。马克思认为："环境的改变和人的活动的一致，只能被看作是合理的理解，为革命的实践。"人在能动地适应空间环境的同时，还可以积极改造空间环境，充分发挥空间环境的有利因素，克服空间环境中的不利因素，创造一个宜于人生存和发展的舒适环境。

如果所提供公共空间环境与人的需求不适应时，会对人的行为心理产生调整改造信息。如果公共空间环境所提供与人的需求不同时，会对人的行为心理产生不文明信息。随着空间环境对人的作用时间、作用力累积到一定值时，将产生很多负面效应。比如有的公共空间环境，只考虑场景造型，凭借主观感觉设计一条"规整、美观"的步道，结果却事与愿违，生活中行走极不方便，导致人的行为心理产生不舒服的感觉。有的道路两边的绿篱断口与斑马线衔接得不合理，人

走过斑马线被绿篱挡住去路。人为地造成“丁字路”通行不方便的现状，使人的行为心理产生消极作用。可见，现代公共空间环境对人的行为心理作用是不容忽视的。

在公共空间环境的项目建造处于设计阶段时，应把人这个空间环境的主体元素考虑到整个设计的过程中，空间环境内的一切设计内容都以人为主体，把人的行为需求放在第一位。这样，人的行为心理能够得以正常维护，环境也得到应有的呵护。同时避免了环境对人的行为心理产生不良作用，避免不适合、不合理环境及重修再建的现象，使城市的“会客厅”更美，更适宜人的生活。

第三章　园林景观规划设计理论

一、园林景观规划设计理论的概念

（一）园林景观规划设计的意境美

在中国传统园林中有“造园之始，意在笔先”之说，这是由画论移植而来的。意，可视为意志、意念或意境，它强调在造园之前必不可少的创意构思、指导思想、造园意图。这种意图是根据园林的性质、地位而定的。皇家园林必以皇恩浩荡、至高无上为主要意图；寺观园林当以超脱凡尘、普度众生为宗；私家园林有的想耀祖扬宗，有的想拙政清野，有的想升华超脱，而多数崇尚自然，乐在其中。这就是《园冶》所谓“三分匠，七分主人”之说，它表明设计者的意图对方案所起的决定作用。

（二）规划设计理论的重要性

“意在笔先”，即在规划设计布局之先，要实地勘察、测绘与分析，明确用地的性质与功能要求，然后确定设计的风格与形式，做到成竹在胸，对方案的主题与意境构图等有明确的想法。立意是一种构思活动，设计立意可理解为设计构思。但“立意”又比“构思”具有更深的文化内涵及更高的文化层次。因为立意是景观设计师根据一定的环境与现实条件、时代审美思想，运用形象思维，创造观念中的景观艺术形象的过程。

（三）规划设计理论的影响

中国古典园林讲究“意境”的营造，现代园林也追求游览中的体验。任何优秀的设计都能赋予空间无穷的想象，并唤起人们的内在情感。因而，具有一定使用功能和游乐观赏价值的园林，不仅是一种空间的造型艺术，更可寄托人类的精神。通过具体场地空间及其景物的处理，使空间景象获得一定的寓意和情趣的过程，就是空间意境的创造。景物的构设应先立其意，注重“贵在意境”的原则。

园林中不仅要有优美的景色，而且还要有幽深的境界。方案设计应有意境的设想，寓情于景、寓意于景，把情与意通过景的设置而体现出来，使人能见景生情，因情联想，把思维扩大到比园景更广阔、更久远的境界中去，创造幽深的诗情画意。意境的形成经历了物象—表象—意象—意境的过程，清代画家郑板桥画竹的过程就体现了意境的形成过程。由于观赏者的个体差异，设计者要营造的不一定是观赏者所能感受到的意境。

（四）意境的创造手法

意境的形成必须发挥设计者与观赏者双方的思维、想象力和各种器官功能的全感受性，这种联想的方式就是十分重要的意境形成过程。意境的创造手法有以下几个方面：

1.延伸和虚复空间

运用延伸空间和虚复空间的特殊手法可以组织空间、扩大空间，强化园林的景深，丰富美的感受。延伸空间就是借景，虚复空间并非客观存在的空间，是由光的照射，通过水面、镜面或白色墙面的反射而形成的虚假重复的空间，即所谓“倒景、照景、阴景”。它可以增加空间的深度与广度，扩大景观空间的视觉效果；丰富园林景观的变化，创造景观静态空间的动势；增强景观空间的光影变化，尤其是水面虚复空间的奇妙效果。“闭门推出窗前月，投石冲破水底天”这样的绝句所描绘的就是由水面虚复空间创造的无限意境。

2.比拟与联想

（1）以小见大、以少代多的比拟联想。

摹拟自然，以小见大，以少代多，用精练浓缩的手法布置成“咫尺山林”的景观，使人有真山真水的联想。如无锡寄畅园的“八音涧”，就是模拟杭州灵隐寺前冷泉旁的飞来峰山势，却又不同于飞来峰。中国园林在模拟自然山水的手法上有独到之处，善于综合运用空间组织、比例尺度、色彩质感、视觉幻化等艺术原理，使一石有一峰的感觉，使散石有平冈山峦的感觉，使池水迂回有曲折不尽之意，犹如一幅国画，意到笔随，或无笔有意，使人联想无穷。

（2）运用植物姿态、色彩等各种特征给人带来的不同感受产生的比拟联想。

松象征坚贞不屈，万古常青；竹象征虚心有节，清高雅洁的风尚；梅象征不畏严寒，纯洁坚贞的品质；兰象征居静而芳，高雅脱俗的情操；菊象征不畏风霜，活泼多姿。白色象征纯洁，红色象征活跃，绿色象征和平，蓝色象征幽静，黄色象征高贵，黑色象征悲哀。这些象征并非放之四海皆准的定论，因民族、习惯、地区、处理手法的不同而有很大的差异。如“松、竹、梅”的“岁寒三友”

之称，“梅、兰、竹、菊”的四君子之称，都是中国古代诗人、画家的封赠。广州的红木棉树称为英雄树，长沙岳麓山广植枫林，有“万山红遍，层林尽染”的景趣，而爱晚亭则令人联想到“停车坐爱枫林晚，霜叶红于二月花”的古人名句。

（3）运用景观建筑、雕塑造型而产生的比拟联想。

景观建筑、雕塑的造型常与历史、人物、传闻、动植物形象相联系，能使人产生思维联想。如布置蘑菇亭、月洞门、小广寒殿等能使人置身其中，如临神话世界或月宫之感；儿童游戏场的大象和长颈鹿滑梯则培养了儿童的勇敢精神，有征服大动物的豪迈感；立在名人雕像前，则会令人有肃然起敬之感。

（4）运用文物古迹而产生的比拟联想。

文物古迹发人深思，游览成都武侯祠，会联想起诸葛亮的政绩和三国时代三足鼎峙的局面；游览成都的杜甫草堂，会联想起杜甫的富有群众性的传诵千古的诗篇；游览杭州的岳坟、南京的雨花台、绍兴风雨亭，会联想起许多可歌可泣的往事，使人得到鼓舞。文物在观赏游览中也具有很大的吸引力，在景观设计中，应掌握其特征，加以发扬光大。如国家或省、市级文物保护单位的文物、古迹、故居等，应分别对待，“整旧如旧”，还原本来面目，使其在旅游中发挥更大的作用。

二、土地规划设计体系

（一）定义

土地是人类的生存之本，人类的所有活动与土地之间有着密切的关系，人类对土地有一种信赖感。“地形”是土地的一种外观形态，是“地貌”的近义词，指地球表面三维空间的起伏变化，简言之，地形就是地表的外观。“景观”和“地表”一词互为联系，《韦伯大学字典》中将“景观”定义为地球的表面以及它所有的资源。一定程度上，“景观”可解释为关于地形的艺术或科学。

从大尺度的风景区来讲，地形有峰峦、丘陵、平原等多种类型，一般称之为“大地形”；从小尺度的景观区域来讲，地形包含土丘、台地、斜坡、平地或因台阶和坡道所引起的水平面变化的地形，一般称之为“小地形”；微微起伏的沙丘、水波纹、道路上石头或石块的不同质地的变化，是起伏最小的地形，称之为“微地形”。

（二）基本设计要素

山、水、植被、建筑物与构筑物等景观物质要素形成了不同的景观格局，为了方便理解，可以对其艺术特征进行基本而合理的分析。点、线、面、体是用视觉表达物质空间的基本要素，生活中人们所见到的或感知到的每一个形状都可以简化为这些要素中的一种或几种的结合。人们见到的各种景观格局是由这四种基本艺术要素，以及色彩与质感组织在一起的。

1.点

在数学上，线与线相碰而成的交点便显示了点的位置。严格来讲，点没有大小，但可以在空间中标定位置，点是线的收缩、面的聚集。在造型上，点如果没有形，便无法做视觉的表现，所以点必须具有大小与形态。点的形态多样，以圆形居多，圆点具有位置与大小，而其他形态的点除位置、大小之外，尚具方向。

以大小而言，越小的点，感觉越强；点越大，则越有面的感觉；但点如果过小，其存在之感亦随之减弱。从点与形的关系来说，以圆点最为有利，即使较大，仍会给人以点的感觉。轮廓不清或中空的点显得较弱。反之，面积不大，但内部充实、轮廓明确，即可成为锐利的点。

景观中的点状要素有孤植树、孤赏石、亭、塔、楼、阁、台凳、汀步、石矶等。点状要素的聚集、线状排列、分散等多种组合方式可产生不同的景观效果。

极薄的平面互相接触时，其接触处便形成线，曲面相交便形成曲线。线存在于点的移动轨迹和面的边界以及面与面的交界或面的断、切、截取处，具有丰富的形状和形态，并能形成强烈的运动感。

2.线

线从形态上可分为直线（水平线、垂直线、斜线和折线等）和曲线（弧线、螺旋线、抛物线、双曲线及自由线）两大类。景观中的线状要素包括园路、溪流、驳岸线、林冠线、林缘线、围墙、长廊、碑塔、栏杆、曲桥等。不同形态的线状要素有不同的象征性，并且给人以不同的视觉感受。

3.面

一维的线向二维伸展就形成了一个面，它没有深度和厚度，只有长度与宽度。面是线的封闭状态，不同形状的线可以构成不同形状的面。在几何学中，面是线移动的轨迹，点的扩大、线的宽度增加等也会产生面。平面可以是简单的、平的、弯曲的或扭曲的。

在自然界没有“完美”的平面。景观中，未搅动的、平静的池塘或湖泊表面是与完美平面相接近的，平静的水面及其对周边景物的倒影被广泛地应用于设计中。

4.体

体是二维平面在三维方向的延伸。体可以是实体，实体是三维要素形成的一个体或空间中的质体；体可以是开敞的，即空间的体由其他要素（如平面）围合而成。

实体可以是几何形的，如立方体、四面体、球体、锥体等。圆与球具有单一的中心点，易形成明显的中心感，易协调、无特定的方向性、等距放射，包括圆形、椭圆形、球形。四边形的体包括正方形、矩形、梯形等各种形状，正方形属中性，近似圆形的性质；矩形体最易造型；梯形的体偏心，具斜线性质；三角形体稳定。不规则的实体很常见，一些可能是圆滑而柔软的，而另一些则坚硬而有棱角。

三、相关理论概念

从事景观设计工作的设计师或工程实践者，首先要对景观设计的概念有明确的认识，尤其目前在我国对园林、园艺、绿化、景观设计的范畴有不同的见解，更有必要在此给出明确的解释；对景观设计的基本理论也要有清晰的了解，这样才能进一步了解不同空间类型的景观设计应该把握的设计要素和设计要点。以下从几个方面来阐述景观设计的概念及认知的基本内容。

（一）几个相关概念的解析

在解释景观设计的概念之前，有必要把几个容易混淆的概念解释清楚，便于更好、更清晰地了解景观设计的概念、设计元素及其内涵。

1.园艺

园艺就是果树、蔬菜和观赏植物的栽培、繁育技术和生产经营方法。相应地分为果树园艺、蔬菜园艺和观赏园艺。在温室培养、果树繁殖和栽培技术、名贵花卉品种的培育以及在园艺事业上，我国历代与各国进行广泛交流等方面卓有成效。景观设计的植物元素就是通过园艺的手段在苗圃地（如园林树木）和温室（如花卉）培育出来的。

2.园林

园林是在一定的地域运用工程技术和艺术手段，通过改造地形（筑山、叠石、理水）、种植花草树木、营造建筑和布置园路等途径创作而成的美的自然环境和游憩境域。园林包括庭园、宅园、小游园、花园、公园、植物园、动物园等，还包括森林公园、风景名胜区、自然保护区或国家公园的游览区以及休养胜地。

园林按开发不同分为两大类，一类是利用原有自然风景形成的自然园林，另一类是在一定地域范围内为改善生活、美化环境、满足游憩和文化需要而创造的人工园林。

3.绿化

“绿化”一词源于苏联，是“城市居住区绿化”的简称。“绿化”就是栽种植物以改善环境的活动。主要指的是栽植防护林、路旁树木、农作物以及居民区和公园内的各种植物等。绿化包括国土绿化、城市绿化、四旁绿化和道路绿化等。绿化可改善环境卫生，并在维持生态平衡方面起多种作用，绿化注重植物栽植和实现生态效益的物质功能，同时也含有一定的“美化”意思。

4.园林设计范围

园林设计就是在一定的地域范围内，运用园林艺术和工程技术手段，通过改造地形（或进一步筑山、叠石、理水）、种植树木、花草，营造建筑和布置园路等途径创作而成的美的自然环境和生活游憩境域的构思、创意、设计的过程。园林设计是一门研究如何应用艺术和技术手段处理自然、建筑和人类活动之间复杂关系达到和谐完美、生态良好、景色如画之境界的一门学科。

5.环境设计范围

工业化的发展引起一系列的环境问题，人类的环境保护意识加强以后，才逐渐产生了设计概念。一般理解，环境设计是对人类的生存空间进行的设计。协调“人—建筑—环境”的相互关系，使其和谐统一。环境设计按空间形式分为城市规划、建筑设计、室内设计、室外设计和公共艺术设计等。

（二）景观的概念

关于“景”“观”两字，我国古代许慎（东汉）在《说文解字》中解释景“光也”，指日光，亮；观“谛视也”，意为仔细看。“景”是现实中存在的客观事物，而“观”是人对“景”的各种感受与理解，“景”与“观”实际上是人与自然的和谐统一。

最初在古英语中的“景观”一词是指“留下了人类文明足迹的地区”。到了17世纪，“景观”作为绘画术语从荷兰语中再次引入英语，意为“描绘内陆自然风光的绘画，区别于肖像、海景等”。直至18世纪，因为景观和设计行业有了密切的关系，便将“景观”同“园艺”联系起来。19世纪的地质学家和地理学家则用景观一词代表“一大片土地”。随着环境问题的日益突出，对景观的理解也发生了变化。于是，通常景观成为描述特定的环境设计的世界通用词汇。对景观一般有以下的理解：某一区域的综合特征，包括自然、经济、人文诸方面。一般自然综合体。区域单位，相当于综合自然区划等级系统中最小一级的自然区。任何区域分类单位。

从人类开发利用和建设的角度，景观可分为自然景观、园林景观、建筑景观、经济景观、文化景观。从时间角度，可分为现代景观、历史景观。景观是一个时代社会经济、文化以及人的思想观念和意识形态的综合反映，是社会形态的物化形式。景观既是一种自然景象，也是一种生态景象和文化景象。

对景观一般定义为：景观（Landscape）是指土地及土地上的空间和物体所构成的综合体，它是复杂的自然过程和人类活动在大地上留下的烙印。景观设计的概念，要想了解景观设计的概念和内涵，首先应该了解什么是景观学（Landscape Science）。《中国大百科全书（简明版）》关于景观学的解释为：景观学是研究景观的形成、演变和特征的学科。景观学通过对景观的各个组成成分及其相互关系的研究去解释景观的特征，并研究景观内部的土地结构，探讨如何合理开发利用、治理和保护景观。

1.景观设计学（Landscape Architecture）是关于景观的分析、规划布局、设计、改造、管理、保护和恢复的科学和艺术。即通过对土地及一切人类户外空间的问题进行科学理性的分析，设计问题的解决方案和解决途径，并进行监理设计的实现。景观设计学强调土地的设计，它所关注的问题是土地和人类户外空间的问题。根据解决问题的性质、内容和尺度的不同，景观设计学包括两方面的内容：景观规划和景观设计。

景观规划是在大规模、大尺度范围内，基于对自然和人文过程的认识，协调人与自然关系的过程，如场地规划、土地规划、控制性规划、城市设计和环境规划。景观表示风景时，景观规划意味着创造一个美好的环境；景观表示自然加上人类之和的时候，景观规划则意味着在一系列经设定的物理和环境参数之内规划出适合人类栖居之地。景观设计相对于景观规划来说，是指在土地上进行景观规划后的某一特定场所、尺度范围较小的空间环境设计。因此，景观设计是以规划设计为手段，集土地的分析、管理、保护等众多任务于一身的科学。景观设计涉及自然科学和社会科学两大学科。景观设计主要设计要素包括地形地貌、水体、植被、景观建筑及构筑物，以及公共艺术品等。景观设计主要服务于城市居民的户外空间环境设计，包括城市广场、商业步行街、办公场所、室外运动场地、居住区环境、城市街头绿地及城市滨湖滨河地带、旅游度假区与风景区中的景点设计等。

2.景观是多种功能（过程）的载体，因而可被理解和表现为:风景:视觉审美过程的对象。栖居地:人生活其中的空间和环境。生态系统:一个具有结构和功能、具有内在和外在联系的有机系统。符号:一个记载人类过去、表达希望与理想，赖以认同和寄托的语言和精神空间。

3.现代景观设计的目的与依据

（1）现代景观设计的目的。

新技术、新材料以及文化的多元化融合发展，使现代景观设计呈现出多学科交叉、多元文化背景下的设计现状。

现代景观设计的目的无非还是满足人们的生理和心理需求的使用目的，只是满足人群的审美价值观和生态环境伦理有了时代变化和需求。

随着我国城市化进程的加快，城市空间的迅速扩张，必须有相应的景观设计与之相结合，某种意义上就是对自然环境的补偿措施，也是满足场地的生态环境恢复和保护的方法、方式和手段。景观设计的艺术性体现出场所的地域历史文化特色，起到了美化空间的目的。

景观设计是处理人工环境和自然环境之间关系的一种思维方式，一条以景观为主线的设计组织方式，目的是为了使无论大尺度的规划还是小尺度的设计都以人和自然最优化组合和可持续性发展为目的。

景观设计的目的最终是要达到人与环境（自然、人工）的和谐统一。

（2）现代景观设计的依据。

景观设计既需要感性思维，又需要理性思维，感性的创意性构思必须由理性的方案设计来保证场所的景观建设，而且景观设计施工图阶段必须有科学依据。

景观设计的目的是满足人们物质文化生活需要，因此每个场所都有它的功能要求。景观设计是伴随着社会经济发展而成长的，不同的发展阶段有不同的社会需求，因此景观设计有明显的时代特征。

第一节 园林景观规划设计的历史发展

一、园林景观设计史

景观设计是伴随着人类的活动而产生、发展的。人类认识自然、适应自然、与自然共生的过程就是景观生成、发展的过程，因此景观设计有着时代发展的烙印。

（一）主要时期

1.15世纪初意大利田园趣味。

2.16世纪下半叶巴洛克艺术的趣味性。

3.17世纪开创法国乃至欧洲造园新风格——勒·诺特（严谨的几何秩序、均衡和谐的美感）。

4.17、18世纪英国几何规则化加入自然元素和完全遵从自然形态的风景园。20世纪前的探索时期——多种风格流派的交替并存。

5.19世纪建筑与自然之间最好有几何式的花园作为过渡；公园被普遍关注。

6.20世纪初至六七十年代的现代主义盛行期——现代主义一统天下。

7.20世纪70年代的现代主义后期至今后现代主义与现代主义交替并存。

（二）历史悠久的造园史

人类创造景观环境的历史十分悠久，最早可以上溯到公元前4000年的巨石碑和公元前2000年的岩画，有记载的比较成熟的园林景观可以追溯到古埃及人在庭院植树以改善气候的庭园景观以及我国商周时代的“园囿”，前者是改善人类居住环境的典范，后者则是在农耕收获基础上带有更多的休闲景观功能。人类随着生产、生活方式的变化，相应的生活景观环境也发生着变化。从农业时代、工业时代到今天的信息时代，人们的生活空间不断地发生变化，人们对生活空间的需求也不断发生着变化。

（三）世界园林发展的四个阶段

人类社会的原始时期（狩猎社会）、奴隶社会和封建社会（农业社会）、18世纪中叶（工业革命）、20世纪60年代（第二次世界大战（1939～1945）之后——后工业时代或信息时代）。

第一阶段：

人类社会的原始时期（狩猎社会）。这一时期主要是聚落的出现，人们开始在聚落附近进行种植，园林进入了萌芽时期。这一时期人们满怀恐惧、敬畏的心情，对自然是感性的适应。对自然认识水平不高，以宗教信仰园林空间（处于萌芽状态）为主。

这时期园林的主要特点是种植、养殖、观赏不分；为全体部落成员共同管理、共同享受；主观为了祭祀崇拜和解决温饱问题，而客观有观赏功能，所以不可能产生园林规划。

第二阶段：

奴隶社会和封建社会（农业社会）。由于手工业和商业的出现，城镇开始产生，使园林从萌芽时期逐步成长。这时期园林的特点是直接为少数统治阶级服务，或者归他们所私有；封闭的、内向型的；以追求视觉景观之美和精神的寄托为主要目的，并非自觉地体现所谓社会、环境效益；造园工作由工匠、文人和艺术家来完成。

第三阶段：

18世纪中叶（工业革命）工业革命的产生，改变了人们的生产方式，开始大规模的集体生产，集体劳动使人们对公共活动空间有了渴望。人们为了适应这种产业结构所带来的居住空间环境的变化不断采取新的策略。英国学者霍华德（1850～1928）提出了“田园城市”设想。1857年奥姆斯特德（1822～1903）在美国纽约建立的中央公园是最早的城市公园，标志着现代公园的产生，也标志着新时期景观设计的开始。Landscape的概念正式提出，标志着景观设计进入职业化阶段。工业社会的园林景观出现了公园、都市绿地系统、田园都市等。其主要特点是除私有园林以外，出现由政府出资，向群众开放的公共园林；园林景观的规划设计已摆脱私有的局限性，从封闭的内向型转为开放的外向型；不仅为了追求视觉景观之美，同时注重环境效益和社会效益；由现代型的职业景观设计师主持景观的规划设计工作。

第四阶段：

1939～1945年之后是后工业时代或信息时代，工业革命使世界开始出现人口爆炸、粮食短缺、能源枯竭、环境污染、贫富不均、生态失调等。这一时期的景观设计主要目标是人类与自然处于共生关系的自然共生型社会发展，生物多样性将成为评价园林景观的标准。其主要特点表现在以下几点：确定了城市生态系统的概念，出现“园林城市”；园林景观以创造合理的城市生态系统为根本目的，同时进行园林审美的构思；园林景观艺术已成为环境艺术的一个重要组成部分，跨学科的综合性和公众参与性成为园林艺术创作的主要特点。

（四）园林艺术创作的主要特点

1.西方景观设计发展简史

目前我们谈论的西方景观设计，按时间发展的顺序，主要包括三部分内容。第一部分是公元4世纪之前西方的古代园林，主要指古埃及、古巴比伦、古希腊、古罗马的古代园林；第二部分是指中世纪欧洲园林，主要包括中世纪伊斯兰园林、意大利文艺复兴园林、欧洲勒·诺特时期的法国古典主义园林、英国自然风景式园林；第三部分是指近现代欧洲的景观设计，主要指近现代英国、美国、德国、荷兰的景观设计思潮和方法。

（1）古埃及园林大致有宅园、圣苑、墓园三种。设计形式应用了几何的概念，主要是规则式的，并有明显的中轴线。一般是方形的，四周有围墙，入口处建塔门；水池和水渠的形状方整规则，房屋和树木都按几何形状加以安排，是世界上最早的规整式园林设计。

（2）古巴比伦园林形式有“猎苑、圣苑、宫苑”三种类型。古巴比伦王国位于底格里斯和幼发拉底两河之间的美索不达米亚，是两河流域的文化产物。两河地带为平原，因而古巴比伦人热衷于堆叠土山，山上有神殿与祭坛等。传说公元前7世纪巴比伦空中花园，被列为世界七大奇迹之一。

（3）古希腊园林是几何式的，通过波斯学到西亚的造园艺术，数学、几何、美学的发展影响到园林的形式，中央有水池、雕塑，栽植花卉，四周环以柱廊，为以后的柱廊式园林的发展打下了基础。园林位于住宅的庭院或天井之中。其布局形式采用规则式以与建筑协调，形成强调均衡稳定的规则式园林。从古希腊开始奠定了西方规则式园林的基础。

（4）古罗马园林类型有古罗马庄园、宅园（柱廊园）、宫苑、公共园林四种类型。古罗马在继承希腊庭园艺术和上述园林布局特点的同时，也吸收了古埃及和西亚等国的造园手法，着重发展了别墅园（Villa Garden）和宅园这两类，发展成为山庄园林。古罗马园林以实用为主的果园、菜园以及芳香植物园逐渐加强了观赏性、装饰性以及娱乐性；受希腊园林的影响，园林为规则式；重视园林植物的造型，有专门园丁；除花台、花坛之外，出现了蔷薇专类园、迷园；花卉装饰盛行“几何形花坛中种植花卉，以便采摘花朵制成花环与花冠”。园林依山

而建，并将山地辟成不同高程的台地，用栏杆、挡土墙和台阶来维护和联系各台地。古罗马园林对后世的欧洲园林影响极大，奠定了文艺复兴时期意大利台地园的基础。

（5）意大利文艺复兴园林。公元十四五世纪发源于意大利的欧洲文艺复兴的文化运动影响了意大利的文学、科学、音乐、艺术、建筑、园林等各个方面。出现新的造园手法——绣毯式的植坛，在一块大面积的平地上利用灌木花草的栽植镶嵌组合成各种纹样图案，好像铺在地上的地毯。园林的布局形式沿山坡筑成几层台地，建筑造在台上且与园林轴线严格对称；布局呈现图案化对称的几何构图、均衡和秩序。这种台地园林形式是几何形的，有些还是中轴对称的，在轴线及其两侧布置美丽的绿篱花坛、变化多端的喷泉和瀑布、常绿树以及各种石造的阶梯、露台、水池、雕塑、建筑及栏杆，尺度宜人，郁郁葱葱，非常亲切。

（6）欧洲勒·诺特时期的法国古典主义园林。17世纪，意大利文艺复兴式园林传入法国，但法国人并没有完全接受意大利台地园的形式，而是把中轴线对称均齐的整齐式的园林布局手法运用于平地造园。法国的造园家勒·诺特创造了大轴线、大运河造园手法，具有雄伟壮丽、富丽堂皇气氛的造园样式，以法国的宫廷花园为代表的园林后人称其为“勒·诺特式”园林。代表作是凡尔赛宫园林。勒·诺特时期园林的主要特点园林是几何式的，有着非常严谨的几何秩序，均衡和谐；宫殿高高在上，建筑的轴线一直延伸至园外的森林之中。轴线两侧或轴线上布置有大花坛、林荫道、水池、喷泉、雕像、修剪成各种几何形体的造型植物；园林的外围是森林，浓浓的绿荫成为整个园林的背景，在森林与园林之间，布置一些由绿篱围合的不同风格的小花园；整个园林宁静而开阔，统一中又富有变化，显得富丽堂皇、雄伟壮观。

（7）英国自然风景式园林及近现代英国景观设计。英国的风景式园林兴起于18世纪初期，与靳·诺特式的园林完全相反，它否定了纹样植坛、笔直的林荫道、方正的水池、整齐的树木。扬弃了一切几何形状和对称均齐的布局，代之以弯曲的道路、自然式的树丛和草地、蜿蜒的河流，讲究借景和与园外的自然环境相融合。

英国自然风景式的花园完全改变了规则式花园的布局，这一改变在西方园林发展史中占有重要地位，它代表着这一时期园林发展的新趋势。至18世纪中叶以后，法国孟德斯鸠、伏尔泰、卢梭等在英国基础上发起启蒙运动，这种追求自由、崇尚自然的思想，很快反映在法国的造园中。

19世纪末到20世纪初，发源于英国的“工艺美术运动”、比利时和法国的“新艺术运动”引发了西方现代主义思潮，预示着现代主义园林时代的到来。简洁的现代主义景观设计作品出现在1925年的巴黎国际现代工艺美术展上，至此西方现代景观设计拉开了序幕。

（8）美国现代景观设计。弗雷德里克·劳·奥姆斯特德（Frederick Law Olmsted 1822～1903）是美国景观规划设计事业的创始人。他的理论和实践活动推动了美国自然风景园运动的发展。1899年美国景观规划设计师学会成立，小奥姆斯特德（1870～1957）在哈佛大学设立美国第一个景观规划设计专业。20世纪初，欧洲现代运动蓬勃发展。而当时“巴黎美术学院派”的正统课程和奥姆斯特德的自然主义思想仍然占据了美国景观规划行业的主体。“巴黎美术学院派”的正统课程用于规则式的设计，奥姆斯特德的自然主义思想应用于公园和其他公共复杂地段的设计。但两者模式很少截然分开，而是在公园的自然之中加入了规则式的要素，古典的对称设计被自然的植物边缘所软化。这时美国景观设计师斯蒂里（1885～1971）将欧洲现代景观设计的思想介绍到了美国，一定程度上推动了美国景观的现代主义进程。

从以上历史发展来看，欧洲和美洲的园林同属于从古埃及园林发展而来的大系统。

从古埃及的规则式园林，到古希腊的柱廊式园林，到古罗马的别墅庄园，到意大利的文艺复兴园林，然后是法国“勒·诺特式”园林，再到英国自然风景园林，经历了漫长的发展与变革，到了20世纪20年代，形成了现代主义的园林景观设计。

2.东方景观设计发展简史

东方景观设计发展史主要指中国、日本等国的景观设计发展史。

（1）中国园林设计。

中国古典园林是指世界园林发展的第二阶段（农业社会）上的中国园林体

系。中国古典园林的发展大体经历了生成期（殷、周、秦、两汉，公元前16世纪～220年）、转折期（魏、晋、南北朝，公元220～589年）、全盛期（隋、唐，公元589～960年）、成熟前期（两宋、元、明、清初，公元（960～1736年）、成熟后期（清中叶、清末，公元1736～1911年）五个发展阶段。中国古典园林按照园林基址的选择和开发方式的不同，可以划分为人工山水园林和自然山水园林两大类型。如果按照园林的隶属关系来划分，可分为皇家园林、私家园林、寺观园林三种主体类型。

我国的古典园林的艺术地位很高，对全国乃至其他国家的景观设计都有很大的影响，它是我国众多传统艺术的综合体，由于古典园林艺术在园林建筑的建造技术、园林用地的规划、花草树木的位置安排和山水的经营的要求都比较高，而且在工艺水平上，很多传统工艺技术所需要的人力物力都很大，因此，要实现完整地把古典园林的建筑应用在现代环境设计中是很不容易的。但是如果通过运用把现代的设计手法和建筑材料及施工技术紧密结合，就可以直接使古典园林的元素在现代的景观设计中体现得淋漓尽致。中国的私家园林在清代乾隆、嘉庆年间成就最为突出。大约分为四个阶段：第一阶段是清朝末年到中华人民共和国成立之前，受西方造园思想影响，在传统造园手法的基础上，加入了西方造园要素，代表作是圆明园；第一个具备现代“公园”意义公园，是1905年在无锡城中心原有几个私家小花园的基础上建立的第一个公园，占地3公顷，故称“华夏第一公园”。第二阶段应该是中华人民共和国成立后到改革开放之前。这一阶段是中国计划经济阶段，园林的建设主要是劳动公园、人民公园、儿童公园等城市公共空间的园林设计。第三阶段指改革开放后的现代景观设计。改革开放使西方的景观设计思潮不断地与中国景观设计相结合，尤其是中国目前正处于城市化迅速发展阶段，使当下的中国景观设计呈现文化多元化、多学科交叉、可持续设计的状况。

（2）日本园林。

日本园林与中国园林同为东方园林的两朵奇葩。日本园林与中国园林有着很深的渊源关系，在古代就受我国汉朝影响。日本园林史可划分为古代、中世纪、近代三个阶段。公元6世纪中叶（飞鸟时期），中国大陆文化经由朝鲜半岛开始传入日本。园林艺术和汉代佛教也先后传入日本，对日本产生了很大的影响，宫廷、贵族开始出现中国式的园林——池泉式园林，即池泉庭园，形成了日本以庭院景观为主的庭园园林。由于受佛教思想影响，造园手法表现为枯山水形式，形成独特的禅宗园林景观。日本现代景观设计也受西方景观设计思潮影响，公共空间景观设计也体现出简约主义的时代特征。

二、园林景观文化的四个发展阶段

人类文明史的发展历程经历了神话文明、宗教文明、科学文明和科学艺术文明四个层次，园林景观文化的发展也是按这四个文明层次的历史顺序产生、发展并走向未来的。

（一）园林景观文化的神话文明

园林景观文化的产生始于园林景观出现的最早期，此时人类正处于对自然认识的模糊、崇拜和迷信阶段，时间范围始于公元前3100～2300年，终止于公元前500年。这段时期以自然神秘论为主导，产生了诸如伊甸园、蓬莱仙境等许多神话传说中的园林景观形式，并由此产生灵台、灵沼、灵囿等景园的雏形。这种原始的园林景观文化积淀至今，仍然影响着现代人的园林景观设计观念。

（二）园林景观文化的宗教文明

自公元前500年，到公元1500年前后，这一时期，人类的宗教文化、圣地陵墓和丛林寺院颇为盛行，形成了以宗教文明为核心的景园文化。

在中国，自然神秘论首先被突破，代之而起的是自然价值观。伴随着景园艺术的发展，出现山水文学、山水画及风水相关理论，并在《晋书·王导传》中出现“风景”一词，山水文学传述了园林景观之“意”，山水画表现了园林景观之“形”，园林浓缩了园林景观的“形”和“意”，而风水相地学作为古代的环境学则与园林景观有着许多潜在而玄妙的联系，好风水也是好的风景、好的居住场所。

（三）园林景观文化的科学文明

园林景观文化发展与科学文明时期，时间范围在公元1500～1900年之间。在此时期，以西方园林景观建筑学(Landscape Architecture)的提出和东方《徐霞客游记》为标志，园林景观文化开始注入了自然科学的内容。以西方风景画的透视理论和《园冶》中各种景的处理为标志，园林景观中以“景” 为中心的视觉传达因素开始被强调出来。在西方，围绕着空间、造型和景观进行了一系列的园林景观开发与建设；在东方，则围绕着时间、序列和意境，将山水、建筑、园艺、文学、书法、绘画融为一体，使园林景观具备了可观、可游、可居的特点，达到了造园史上的高峰。

这一时期，受科学观念支配的西方园林景观文化和受艺术情感支配的东方园林景观文化并存，并开始相互交融。

（四）园林景观文化的科学艺术文明

园林景观文化的繁荣始自1900年前后，此时科学技术高度发达、生产力极大提高；人们有了大量的闲暇时间，走向大众化、多元化的艺术为每一个人提供了施展艺术才能的天地，是科学与艺术完美结合的时期。在这个以信息时间转换为中心的世界，电视、电视摄像和网络的普及，微波、卫星图像系统使得视觉世界的作用变得如此重要，视觉世界的内容显得如此丰富多彩。从局部到整体、从区域到全球、从地球到宇宙，人们的视野逐步扩大； 从园林景观建筑、规划、地理、生态、林业、交通、环保到心理、文化、社会、美学，关注园林景观的专业越来越多；从国土园林景观、风景区域到室内景观设计，园林景观实践的范围越来越广；从园林景观视觉构造到审美意境组织，从园林景观环境行为到意境审美，从园林景观生态质量到绿色文化，园林景观理论研究越来越深入。科学艺术文明时期的园林景观文化发生了深刻的变化，古典园林景观传统观念已被打破，现代及后现代园林景观观念已逐步形成。

第二节 园林景观规划设计的环境效果

中国传统园林讲究“三分匠人、七分主人”。造园之始先相地、立意， 做到“心有丘壑”后再具体实施。现代景观创造既注重功能、形式、设计的个性与风格、技术与工程，更注重使用者的需求、价值观以及行为习惯。

一、环境效果要求

（一）根据基地条件、园林的性质与功能确定其设施与形式

性质与功能是影响规划布局的决定性因素，不同的性质、功能就有不同的设施和规划布局形式。同时，不同的地形地貌条件也影响规划布局。例如，城市动物园以展览动物为主，采用自然式布局，烈士陵园应该严肃，则采用规则式布局。

（二）不同功能的区域和不同的景点，景区宜各得其所

安静休息区和娱乐活动区，既有分隔又有联系。不同的景色也宜分区， 使各景区景点各有特色，不致杂乱。如北京颐和园分为东宫区、前山区、后山区及湖堤区等景区，前山区是全园的主景区，主景区中的主要景点是以佛香阁、排云殿为中心的建筑群。其余各区为配景区，而各配景区内也有主景点，如湖堤区中的主景点是湖中的龙王庙。功能分区与景观分区有些是统一的，有些是不统一的，需做具体分析。

（三）突出主题，在统一中求变化

规划布局忌平铺直叙。如无锡锡惠公园是以锡山为构图中心、龙光塔为特征的。但在突出主景时还应注意到次要景观的陪衬烘托，注重处理好与次要景区的协调过渡关系。

（四）因地制宜，巧于因借

规划布局应在洼地开湖，在土岗上堆山，做到“景到随机、得景随形”“俗则屏之，嘉则收之”。如北京颐和园、杭州西湖都是在原有的水系上挖湖堆山、设岛筑堤形成的著名自然风景区。在中国传统园林中，无论是寺观园林、皇家园林或私家庭园，造园者都顺应自然，利用自然。

（五）起结开合，步移景异

如果说欲扬先抑给人们带来层次感，起结开合则给人们以韵律感。写文章、绘画有起有结，有开有合，有放有收，有疏有密，有轻有重，有虚有实。造园又何尝不是这样呢？人们如果在一条等宽的胡同里绕行，尽管曲折多变，层次深远，却贫乏无味，游兴大消。节奏与韵律感是人类生理活动的产物，表现在景

观艺术上，就是创造不同大小类型的空间，通过人们在行进中的视点、视线、视距、视野、视角等反复变化，产生审美心理的变迁，通过移步换景的处理，增加引人入胜的吸引力。风景园林是一个流动的游赏空间，善于在流动中造景，也是中国传统园林的特色之一。现代综合性园林有着广阔的天地、丰富的内容、多方位的出入口，多种序列交叉游程，所以没有起结开合的固定程序。在景观布局中，我们可以效仿中国古典园林的收放原则，创造步移景异的效果。比如景区的大小、景点的聚散、草坪上植树的疏密、自然水体流动空间的收与放、园路路面的自由宽窄、林木的郁闭与稀疏、景观建筑的虚与实等，这种多领域的开合反复变化，必然会带给游人心理起伏的律动感，达到步移景异、渐入佳境的效果。

二、园林的布局形式

原则上分为三种：自然式、规则式、混合式。

（一）自然式

自然式也称风景式，以模仿自然为主，不要求对称严整。中国园林自周秦开始，无论是皇家苑囿或私家庭园，都是以自然山水为主，唐代东传日本，18世纪开始影响英国等欧洲国家的造园，并因此对世界园林产生了较大的影响。中国古典园林中的避暑山庄的湖泊区及苏州拙政园等，现代的上海长风公园、上海浦东世纪公园等都采用自然式布局。这种布局形式适合于有山有水、地形起伏的基地。自然式园林的特点就在于将自然要素与人工的造景艺术巧妙地结合，达到“虽由人作，宛自天开”的效果。其最突出的景观艺术形象就是以山体、水系为全园的骨架，模仿自然界的景观特征，造就第二个自然环境。自然式园林模拟自然的手法深受中国传统山水画写意、抽象画风的影响。

因此，采用山水造园法的自然式景观布局的精髓就在于“巧于因借，精在体宜”。

（二）规则式

规则式又称整形式和几何式，平面布置、立体造型以及建筑、广场、道路、水面、花草树木等都要求严整对称。西方园林在18世纪出现风景式园林之前，基本上以规整式为主，平面对称布局，追求几何图案美，多以建筑及建筑所形成的空间为园林主体，其中以文艺复兴时期意大利台地园和法国勒·诺特式宫苑为代表。规则式一般给人以庄严肃穆、整齐雄伟之感，适用于宫苑、纪念性园林及具有对称轴的建筑庭园中。

（三）混合式

混合式是规则式与自然式布局的并用。在实际应用中，单纯的自然式与规则式是很少见的，大多是以其中的一种为主，因此，大多数的园林景观布局是混合式的。在整个平面布置、地貌创作以及山水植物等自然景物上一般采用自然式布局，而建筑物或其群体空间组合上通常采用规则式布局。如北京颐和园的布局就是混合式的，东宫部分、佛香阁、排云殿的布局是轴线对称的规则式，而前湖区等山水亭廊以自然式为主。北京香山静心斋、广州烈士陵园、北京中山公园等都可视作混合式布局的代表。

混合式园林常综合运用绝对对称法和自然山水法，使园林兼具规则与自然之美，更富有活泼、灵动之趣。在主景处为突出主体，常以轴线法处理；在辅景及其他区域多以自然山水法为主，少量地辅以轴线。大型园林一般都采用混合式布局，比如多数的中国传统皇家园林与现代公园的布局都采用混合式。

三、园林景观设计的重要性

人们的居住环境中，园林景观搞得好与不好，不仅与一座城市及一个乡村的外表形象有着密切的联系，而且对防风沙，涵养水泥，吸附灰尘，杀菌灭菌，降低噪声，吸收有毒物体、有毒物质，调节气候和保护生态平衡，促进居民身心健康都有一定的自然环保作用。

（一）视觉效果

园林景观对城市的影响首先体现在视觉效果上，园林景观表现在大地上作画的手段主要是通过植物群落、水体、园林建筑、地形等要素的塑造来达到目的。通过营造人性的、符合人类活动习惯的空间环境，从而营造出怡人的、舒适、安逸的景观表现环境。而其中，绿地植物是现代城市园林景观艺术建设的主体，它具有美化环境的作用。植物给予人们的美感效应，是通过植物固有色彩、姿态、风韵等个性特色和群体景观效应所体现出来的。一条街道如果没有绿色植物的装饰，无论两侧的建筑多么新颖，也会显得缺乏生气。同样一座设施豪华的居住小区，要有绿地和树木的衬托才能显得生机盎然。许多风景优美的城市，不仅有优美的自然地貌和雄伟的建筑群体，园林绿化的景观效果对城市面貌也起着决定性的作用。

人们对于植物的美感，随着时代、观者的角度和文化素养程度的不同而有差别。同时光线、气温、风、雨、霜、雪等气象因子作用于植物，使植物呈现朝夕不同、四时互异、千变万化的景色变化，这能给人们带来丰富多彩的景观效果。

（二）净化空气

空气是人类赖以生存和生活不可缺少的物质，是重要的外环境因素之一。一个成年人每天平均吸入10～12立方米的空气，同时释放出相应量的二氧化碳。为了保持平衡，需要不断地消耗二氧化碳和放出氧，生态系统的这个循环主要靠植物来补偿。植物的光合作用，能大量吸收二氧化碳并放出氧。其呼吸作用虽也放出二氧化碳，但是植物在白天的光合作用所制造的氧比呼吸作用所消耗的氧多20倍。一个城市居民只要有10平方米的森林绿地面积，就可以吸收其呼出的全部二氧化碳。事实上，加上城市生产建设所产生的二氧化碳，则城市每人必须有30～40平方米的绿地面积。景观表现被称之为“生物过滤器”，在一定浓度范围内，植物对有害气体有一定的吸收和净化作用。工业生产过程中产生许多污染环境的有害气体，最大量的是二氧化硫，其他主要有氟化氢、氮氧化物、氯、氯化氢、一氧化碳、臭氧以及汞、铅的气体等。这些气体对人类危害很大，对植物也有害。测试证明，绿地上的空气中有害气体浓度低于未绿化地区的有害气体浓度。

城市空气中含有大量尘埃、油烟、碳粒等。这些烟灰和粉尘降低了太阳的照明度和辐射强度，削弱了紫外线，不利于人体的健康；而且污染了空气，使人们的呼吸系统受到污染，导致各种呼吸道疾病的发病率增加。植物构成的绿色空间对烟尘和粉尘有明显的阻挡、过滤和吸附作用。国外的研究资料介绍，公园能过滤掉大气中80%的染污物，林荫道的树木能过滤掉70%的污染物，树木的叶面、枝干能拦截空中的微粒，即使在冬天，落叶树也仍然保持在60%。

（三）过滤效果

1.净化水体

城市水体污染源主要有工业废水、生活污水、降水径流等。工业废水和生活污水在城市中多通过管道排出，较易集中处理和净化。而大气降水形成地表径流，冲刷和带走了大量地表污物，其成分和水的流向难以控制，许多则渗入土壤，继续污染地下水。许多水生植物和沼生植物对净化城市污水有明显作用。比如在种有芦苇的水池中，其水的悬浮物减少30%，氯化物减少90%，有机氮减少60%，磷酸盐减少20%，氨减少66%。另外，草地可以大量滞留许多有害的金属，吸收地表污物；树木的根系可以吸收水中的溶解质，减少水中细菌含量。

2.净化土壤

植物的地下根系能吸收大量有害物质而具有净化土壤的能力。有植物根系分布的土壤，好气性细菌比没有根系分布的土壤多几百倍至几千倍，故能促使土壤中的有机物迅速无机化。因此，既净化了土壤，又增加了肥力。草坪是城市土壤净化的重要地被物，城市中一切裸露的土地，种植草坪后，不仅可以改善地上的环境卫生，也能改善地下的土壤卫生条件。

3.树木的杀菌作用

空气中散布着各种细菌、病原菌等微生物，不少是对人体有害的病菌，时刻侵袭着人体，直接影响人们的身体健康。绿色植物可以减少空气中细菌的数量，其中一个重要的原因是许多植物的芽、叶、花粉能分泌出具有杀死细菌、真菌和原生动物的挥发物质，称为杀菌素。城市中绿化区域与没有绿化的街道相比，每立方米空气中的含菌量要减少85%以上。例如，在繁华的王府井大街，每立方米空气中有几十万个细菌，而在郊区公园只有几千个。再次是园林植物在心理功能上的影响，植物对人类有着一定的心理功能。随着科学的发展，人们不断深化对这一功能的认识。在德国，公园绿地被称为“绿色医生”。在城市中使人镇静的绿色和蓝色较少，而使人兴奋和活跃的红色、黄色不断增多。因此，在绿地的光线则可以激发人们的生理活力，使人们在心理上感觉平静。绿色使人感到舒适，能调节人的神经系统。植物的各种颜色对光线的吸收和反射不同，青草和树木的青、绿色能吸收强光中对眼睛有害的紫外线。对光的反射，青色反射

36%，绿色反射47%，对人的神经系统、大脑皮层和眼睛的视网膜比较适宜。如果在室内外有花草树木繁茂的绿色空间，就可使眼睛减轻和消除疲劳。最后是园林植物群落的物理功能上的影响。

4.改善城市小气候

小气候主要指地层表面属性的差异性所造成的局部地区气候。其影响因素除太阳辐射和气温外，直接随作用层的狭隘地方属性而转移，如地形、植被、水面等，特别是植被对地表温度和小区域气候的影响尤大。夏季人们在公园或树林中会感到清凉舒适，这是因为太阳照到树冠上时，有30%～70%的太阳辐射热被吸收。树木的蒸腾作用需要吸收大量热能，从而使公园绿地上空的温度降低。另外，由于树冠遮挡了直射阳光，使树下的光照量只有树冠外的1/5，从而给休憩者创造了安闲的环境。草坪也有较好的降温效果，当夏季城市气温为25摄氏度时，草地表面温度为22～25摄氏度，比裸露地面低6～7摄氏度。到了冬季，绿地里的树木能降低风速20%，使寒冷的气温不至降得过低，起到保温作用。

园林绿地中有着很多花草树木，它们的叶表面积比其所占地面积要大得多。由于植物的生理机能，植物蒸腾大量的水分，增加了大气的湿度。这给人们在生产、生活上创造了凉爽、舒适的气候环境。绿地在平静无风时，还能促进气流交换。由于林地和绿化地区能降低气温，而城市中建筑和铺装道路广场在吸收太阳辐射后表面增热，使绿地与无绿地区域之间产生温差。形成垂直环流，使在无风的天气形成微风。因此合理的绿化布局，可改善城市通风及环境卫生状况。

5.减低噪声

噪声是声波的一种，正是由于这种声波引起空气质点振动，使大气压产生迅速的起伏，这种起伏越大，声音听起来越响。噪声也是一种环境污染，对人产生不良影响。北京市环境部门收到的群众控告信中40%以上是关于噪声污染的。研究证明，植树绿化对噪声具有吸收和消解的作用。可以减弱噪声的强度。其衰弱噪声的机理是噪声波被树叶向各个方向不规则反射而使声音减弱；另一方面，是由于噪声波造成树叶发生微振而使声音消耗。

（四）防灾避难

在地震区域的城市，为防止灾害，城市绿地能有效地成为防灾避难场所。

1923年9月，日本关东发生大地震时，引起大火灾，公园绿地成为居民的避难场所。1976年7月我国唐山大地震时，北京有15处公园，绿地总面积400 多公顷，疏散居民20多万人。树木绿地具有防火及阻挡火灾蔓延的作用。不同树种具有不同的耐火性，针叶树种比阔叶树种耐火性要弱。阔叶树的树叶自然临界温度达到455摄氏度，有着较强的耐火能力。总之，园林景观表现是以植物为主体，结合水体、园林建筑小品和地形等要素营造出人性化的、色彩斑斓的、空气清新的、安详舒适的环境，从而改善了城市人们的生活环境，提高了人们的生活质量，对维持城市环境的生态平衡具有重要的作用。

园林建筑应具有精美、灵巧和多样化的特点，设计创作时可以做到“景到随机，不拘一格”，在有限的空间得其天趣。

四、园林建筑的创作要求

(1) 立其意趣，根据自然景观和人文风情，创立小品的设计构思；

(2) 合其体宜，选择合理的位置和布局，做到巧而得体，精而合宜；

(3) 取其特色，充分反映建筑小品的特色，把它巧妙地熔铸在园林造型之中；

(4) 顺其自然，不破坏原有风貌，做到涉门成趣，得景随形；

(5) 求其因借，通过对自然景物形象的取舍，使造型简练的小品获得景象丰满充实的效应；

(6) 饰其空间，充分利用建筑小品的灵活性、多样性以丰富园林空间；

(7) 巧其点缀，把需要突出表现的景物强化起来，把影响景物的角落巧妙地转化成为游赏的对象；

(8) 寻其对比，把两种明显差异的素材巧妙地结合起来，相互烘托，显出双方的特点；

(9) 经济性和实用性相结合，同当地的气候相结合。

五、视线分析与景点设置

（一）意境的设想

设计应该让视景随观赏者的移步而易景，如同登山者在攀登的过程中越向上越能体会到更多的景致，直至看到全景。视景设计可利用框景、漏景、添景、借景、对景、分景、聚景、点景及暗示的艺术手法，使人接触到不同的风貌，直至完全展示在人们的面前，产生“步移景异”的效果。同时，园林中不仅要有优美的景色，而且还要有幽深的境界。

（二）设计的目的

1.设计目的

园林景观环境的规划设计是以满足人类使用和欢愉为目的的。西方园林景观建筑师哈伯德（Hubbard）认为景观建筑环境最重要的功能，是在人类的聚居环境中与乡间的自然景色中创造并保存美。同时都市中的人远离了乡村的景致，因而迫切地需要经由自然与景观艺术的帮助，以提供美丽且平静的景色与声音，来舒解他们每日紧张生活的压力，所以园林景观建筑也重视改善都市人群日常生活的舒适性、方便与健康，并相信与自然景观的接触对人类的品德、健康与幸福是绝对必要的。

（1）休息、漫步和游览区。这是最基本的组成部分，提供大多数人进行活动的室外空间，对整个空间的形态要求较高，考虑到空间的审美功能， 在不同等级的绿地中都布置这类小环境。此类功能绿地，主要利用地势高低而设置，如步行木质栈道等，同时对于小区的主要景观轴，建议都设置漫步道，一方面可以最佳效果地展示小区园林景观，也使住户可以游览。这个区域应属于安静的区域，应避免和游乐设施、游戏场等喧闹的区域靠近，同时不宜有大片的硬地，多种植树木和花草，用树木遮挡视线，形成一个较为安静的场所，同时又应注意周围的环境景观，可以点线面结合，在集中的位置设置小型喷泉、雕塑和环境设施。场地内应该为居民提供必要的设施，如平台、石凳、廊、亭等，特别是椅凳，其位置应靠近散步道，同时又和散步道相互分开，成为一个独立的区域。散步道也是重点设计部位，既能满足行走的要求，又应考虑两侧的景观、线路的曲折，并且和椅凳有很好的配合，同时，要注意地面铺地的材料、图案、色彩等的配合的协调。

（2）游乐区。主要是健康运动休闲设施等，主要设置于健康生活馆（会所）内。

（3）运动健身区。为居民提供室外活动的场地，包括健身场地、器械、球类运动等。它属于闹的环境，应避免对其他分区的干扰。建议沿山体设置，应放置在角落里，周围用树木、围墙和其他区域分隔，同时设置指示标志到达这里。设置大片的硬质场地，为成年人特别是老年人的室外活动提供场地。由于人流比较集中，其位置应靠近居住区的道路，布置也应开敞， 同时又应该不影响居民正常的休息。在运动场地和健身场地周围应布置椅凳，为人们提供休息的设施。

（4）儿童游乐区。在幼儿园周边划分出固定的区域，设置适应儿童活动的设施，如戏水池、沙坑、跑道以及器械、小品、绿化等，同时为了大人看护方便，应提供桌椅、亭、廊等休息设施。儿童游戏区的位置在考虑服务半径的前提下，应注意安全，同时避免和住户的干扰。园林景观表现有利于提高、改善城市人们生活水平和生活环境，有利于城市的可持续性发展，对保护城市的生态环境具有重要的意义。

第三节 园林景观规划设计的主要学派

一、后现代主义

后现代主义是产生于20世纪60年代末70年代初的文化思潮，设计特点为人性化、自由化。后现代主义作为现代主义内部的逆动，是对现代主义的纯理性及功能主义，尤其是国际风格的形式主义的反叛，后现代主义风格在设计中仍秉承设计以人为本的原则，强调人在技术中的主导地位，突出人机工程在设计中的应用，注重设计的人性化、自由化，体现个性和文化内涵。

（一）后现代主义的特点

后现代主义作为一种设计思潮，反对现代主义的苍白平庸及千篇一律， 并以浪漫主义、个人主义作为哲学基础，推崇舒畅、自然、高雅的生活情趣，强调人性经验在设计中的主导作用，突出设计的文化内涵。美国宾夕法尼亚大学为园林教授麦克哈格(1920～2001)出版了《设计结合自然》一书， 提出了综合性生态规划思想，在设计和规划行业中产生了巨大的反响。进入20世纪80年代以来，人们对现代主义逐渐感到厌倦，于是“后现代主义(Post—modernism)”这一思潮应运而生。

与现代主义相比，后现代主义是现代主义的继续与超越，后现代的设计应该是多元化的设计。历史主义、复古主义、折中主义、文脉主义、隐喻与象征、非联系有序系统层、讽刺、诙谐都成了园林设计师可以接受的思想。1992年建成的巴黎雪铁龙公园(ArcAndre–Citroen))带有明显的后现代主义的一些特征。于是“后现代主义(Post—modernism)”这一思潮应运而生。20世纪70年代以后，受生态思想和环境保护主义思想的影响，更多的园林设计师在设计中遵循生态的原则，生态主义成为当代园林设计中一个普遍的原则。

（二）多元化的发展

后现代主义主张继承历史文化传统，强调设计的历史文脉，在世纪末怀旧思潮的影响下，后现代主义追求传统的典雅与现代的新颖相融合，创造出集传统与现代、古典与时尚于一身的大众设计。后现代主义以复杂性和矛盾性去洗刷现代主义的简洁性、单一性。采用非传统的混合、叠加等设计手段，以模棱两可的紧张感取代陈直不误的清晰感，非此非彼、亦此亦彼的杂乱取代明确统一，在艺术风格上，主张多元化的统一。

二、解构主义

（一）解构主义的概念

“解构主义”最早是由法国哲学家德里达提出的。在20世纪80年代，成为西方建筑界的热门话题。“解构主义”可以说是一种设计中的哲学思想， 它采用歪曲、错位、变形的手法，反对设计中的统一与和谐，反对形式、功能、结构、经济彼此之间的有机联系，产生一种特殊的不安感。

（二）解构主义的发展

解构主义的风格并没有形成主流，被列为解构主义的景观作品也极少， 但它丰富了景观设计的表现力。巴黎为纪念法国大革命200周年而建设的九大工程之一的拉·维莱特公园是解构主义景观设计的典型实例。它是由建筑师屈米设计的。兴起于20世纪80年代后期的建筑设计界解构分析的主要方法是去看一个文本中的二元对立（比如说，男性与女性、同性恋与异性恋），并且呈现出这两个对立地面向事实上是流动与不可能完全分离的，而非两个严格划分开来的类别。解构主义最大的特点是反中心、反权威、反二元对抗。

三、高技派

（一）高技派概述

20世纪50年代后期兴起的，建筑造型、风格上注意表现“高度工业技术”的设计倾向。高技派理论上极力宣扬机器美学和新技术的美感，它主要表现在三个方面：提倡采用最新的材料——高强钢、硬铝、塑料和各种化学制品来制造体量轻、用料少，能够快速与灵活装配的建筑；强调系统设计和参数设计；主张采用与表现预制装配化标准构件。

（二）高技派的特点

认为功能可变，结构不变。表现技术的合理性和空间的灵活性，既能适应多功能需要，又能达到机器美学效果。这类建筑的代表作首推巴黎蓬皮杜艺术与文化中心。强调新时代的审美观应该考虑技术的决定因素，力求使高度工业技术接近人们习惯的生活方式和传统的美学观，使人们容易接受并产生愉悦。代表作品有由福斯特设计的香港汇丰银行大楼、法兹勒汗的汉考克中心、美国空军高级学校教堂。

（三）高技派的发展

未来主义始于20世纪初，20世纪70年代进入空前繁荣期。世界上著名的建筑作品如“巴黎蓬比社艺术与文化中心”就建于那个时期。而1969年7月，美国阿波罗登月成功，更激发人类向更多未知领域进发，它象征着人类依靠技术的进步征服了自然。科技的力量助长了未来主义的风潮，艺术家们的创作兴趣涵盖了所有的艺术样式，包括绘画、雕塑、诗歌、戏剧、音乐、建筑，甚至延伸到烹饪领域。未来主义在家居领域的演变，我们称之为“高科技”。

四、极简主义

（一）极简主义的概念

极简主义产生于20世纪60年代，它追求抽象、简化、几何秩序。以极为单一简洁的几何形体或数个单一形体的连续重复构成作品。

（二）极简主义的特点

极简主义对于当代建筑和园林景观设计都产生相当大的影响。不少设计师在园林设计中从形式上追求极度简化，用较少的形状、物体和材料控制大尺度的空间，或是运用单纯的几何形体构成景观要素和单元，形成简洁有序的现代景观，具有明显的极简主义特征的是美国景观设计师彼得·沃克的作品。

（三）极简主义的发展

西方现代园林从产生、发展到壮大的过程都与社会、艺术和建筑紧密相连。各种风格和流派层出不穷，但是发展的主流始终没有改变，现代园林设计仍在被丰富，与传统进行交融，和谐完美是园林设计师们追求的共同目标。极简主义风格的居室设计极简主义，并不是现今所称的简约主义，是第二次世界大战之后60年代所兴起的一个艺术派系，又可称为“MinimalArt”，作为对抽象表现主义的反动而走向极致，以最原初的物自身或形式展示于观者面前为表现方式，意图消弭作者借着作品对观者意识的压迫性，极少化作品作为文本或符号形式出现时的暴力感，开放作品自身在艺术概念上的意象空间，让观者自主参与对作品的建构，最终成为作品在不特定限制下的作者。

（四）极简主义的设计特征

（1）注重景观的有机整体性的把握性。

注重景观的有机整体性的把握性是极简主义景观突出的设计特征之一。克雷的代表作品——亨利·穆尔雕塑花园设计，就是其典型的代表，其中花园与雕塑一样都用抽象、精练的形式表达了自然的活力和有机的统一。正是这种作品上的共鸣，使得这个花园从景观到雕塑成为了整体的艺术品。克雷对空间的整体的运动性、流畅性的把握，通过收放产生的空间自身的运动， 形成了最强烈的整体关系。具体的设计语言是首先确定空间的类型、使用功能，然后利用道路轴线、景观绿篱、整齐的树阵、几何形的水池、种植池和平台等元素来塑造空间，注重空间的连续性和单个元素之间的结构。材料的运用简洁直接，没有装饰性的细节。正如克雷所说：“为了得到最有机、最有力的结果，应该以满足最基本需要为原则。”当然，空间是有其微妙变化的，比如气候和季节是原因之一，植物材料和水的灵活运用和隐喻特点使得空间更具符号化代表，体现其有机的形式，这种有机是极简主义景观设计所追求的“增一分则多，减一分则少”的效果。单纯的元素个体是没有任何意义的，只有通过各种元素之间的关系和关联结构才体现出连续的纯粹之美。

（2）强调空间的使用功能。

强调景观空间的建筑化。极简主义景观不同于传统园林设计的一个很重要的特点是强调空间的使用功能，不单纯追求静态的艺术效果。极简主义者认为景观设计师首先是要使空间具有为人们提供社会公共活动的场所，而不是过分地强调形式和平面构图。鉴于极简主义景观的特点，景观空间常表现出与建筑空间相通的特点，而这种特点在很多时候更能够满足现代城市中居民生活的需要。比如高效、秩序的功能，适合快节奏的城市生活；建筑化的景观空间所呈现的明确的方位感也使得缺乏个性的城市环境更加易于识别。克雷始终认为建筑设计和景观设计之间没有真正的区别，他的作品是二者的融合。这样使得克雷的设计更贴近于现代生活，既不像现代主义所表现出的无场所性，也不像早期“大地艺术”那样逃避都市文化。米勒花园是克雷极具代表性的作品，整个花园通过有趣的和未知的探索游戏来引导人们优雅地从一个空间进入另一个空间，采用了与其住宅设计相似的建筑结构秩序，运用植物材料使得建筑与庭院景观形成了空间上的连续性。其空间是清晰并具有限定性的，也是流动的，体现出了与现代主义建筑相融合的设计理念。也许正是这种开放性和对角线方向进行观赏、运动的机会，赋予这些栅格以生命力。米勒花园中，克雷还运用树干和绿篱的空间隐喻，表示结构和围合的对比，在室外塑造了密斯式的自由建筑空间，由花园、草坪和林地成为相互串联的空间。

五、大地艺术

（一）大地艺术的概述

20世纪60年代，艺术界出现了新的思想，一部分富有探索精神的园林设计师不满足于现状，他们在园林设计中进行大胆的艺术尝试与创新，开拓了大地艺术(LandArt)这一新的艺术领域。这些艺术家摒弃传统观念，在旷野、荒漠中用自然材料直接作为艺术表现的手段，在形式上用简洁的几何形体， 创作出这种巨大的超人尺度的艺术作品。

（二）大地艺术的特点

大地艺术的思想对同林设计有着深远的影响，众多园林设计师借鉴大地艺

术的手法，巧妙地利用各种材料与自然变化融合在一起，创造出丰富的景观空间，使得园林设计的思想和手段更加丰富。20世纪60年代末出现于欧美的美术思潮的两个基本特性，一是“大”，即大地艺术作品的体积通常较大，它们是艺术家族中的巨无霸；二是“地”，即大地艺术普遍与土地发生关系，艺术家通常使用来自土地的材料，例如泥土、岩石、沙、火山的堆积物等，或者这些作品就是为了改变地面的自然状态而创造的。他们在园林设计中进行大胆的艺术尝试与创新，开拓了大地艺术这一新的艺术领域。这些艺术家摒弃传统观念，在旷野、荒漠中用自然材料直接作为艺术表现的手段，在形式上用简洁的几何形体，创作出这种巨大的超人尺度的艺术作品。大地艺术的思想对同林设计有着深远的影响，众多园林设计师借鉴大地艺术的手法，巧妙地利用各种材料与自然变化融合在一起，创造出丰富的景观空间，使得园林设计的思想和手段更加丰富。

六、生态设计

（一）生态设计的原则

1.从人类中心到自然中心的转变强调保护自然生态系统为核心，以人类与生物圈和非生物圈的相互依赖、相互滋润为出发点。

2.可持续发展。生态主义秉承了可持续发展的思想，注重人类发展和资源及环境的可持续性，通过提高对自然的利用率，加强废弃物的利用，减少污染物排放等手段实现能源与资源利用的循环和再生性、高效性，通过加强对生物多样性的保护来维持生态系统的平衡。

3.把景观作为生态系统。在生态主义景观中，景观的内涵不局限于一片美丽的风景，而是一个多层次的生活空间，是一个由陆圈和生物圈组合的相互作用的生态系统。这样的景观设计不仅只是处理视觉的问题，而是要处理更大的环境，即城市环境、人类居住的环境与自然环境之间的关系问题。

4.以生态学相关原理为指导进行设计。生态学中的整体论、系统论和协调机制是指导生态主义景观设计的根本理论。艺术性原则完美的植物景观必须具备科学性与艺术性两方面的高度统一，既满足植物与环境在生态适应上的统一，又要通过艺术构图原理体现出植物个体及群体的形式美，及人们欣赏时所产生的意境美。植物景观中艺术性的创造是极为细腻复杂的，需要巧妙地利用植物的形体、线条、色彩和质地进行构图，并通过植物的季相变化来创造瑰丽的景观，表现其独特的艺术魅力。

七、园林设计主要代表人物

当代各种主义与思潮纷纷涌现，现代园林设计呈现出自由性与多元化特征。下列几位是西方现代园林设计的代表人物：

（一）唐纳德(Christopher，1910～1979，英国)

英国著名的景观设计师。他于1938年完成的《现代景观中的园林》(*Gardens in the Modern Landscape*)一书，探讨在现代环境下设计园林的方法，从理论上填补了这一历史空白。在书中他提出了现代园林设计的三个方面，即功能的、移情的和艺术的。唐纳德的功能主义思想是从建筑师卢斯和柯布西耶的著作中吸取了精髓，认为功能是现代主义景观最基本的考虑。移情方面来源于唐纳德对于日本园林的理解，他提倡尝试日本园林中石组布置的均衡构图的手段，以及从没有情感的事物中感受园林精神所在的设计手法。在艺术方面，他提倡在园林中，处理形态、平面色彩、材料等方面运用现代艺术的手段。1935年，唐纳德为建筑师谢梅耶夫设计了名为“本特利树林”(BentleyWood)的住宅花园，完美地体现了他提出的设想。

（二）托马斯·丘奇(Thomas Church，1902～1998，美国)

20世纪美国现代景观设计的奠基人之一。是20世纪少数几个能从古典主义和新古典主义的设计完全转向现代园林的形式和空间的设计师之一。20世纪40年代，在美国西海岸，私人花园盛行，这种户外生活的新方式，被称之为“加州花园”。“加州花园”是一个艺术的、功能的和社会的构成，具有本土的、时代性和人性化的特征。它使美国花园的历史从对欧洲风格的复兴和抄袭转变为对美国社会、文化和地理的多样性的开拓，这种风格的开创者就是托马斯·丘奇。丘奇的“加州花园”的设计风格平息了规则式和自然式的斗争，创造了与功能相适应的形式，使建筑和自然环境之间有了一种新的衔接方式。丘奇最著名的作品是1948年的唐纳花园。

（三）劳伦斯·哈普林

劳伦斯·哈普林是新一代的优秀的景观规划设计师，是第二次世界大战后

美国景观规划设计最重要的理论家之一。他视野广阔，视角独特，感觉敏锐，从音乐、舞蹈、建筑学及心理学、人类学等学科吸取了大量知识。这也是他具有创造性、前瞻性和与众不同的理论系统的原因。哈普林最重要的作品是1960年为波特兰大市设计的一组广场和绿地。三个广场是由爱悦广场、柏蒂格罗夫公园、演讲堂前庭广场现（称为IraC. Fountain）组成，它由一系列改建成的人行林荫道来连接。在这个设计中充分展现了他对自然的独特的理解。他依据对自然的体验来进行设计，将人工化了的自然要素插入环境，无论从实践还是理论上来说，劳伦斯·哈普林在20世纪美国的景观规划设计行业中，都占有重要的地位。

（四）布雷·马克斯(Roberto Marx，1909～1994，巴西)

20世纪最杰出的造园家之一。布雷·马克斯将景观视为艺术，将现代艺术在景观中的运用发挥得淋漓尽致。他的形式语言大多来自米罗和阿普的超现实主义，同时也受到立体主义的影响，在巴西的建筑、规划、景观规划设计领域展开了一系列开拓性的探索。他创造了适合巴西的气候特点和植物材料的风格。他的设计语言如曲线花床、马赛克地面被广为传播，在全世界都有着重要的影响。园林从产生、发展到壮大的过程，都与社会、艺术和建筑紧密相连。各种风格和流派层出不穷，但是发展的主流始终没有改变，现代园林设计仍在被丰富，与传统进行交融，和谐完美是园林设计师们追求的共同目标。新世纪对风景园林师的社会责任与个人素质要求更高。首先需风景园林师具备执着、坚韧和敬业精神；其次，应有综合运用自然、社会、工程技术措施，实施其业务领域的规划设计、技术咨询和工程监理的能力；最后，因为园林设计是一个开放系统，因此还需要风景园林师具有前卫意识，不断地从相邻行业与相关学科获取信息，不断提高基础技术、基础理论和专业设计技能。通过人工协作，共同完成园林设计任务。

第四节 园林景观规划设计的综合评价

园林规划设计的艺术性。园林规划设计是从审美的角度出发，以实用功能为目的的再创造。艺术形式层出不穷，纯艺术与其他艺术门类之间的界限日渐模糊，艺术家们吸取了电影、电视、戏剧、音乐、建筑、自然景观等的创作手法，创造了媒体艺术、行为艺术、光效应艺术、大地艺术等一系列新的艺术形式，而这些反过来又给其他艺术行业的从业者以很大的启发。

一、园林景观设计规划概述

（一）园林规划设计发展现状

从一开始就从现代艺术中吸取了丰富的形式语言。而对园林规划设计中影响最大而且稳定不变的主观因素是人类的感官对园林景观的感觉。因此，自然景观也好，文学绘画也罢，对于园林景观的规划设计，以三维空间为主的园林景观视觉毕竟是其核心基础。从现代艺术早期的立体主义、超现实主义、风格派、构成主义，到后来的极简艺术，每一种艺术思潮和艺术形式都为设计师提供了可借鉴的艺术思想和形式语言。因此，园林规划设计既要考虑园林景观的使用功能，同时还要考虑园林景观的艺术性，我国园林规划设计艺术正是传统与现代文化的综合。

（二）园林规划设计对民族文化的继承与扬弃

园林规划设计离不开生活，并与历史和文化相联系。一个国家园林规划设计的发展都是以本国的民族文化底蕴作为背景的。对于园林景观的艺术创作，如果没有传统的、历史的、文化的、人文的东西，就不可能成功。中国园林是世界三大古典园林之一，对世界园林的发展有着巨大的影响。但我们还要接受现代园林的设计理念，结合我国优良的传统文化和民族艺术进行创造，以促进中国具有世界性、有中华民族艺术特色的园林规划设计学科的迅速形成。

（三）园林规划设计的前卫性与多变性

园林规划设计既然是艺术，就要有一定的时代性。在最近的半个世纪中，艺术设计从一开始就扮演着前卫的角色。园林规划设计发展至今，无论是社会的进步，还是城市的发展，园林规划设计都起着先锋的作用。因此，作为园林规划设计师，必须把握住那些相对稳定而不变的园林规划设计元素，并能接受新的设计元素，包括新理念、新材料，紧跟时代的发展。事实上，要设计一个好的园林景观，不管其形式有多么新颖，如果没有传统的精华，没有未来的展现，就很难成为打动人心的艺术珍品。

（四）园林规划设计的意境创造

园林规划设计的意境美是指通过园林景观的结构、图案和文字所反映的情意，使消费者触景生情、产生情景交融的一种艺术境界。园林景观的意境产生于园林景观境域的综合艺术效果，给予游客以情意方面的信息，唤起以往经历的记忆联想。当然，不是所有园林景观都具备意境，更不是随时随地都具备意境，然而有意境更令人耐看寻味、引兴成趣和深刻怀念。所以意境是我国多年来园林规划设计的名师巨匠所追求的核心，也是中国园林景观外形设计具有世界影响的内在魅力。通过这种意境的创造，在空间物质化的表现与无限的联想之间，以空间、形体、文化、寓意所呈现出的信息载体，它涉及这样一种理念，即存在着一种超越个人理解力并能借助于一种中间媒介达到群体共通的普遍的状态。挖空心思，想尽办法，来寻求、创造、组织、表现这些中间媒介，这是工业规划设计中最为基本而重要的工作。

（五）人性化设计理念

人性化设计理念就是以人为中心，设计师从关注园林景观转移到关注园林景观的使用者上来，以设计出更人性化、使用更便利、使人愉悦的园林景观为重要目标的设计思想。使人愉悦是人性化设计的审美原则，使用过程中，使用者感受到设计的精巧而产生愉悦感，同时，将这种愉悦感升华为一种审美意象，从而真正体现出设计为人、以人为本为中心的人性化设计思想。园林规划设计其主题是人本身，设计的使用者和设计者也是人本身，人是园林规划设计的中心和尺度。因此，把心理学、行为艺术等学科引入到园林规划设计领域，研究设计的目的与人的行为在不同人、不同环境、不同条件下的互补关系，扩展园林规划设计的内涵。分析现代成功的园林规划设计实例，不管无心还是有意，所有的设计大都取自人们对于大自然的印象，取自历史上由于完全不同的社会原因创造出来的园林景观。分析现代成功的园林规划设计实例，不管无心还是有意，所有的设计大都取自人们对于大自然的印象，取自历史上由于完全不同的社会原因创造出来的园林景观。

二、园林规划设计

（一）古老而又年轻

园林设计在我国应该说是一门古老而又年轻的学科。说它古老，是因为我们的造园史可以追溯到几千年前，有一批在世界上堪称绝佳的传统园林范例和理论。说它年轻，是由于这门学科在实践中发展、演变和与现代社会的融合接轨，又是近几十年的事。20世纪80年代之前，园林规划设计业内人士很少，加上国力有限，除了出现过个别优秀作品外，总体上还处于比较初级的水平。受传统园林和前苏联城市与居民区绿化以及文化休息公园理论的影响，一般地讲，轴线、景区、山水绿地加上传统的或革新式的园林建筑符号，成为园林设计的普遍模式。人们心目中的公园形象，基本上是绿荫下的亭台。90年代以来，经济发展了，城市化的进程带动了全国城市园林设计的繁荣。随着城市功能的逐步健全，以公园、绿化广场、生态廊道、市郊风景区等为骨干的城市绿地愈加成为城市的现代标志，成为提升城市环境质量、改善生活品质和满足文化追求的必然。城市园林生态、景观、文化、休憩和减灾避险的功能定位逐步被业内认同。从传统园林到城市绿化，再到城郊一体化的大地景观，园林规划设计的观念在逐步深化和完善，领域也在拓宽。设计人员在实践中不断结合国情，在继续从传统文脉中吸取营养的基础上， 吸纳国外的一些新思潮、新理念，顺应现代生活的需求，创造了一批较好的作品风景园林师不但主导着园林规划设计，还参与城市总体规划，介入城市设计，从更大更宽的层面上发挥着作用。城市园林规划设计是在不断探索、创新并与时俱进的，这些实践反过来又丰富完善着现代园林的设计理论。专业人员在社会思潮、学术动向和决策者的好恶夹缝中苦苦地摸索、追逐、捕捉，以求适者生存。从总体上讲，规划设计主流是好的，但是要找到既能为群众所喜闻乐见和专家认同的，又能成为城市传世经典之作的还不多。

（二）传统园林文脉

正如我国有传统园林文脉一样，各国都有自己的传统文脉。另一方面， 国际交往和全球经济一体化导致城市现代生活的趋同。园林设计规划、建筑等学科一样，都在尽量保留传统文化个性的前提下，顺应城市发展的大潮， 其成果都具有社会思潮和现代生活反哺的印记。因此，园林设计将在继承文脉和走向国际

化两方面并存，多元化园林创作的趋势将不可避免。时代感可能带来走向国际趋同的一面，文脉又让我们不时从民族、地域中寻找到文化亮点，两者在高层面上的对接，这可能是新世纪园林文化的趋势和发展方向。

三、园林规划设计建议

1.提倡解题的“思维和方法沦”。意在笔先是创作之首，要宏观把握鲜明、准确的立意，确定规划设计框架，把项目放到整个城市或区域环境中， 结合现状对其性质、功能和形式定位。针对要解决的问题，提出解题的办法和手段。总之，要实施一条综合性和实事求是的创作路线。

2.足够的绿量，美观的构图，精良的施工，适度的文化品位，体现对人的关怀和找到独特的创新视角，也许这些就是园林设计与时俱进的新思维。过分的非哲理化让人看不懂，过分的程式化，又落入俗套。专家、领导或业主、群众之间存在着一条夹缝，走出这条夹缝，前面是一片蓝天。

3.克服浮躁和盲目，反对商业炒作和文化炒作，摒弃故弄玄虚、玩弄概念深沉，避免不加消化的照抄照搬，禁忌重演各种设计误区，提倡简约、朴素，反对过分雕琢，不一定所有景区都设命题。

4.方案确定之后，细部决定成败，园林尤为如此，匠心往往要透过细部传达。园林作为一种强迫艺术，随时在接受游人的品味和评说，就要经得住推敲。景区往往要不经意捻来，细部却要娓娓道出，这些功底对设计者、施工者都至关重要。

5.善待、慎待园林建筑。建筑构筑物、雕塑等硬件往往是公园绿地的要素（当然有时不尽然）不可否认建筑在公园绿地中有时处于主景、点景和主题地位。公园的观赏聚焦是十分重视园林建筑构筑物的形象、体量和尺度， 以及由此传达的思想文化形态。成功的园林建筑设计难度往往超过大型建筑设计，过于猎奇、张扬和寻求哗众取宠等低层次的建筑审美均不可取。有深度、有品位、独特的形象来自文化与生活的启迪、积累和提炼。

6.重视原有绿地的减法设计。突出园林中的大树景观已提到日程上来， 尤其是对植物（有时也包括过繁的建构筑物）的删减，以保证植物景观的形态美和个体美，也是提高绿地的艺术质量和植物群落科学合理的必要手段。

7.加强园林学科的理论建设。搭建规划设计理论争鸣的平台，提倡各种学术观点的公平对话，建立理论队伍，用更高的理论水平来支撑和指导专业，重振我国在世界风景园林学科的风采和地位。

8.面对水资源的匮乏，新建园林要有节水意识。水面、水量要根据城市用水的大环境予以确定，鼓励并提倡集水园林。坚持科学的发展观，创建人与自然和谐的生态园林城市，是包括风景园林师在内的各行各业的共同责任。风景园林师必须加强自身建设，提高修养，迎接新的挑战。

对于处于起步阶段的中国现代景观规划设计，鲜明的视觉形象、良好的绿化环境、足够的活动场地，这是基本的出发点，随着景观环境建设的发展，仅仅满足这三方面，肯定还远远不够。但这毕竟是远期景观建设发展的基础，对于未来景观建设的腾飞将起到重要的作用。正是基于景观规划设计实践的三元，在众说纷纭的各类景观规划设计流派中，三种新生流派正在脱颖而出。

（1）与环境艺术结合的重在视觉景观形象的大众景观环境艺术流。

（2）与城市规划和城市设计结合的城市景观生态流派。

（3）以大地景观为标志的区域景观、环境规划；以视觉景观为导向的城市设计，以环境生态为导向的城市设计。

（4）与旅游策划规划的结合是重在大众行为心理景观策划的景观游憩流派。这三种流派代表着现代风景园林学科专业的发展方向。

9.园林设计上植物多样性与适应性同时并重，近几年，城市绿化提出了增加绿化树种、提高生物多样性的目标。于是许多城市一味求新，盲目引进外来树种。为求好心切引进新品种不是不可以，但如果忽视了苗木的适应性，则不仅达不到预期的目的，而且会带来意想不到的损失。对于《建设工程勘查设计管理条例》（2000）有关条文的修改，如第二章资质资格的管理，等等。其次是一系列园林设计法规的建立，如注册园林师签字制度、注册园林师条例、设计收费标准、工作量范围标准、后期跟踪服务标准、园林设计标准合同、园林师事务所设立标准，等等。

10.实施专业教育的大调整，培养适合现代的园林规划与设计工作者。

首先是专业教育结构层次的调整。要使中国风景园林学科具有持续发展的

生命力，其专业教育需要有3个层次：

（1）面向学科为长远学科建设培养的高层次博士、硕士人才。

（2）面向社会为国家园林管理和规划设计建设部门培养的大学本科、硕士人才。

（3）面向中国数量与质量日益高涨的风景园林建设市场。

为各类规划设计院所、园林工程公司培养专科、本科、硕士、博士多层次人才。其次是专业知识结构的调整。一方面，要考虑引入环境艺术、旅游策划的专业课程；同时，还要引入建筑学科、地理学科、计算机与信息学科、社会人文学科等专业知识。这是以课程设置为实质的专业知识结构调整。

11.规划设计人才的知识结构有待完善。现有的规划设计人才有来自城市规划专业院系的，也有艺术院系的，有建筑院系的，还有农林院系，来自不同院系的人才都各有各的特长，同时也存在各自的不足，由此，根据目前的专业状况，应该有一个合作互补的专业团队。

第四章　园林建筑设计研究

第一节 园林建筑的概述

建筑是人们按照一定的建造目的、运用一定的建筑材料、遵循一定的科学与美学规律所进行的空间安排，是物质外显与文化内涵的有机结合。换言之，建筑是空间的“人化”，是空间化了的社会人生。

园林建筑是建造在园林和城市绿化地段内供人们游憩或观赏用的建筑物，常见的有亭、榭、廊、阁、轩、楼、台、舫、厅堂等建筑物。园林建筑在园林中主要起到以下几方面的作用：一是造景，即园林建筑本身就是被观赏的景观或景观的一部分；二是为游览者提供观景的视点和场所；三是提供休息及活动的空间；四是提供简单的使用功能，诸如小卖部、售票、摄影等；五是作为主体建筑的必要补充或联系过渡。

中国的园林建筑历史悠久，在世界园林史上享有盛名。在3000多年前的周朝，中国就有了最早的宫廷园林。此后，中国的都城和地方著名城市无不建造园林，中国城市园林丰富多彩，在世界三大园林体系中占有光辉的地位。

以山水为主的中国园林风格独特，其布局灵活多变，将人工美与自然美融为一体，形成巧夺天工的奇异效果。这些园林建筑源于自然而高于自然，隐建筑物于山水之中，将自然美提升到更高的境界。

中国园林建筑包括宏大的皇家园林和精巧的私家园林，这些建筑将山水地形、花草树木、庭院、廊桥及楹联匾额等精巧布设，使得山石流水处处生情，意境无穷。中国园林的境界大体分为治世境界、神仙境界、自然境界三种。中国儒学中讲求实际，有高度的社会责任感，重视道德伦理价值和政治意义的思想反映到园林造景上就是治世境界，这一境界多见于皇家园林，著名的皇家园林圆明园中约一半的景点体现了这种境界。

神仙境界是指在建造园林时以浪漫主义为审美观，注重表现中国道家思想中讲求自然恬淡和修养身心的内容，这一境界在皇家园林与寺庙园林中均有所反映，例如圆明园中的蓬岛瑶台、四川青城山的古常道观、湖北武当山的南岩宫等。

自然境界重在写意，注重表现园林所有者的情思，这一境界大多反映在文人园林之中，如宋代苏舜钦的沧浪亭、司马光的独乐园等。我国古代园林建筑历史悠久，具有卓越的成就和独特的风格。经过长时期的封建社会，园林建筑逐步形成了一种成熟的独特体系，不论在规划上，建筑群、建筑空间处理上，还是建筑细部装饰，都具有卓越的创造与贡献，而且在世界建筑史上占有极其重要的地位。中国历史文化灿烂辉煌，一脉相承。中国建筑经过数千年继承演变，流布极广大的区域。民舍以至宫殿，均由若干单个独立的建筑物集合而成；而这单个建筑物，由古代简陋的胎形，到近代穷奢极巧的殿宇，均保持着三个基本要素：台基部分、柱梁或木造部分、屋顶部分。三个部分中，最庄严美丽、迥然殊异于西方建筑、为中国建筑博得最大荣誉的，自是屋顶部分。而屋顶的特殊轮廓，更为中国建筑外形上显著的特征。在这优美轮廓线上点缀着的是一些出自动物原形并经过艺术加工的一种特殊的饰件——吻兽。这些美丽的装饰品有的在屋顶的正脊，有的在垂脊和岔脊上，有的在屋檐上，被称为中国建筑装饰的一大特点。

中西园林的不同之处在于：西方园林更多的是展现理性的精神力量，而非以建筑为主。建筑这个词，不恰当，在西方园林中，真正的建筑所占的面积也很小，大多数以精神思维的表现具象化为主；中国园林则以自然景观和观者的美好感受为主，更注重天人合一。

中华文化的悠久历史和丰富资源，使我国文化产业孕育着产生巨大财富的机遇，文化产业吸引投资的领域不断扩大。各地各有关部门坚持以政府为主导、以公共财政为支撑、以基层为重点，大力发展文化事业。通过政府主导，引导多元投入，各地公共文化服务投入方式日趋多样化，多元投入机制正在形成。园林古建筑行业携“文化产业”和“城市绿化”两个概念，进而受到更多商家的追捧。

园林古建筑行业作为受固定资产影响较大的行业，在城镇化进程的大背景下保持了较快的增长势头。以大唐芙蓉园为代表的城市园林古建筑运营模式、以

宋城文化为代表的影视文化园林古建筑运营模式纷纷取得超额收益，并得到业界认可。与此同时，随着环境问题日益凸显，促使全社会日益重视生态环境。

2001～2010年，全国城市绿化固定资产投资保持了快速增长态势，投资额从163.2亿元增加至1235.90亿元，平均增长速度达到22%左右，充分显示城市园林绿化行业是一个朝阳行业。2010年，中国城市建成区绿化覆盖面积达149.45万公顷，建成区绿化覆盖率38.22%，绿地率34.17%，城市人均拥有公园绿地面积10.66平方米。

园林古建筑不但很好地继承了传统文化，也对城市绿化和环境保护起到了积极的促进作用。在“十二五”期间，国家振兴文化产业并更加强调环境保护的大趋势下，园林古建筑也将得到更加长足的发展。

园林绿化能够美化、改善人居环境，这已是所有人的共识。随着各地园林绿化水平的提高，园林绿化在功能上也有了新的拓展。植物在养生、医疗、环保等领域发挥着越来越大的作用。比如利用植物营造一种隐性的围墙，增加住宅的私密性；位于高速公路附近的小区，可以利用植物打造绿色的屏障，使得车内的人在高速公路上无法看到小区，同时也起到隔音、降噪的作用。新建的园林项目都有更大的绿量要求，过去是“前人栽树，后人乘凉”，如今是“现在栽树，现在乘凉”，通过加大绿量可以快速改变城市面貌。园林绿化对植物多样性的要求越来越高，植物的多样性能带来景观的多样性，减少病虫害的发生。例如厦门一个小区所用植物就高达200多种，东北高寒地区有的公园应用的植物品种也达到80多种。

建筑作为园林的要素之一是中国园林的特点，已有悠久的历史。中国园林建筑最早可以追溯到商周时代苑、囿中的台榭。魏晋以后，在中国自然山水园中，自然景观是主要观赏对象，因此建筑要和自然环境相协调，体现出诗情画意，使人在建筑中更好地体会自然之美。同时自然环境有了建筑的装点往往更加富有情趣。所以中国园林建筑最基本的特点就是同自然景观融洽和谐。

中国最早的造园专著《园冶》对园林建筑与其他园林要素之间的关系作了精辟的论述。《园冶》共十章，其中专讲园林建筑的有《立基》《屋宇》《装折》《门窗》《墙垣》《铺地》等六章。中国的现代园林建筑在使用功能上与古代园林建筑已有很大的不同。

公园已取代过去的私园成为主要的园林形式。园林建筑越来越多地出现在公园、风景区、城市绿地、宾馆庭园乃至机关、工厂之中。

园林建筑和普通建筑明显不同的地方，就在于它在满足人们休息和观赏风景这两种功能的同时，本身也成为了风景中不可或缺的一部分，具有点缀风景的艺术功能对于园林建筑的设计是至关重要的。我们在选址的时候应根据周围环境和视野所及范围，创造某种和大自然相协调并有着典型空间景效。园林建筑的选址，在环境条件上既要注意大的方面，又要珍视一切饶有趣味的自然景物，一树、一石、清泉溪涧，以至古迹传闻，或以借景、对景等手法将它们纳入画面，或专门设置具有艺术性的环境供人观赏。其实，景不在大，只要天然情趣，画面动人，就能从中获得美的享受，成为园林建筑的佳作。

中国园林建筑丰富多样，无与伦比，仅建筑部分就有厅、堂、轩、楼、阁、榭、舫、亭、廊等。园林建筑的布局安排疏密有致、虚虚实实，颇有章法。其厅堂、楼阁、凉亭、小榭、回廊、小桥以及扶栏、景梯等，均讲究一个“雅”字。园林建筑，或坐落于园之中心位置，或玉立于小丘之巅，或濒水而筑，或依势而曲，或掩映于藤萝之间，意境深邃，情趣横溢。它们的构图模仿自然，布局自由，巧于因借，曲桥流水，散点奇峰异石，园林建筑与自然景色配合融洽，建筑风格也充分体现地方与民族特色。

园林建筑通过错落有致的结构变化来体现节奏和韵律美，小至亭、廊，大至宫苑，均有核心部位，主次分明。其理性秩序与逻辑有起落、高潮和尾声，气韵生动，韵律和谐。园林建筑空间的组合和音乐一样，一个乐章接着一个乐章，而且常用不同形状、大小、敞闭的对比，阴暗和虚实等不同，步步引入，直到景色全部呈现，达到观景高潮以后再逐步收敛而结束，这种和谐而完美的连续性空间序列，呈现出强烈的节奏感。而空间的组合则常常利用粉墙、廊、亭、阁的透空以取得实远景虚的空间对比关系，无立面限定的亭、廊使空间交错、渗透，加大景深，使空间更加迷幻深邃。几千年来，中国古典园林通过山、水、建筑、道路等诸多的语汇与陈设、匾联等有意的经营、有机的联系，构成了富有情趣并饱含意境的山水田园境界。

有覆盖的通道称廊。廊的特点是狭长而通畅，弯曲而空透，用来连接景区和景点，它是一种既“引”且“观”的建筑。狭长而通畅能促人生发某种期待与寻求的情绪，可达到“引人入胜”的目的；弯曲而空透可观赏到千变万化的景色，因为可以步移景异。此外，廊柱还具有框景的作用。

亭子是园林中最常见的建筑物。主要供人休息观景，兼做景点。无论山岭际，路边桥头都可建亭。亭子的形式千变万化，若按平面的形状分，常见的有三角亭、方亭、圆亭、矩形亭和八角亭；按屋顶的形式有掂尖亭、歇山亭；按所处位置有桥亭、路亭、井亭、廊亭。总之它可以任凭造园者的想象力和创造力，去丰富它的造型，同时为园林增添美景。

堂往往成封闭院落布局，只是正面开设门窗，它是园主人起居之所。一般来说，不同的堂具有不同的功能，有用作会客之用，有用作宴请、观戏之用，有的则是书房。因此各堂的功能按具体情况而定，相互间不尽相同。

厅堂是私家园林中最主要的建筑物。常为全园的布局中心，是全园精华之地，众景汇聚之所。厅堂依惯例总是坐南朝北。从堂向北望，是全山最主要的景观面，通常是水池和池北叠山所组成的山水景观。观赏面朝南，使主景处在阳光之下，光影多变，景色明朗。厅堂与叠山分居水池之南北，摇摇相对，一边人工，一边天然，即是绝妙的对比。

厅多做聚会、宴请、赏景之用，其多种功能集于一身。因此厅的特点：造型高大、空间宽敞、装修精美、陈设富丽，一般前后或四周都开设门窗，可以在厅中静观园外美景。厅又有四面厅、鸳鸯厅之分，主要厅堂多采用四面厅，为了便于观景，四周往往不做封闭的墙体，而设大面积隔扇、落地长窗，并四周绕以回廊。鸳鸯厅是用屏风或罩将内部一分为二，分成前后两部分，前后的装修、陈设也各具特色。鸳鸯厅的优点是一厅同时可作两用，如前作庆典后作待客之用，或随季节变化，选择恰当位置待客、起坐。

另外，赏荷的花厅和观鱼的厅堂多临水而建，一般前有平台，供观赏者在平台上自由选择目标，尽情游赏。

榭常在水面和花畔建造，借以成景。榭都是小巧玲珑、精致开敞的建筑，室内装饰简洁雅致，近可观鱼或品评花木，远可极目眺望，是游览线中最佳的景点，也是构成景点最动人的建筑形式之一。

阁是私家园林中最高的建筑物，供游人休息品茗，登高观景。阁一般有两层以上的屋顶，形体比楼更空透，可以四面观景。

舫为水边或水中的船形建筑，前后分作三段，前舱较高，中舱略低，后舱建二层楼房，供登高远眺。前端有平硚与岸相连，模仿登船之跳板。

由于舫不能动，又称不系舟。舫在水中，使人更接近于水，身临其中，使人有荡漾于水中之感，是园林中供人休息、游赏、饮宴的场所。但是舫这种建筑，在中国园林艺术的意境创造中具有特殊的意义，我们知道，船是古代江南的主要交通工具，但自庄子说了“无能者无所求，饱食而遨游，泛着不系之舟”之后，舫就成了古代文人隐逸江湖的象征，表示园主隐逸江湖，再不问政治。所以它常是园主人寄托情思的建筑，取隐居之意。因为古代有相当部分的士人仕途失意，对现实生活不满，常想遁世隐逸，耽乐于山水之间，而他们的逍遥伏游，多半是买舟而往，一日千里，泛舟山水之间，岂不乐哉。所以舫在园林中往往含有隐居之意，但是舫在不同场合也有不同的含意，如苏州狮子林，本是佛寺的后花园，所以其中之舫含有普度众生之意。而颐和园之石舫，按唐魏征之说：“水可载舟，亦可覆舟。”由于石舫永覆不了，所以含有江山永固之意。

多样统一，是建筑艺术形式的普遍法则，同样也是中国园林建筑创作中的重要原则。达到多样统一的手段是多方面的，如对比、主从、韵律、节奏和重点等形式美的规律都是经常运用的手段。另外，由各种不同用途的空间和若干细部组成的园林建筑，它们的形状、大小、色彩和质感也是各不相同的。这些客观存在的因素，是构成园林建筑形式多样变化的基础。由于园林建筑有着与其他建筑类型不同的地方，因此，其设计方法和技巧与在某些地方需要表现得特别突出。任何一种建筑设计都是为了满足某种物质和精神的功能需要，采用一定的物质手段来组织特定的空间。建筑空间是建筑功能与工程技术和艺术的巧妙结合，需要符合适用、坚固、经济、美观的原则。而中国园林建筑则在此原则的基础上着重处理其“意”与“蕴”带给人们的精神享受。通过园林建筑营造一种步移景异的空间变化，即在有限的空间中创造变幻莫测的感觉。

中国古代的园林建筑大多呈现出严格对称的结构美和迂回曲折、趣味盎然的自然美两种形式，环境空间的构成手法灵活多变，妙趣横生。另外，于有限之中欣赏到无限空间的虚无之美是中国园林建筑具有的文化美学内涵，所谓“实处之妙皆因虚处而生”。作为一种广义的造型艺术，偏重于构图外观的造型美，并由这种静的形态构成一种意境，给人以充分遐想的空间。园林中曲折的小路、蛇形的河流和各种形状的园林建筑，以流动的曲线形式组合，使人感到身心愉悦。园林建筑常常采用举折和房面起翘、出翘，形成如鸟翼般舒展飘逸的檐角，轻巧自在，呈现出一种动态美。园林中高低起伏的爬山廊、波形廊，造型轻灵而蜿蜒，如长虹卧堤。园中小亭也造式不定，三角、四角、五角、梅花乃至十字都有。

中国的园林建筑是以整体建筑群的结构布局、制约配合取胜，园林建筑布局的高低错落、相互照应所体现出来的韵律美所赋予的涵养与陶冶具有与音乐一样的艺术效果。简单的基本单位组合成了复杂的群体结构，形式在严格对称中仍有变化，在多样变化中保持统一的风貌。例如圆明园、颐和园和避暑山庄在造园的思路上巧用地形划分景区，在每个景区布置不同意境、趣味的景点，并使用对景、借景、隔景、透景等传统手法，形成各自的特色。这些园林“虽由人作，宛自天开”，达到人工与自然，建筑与景观，景观与景观，园林与周围环境的和谐、统一与自然。

从古至今，为了满足游人在园林中各种游览活动的需要都要设置一定数量的园林建筑。随着人们在园林中的活动内容日益丰富，必然要求有多种类型的园林建筑，不断完善园林内容、形式及功能。过去十年，在广大规划师为历史文化名城保护孜孜以求的同时，闲暇时代已悄然逼近。旅游业的蓬勃兴起逐渐渗透到城市的每一个角落，促进了当地经济的发展。

第二节 园林建筑的特点

园林建筑是利用有限的空间以及自然资源，将大自然的美丽景色模拟出来。它需要人为加工、提炼以及创造，源于自然而胜于自然，全面综合了人工美与自然美，并使之融为一体，创造了一个多功能的、绚丽夺目的环境空间。各种规模的园林在内容上繁简不同，相同的是均包含了水体、土地、建筑和植物这四种要素。园林建筑是造园要素的组成部分，在建筑形式上独具一格，具体说来，它是出现在城市绿化地段和园林范围内供人们休息和观赏的一类建筑物。园林建筑不但要符合建筑的使用需求，还要符合园林景观在造景方面的需求，并将园林的各种环境友好结合，成为自然界的组成部分。随着时代的进步与发展，针对园林建筑出现了“城市景观”和“文化产业”这两个概念性名词。

园林建筑被看做是景观园林的构成要素，它不但要具备各种实用功能，而且要体现它的景观功能。它在景观园林中具有主体性的功能，但是要充分结合其他元素才能呈现出整个景观园林的优美风貌，在必要的时候，还要被指定为园林构图的核心，在全园景观的展现中起着统领作用。园林建筑跟其他建筑不同，因为园林中包含了精细巧妙的园林建筑，更凸显其特色，只有具备完备的功能，才能吸引更多的人来游玩。如今的景观园林风格各异，有的豪华壮丽，有的幽静淡雅。园林建筑是景观园林的“心脏”，它本身的风格支撑着园林的整体风格，倘若园林建筑豪华、优雅，那么园林会相应的豪华、优雅。同时，园林建筑并不能脱离风景和园林而单独存在，假如缺少园林和风景，那么就根本没有园林建筑这一概念。此外，其他建筑也许能够以单独体的形式存在，但是园林建筑却不可以，它一定要每时每刻跟自然环境融为一体才能展示其功效，这也是园林建筑与其他建筑最本质的区别。景观园林历经数千载的发展与变化之后，在深度和广度上均有了更深层次的扩展，它既包含了“古典”部分，也蔓延到了生活领域。前者主要有私家园林、风景名胜园林、皇家园林以及寺庙园林等；后者有街头绿地、综合性公园、动物园、城市广场以及植物园等。

一、园林建筑的特点

（一）为游人服务，兼具观赏和被观赏的功能

园林建筑不但要符合各种使用需求，而且要遵循园林景物布局的相关原则，此外，还要能从感官上带给人们愉悦的心情。所以，园林建筑具有物质产品和艺术产品的双重性质，这就意味着园林建筑需要提供给游人动态和静态的景观，并且景色要不断变更，实现移步换景的功效。

（二）为环境服务，与自然环境紧密结合

国内的园林建筑实施景观构图时，会将自然山水当作主题背景，设置建筑的主要目的在于点缀与欣赏风景。园林建筑包含着自然因素的对立因素——人工因素，可是假如正确处理，也能够给自然环境注入生气，这就需要因地制宜地进行园林建筑的设置，根据所处的地貌、地形，实现依形就势的整体布局。

（三）区别于其他建筑的独特造型

当前的园林建筑可以作为空间复合和空间划分的手段，所以在布局时要巧于因借，通过轴线的曲折变换、参差不一，形成鲜明的空间对比，富有层次感。从造型方面来看，园林建筑具有的独特美感主要体现在形式活泼、通透有度、体量轻盈、美观大方以及简洁明快等。它的体态和体量跟环境构成了一个协调统一的整体，充分体现了文化特色和园林特色。

（四）使用和造景、观赏和被观赏的双重性

园林建筑既要满足各种园林活动和使用上的要求，又是园林景物之一；既是物质产品，也是艺术作品。但园林建筑给人精神上的感受更多。因此，艺术性要求更高，除要求具有观赏价值外，还要求富有诗情画意。

（五）园林建筑是与园林环境相结合的建筑

园林建筑是与园林环境及自然景致充分结合的建筑，它可以最大限度地利用自然地形及环境的有利条件。任何建筑设计时都应考虑环境，而园林建筑更甚，建筑在环境中的比重及分量应按环境构图要求权衡确定，环境是建筑创作的出发点。

我国古典园林一般以自然山水作为景观构图的主题，建筑只为观赏风景和点缀风景而设置。园林建筑是人工因素，它与自然因素之间似有对立的一面，但如果处理得当，也可统一起来，可以在自然环境中增添情趣，增添生活气息。园林建筑只是整体环境中的一个协调、有机的组成部分，它的责任只能是突出自然的美，增添自然环境的美。这种自然美和人工美的高度统一，正是中国人在园林艺术上不断追求的境界。

（六）园林建筑色彩明快、装饰精巧

在中国古典园林中，无论是北方的皇家园林还是江南的私园以及其他风格的建筑，其色彩都极鲜明。北方皇家园林建筑色彩多鲜艳，琉璃瓦、红柱、彩绘。江南园林建筑多用大片粉墙为基调，配以黑灰色的小瓦，栗壳色梁柱、栏杆、挂落。内部装修也多用淡褐色或木材本色，衬以白墙，与水磨砖所制灰色门框，形成素净、明快的色彩。

（七）园林建筑的群体组合

西方的古建筑常把不同功能、不同用途的房间都集中在一栋建筑内，追求内部空间的构成美和外部形体的雕塑美，这样建筑体量就大。

我国的传统建筑则是木架构结构体系，这决定了建筑一般情况下体量较小、较矮，单体形状比较简单。因此，大小、形状不同的建筑有不同的功能，有自己特定的名称。如厅、堂、楼、阁、轩、榭、舫、亭、廊等。按使用上的需要，也可以独立设置，也可以用廊、墙、路等把不同的建筑组合成群体。这种化大为小、化集中为分散的处理手法，非常适合中国园林布局与园林景观上的需要，它能形成统一而又有变化的丰富多彩的群体轮廓，游人观赏到的建筑和人们从建筑中观赏的风景，既是风景中的建筑，又是建筑中的风景。

园林建筑的特点是相互间不可截然分割的，要融于自然，建筑体量就势必要小，建筑体量要小，就必然将分散布局，空间处理要富于变化，就常会应用廊、墙、路等组织院落，划分空间与景区。正如《园冶》上说的："巧于因借，精在体宜。"

二、园林建筑的特性

园林建筑实际上包含了一定的工程技术和艺术创造，是地形地物、石木花草、建筑小品、道路铺装等造园要素在特定地域内的艺术体现。因此，园林建筑与其他工程相比具有其鲜明的特性。

（一）园林建筑的艺术性

园林建筑是一项综合景观工程，它虽然需要强大的技术支持，但又不同于一般的技术工程，而是一门艺术工程，涉及建筑艺术、雕塑艺术、造型艺术、语言艺术等多门艺术。

（二）园林建筑的技术性

园林建筑是一门技术性很强的综合性工程，它涉及土建施工技术、园路铺

装技术、苗木种植技术、假山叠造技术及装饰装修、油漆彩绘等诸多技术。

（三）园林建筑的综合性

园林建筑作为一门综合艺术，在进行园林产品的创作时，所要求的技术无疑是复杂的。随着园林建筑日趋大型化，协同作业、多方配合的特点日益突出；同时，随着新材料、新技术、新工艺、新方法的广泛应用，园林各要素的施工更注重技术的综合性。

（四）园林建筑的时空性

园林建筑实际上是一种五维艺术，除了其空间特性，还有时间性以及造园人的思想情感。园林建筑工程在不同的地域，空间性的表现形式迥异。园林建筑的时间性，则主要体现于植物景观上，即常说的生物性。

（五）园林建筑的安全性

“安全第一，景观第二”是园林创作的基本原则。对园林景观建设中的景石假山、水景驳岸、供电防火、设备安装、大树移植、建筑结构、索道滑道等均需格外注意。

（六）园林建筑的后续性

园林建筑的后续性主要表现在两个方面：一是园林建筑各施工要素有着极强的工序性；二是园林作品不是一朝一夕就可以完全体现景观设计最终理念的，必须经过较长时间才能显示其设计效果，因此项目施工结束并不等于作品已经完成。

（七）园林建筑的体验性

提出园林建筑的体验特点是时代要求，是欣赏主体——人的心理美感的要求，是现代园林工程以人为本最直接的体现。人的体验是一种特有的心理活动，实质上是将人融于园林作品之中，通过自身的体验得到全面的心理感受。园林建筑正是给人们提供这种心理感受的场所，这种审美追求对园林工作者提出了很高的要求，即要求园林建筑中的各个要素都做到完美无缺。

（八）园林建筑的生态性与可持续性

园林建筑与景观生态环境密切相关。如果项目能按照生态环境学理论和要求进行设计和施工，保证建成后各种设计要素对环境不造成破坏，能反映一定的生态景观，体现出可持续发展的理念，就是比较好的项目。

三、园林建筑从功能上划分的分类

（一）从功能上划分

园林建筑主要有以下几种类型：

1.用于服务的建筑物：使行走中的人们获得相关服务的建筑，像茶楼、餐饮店、小型宾馆、食品铺以及公共卫生间等。

2.游玩和歇息性建筑：具有游玩、歇息的功能，并且建筑造型优美，像廊、榭、园桥、亭、花架、舫等。

3.进行娱乐活动的场所：像游船码头、演出厅、展览厅、俱乐部、露天剧场等。

4.标志性的建筑物：包括标识物、雕塑和假山等。

5.园林中的各种小品：主要对园林起到装饰的作用，特别注重形状上的艺术感，具备相应的使用功能，有展览牌、园灯、景墙、园椅、栏杆等。

6.用于办公与管理方面的设施：有实验室、栽培温室、公园大门、动物园、动物兽室、办公室等。

（二）园林建筑的功能

园林建筑是园林的构成要素之一，它不但要能够投入使用，而且要符合园林景观在造景中的各项需求。因此，可以将其功能分为实用功能与景观功能。实用功能园林建筑有很多的观景场所与视点，能够满足游客欣赏各个景点的需求，给他们提供游玩与休息的空间，还能提供基本的使用功能，像售票、小卖、摄像等。

园林建筑功能分为四大块：点景、赏景、引导和空间分割。

1.点景功能：点景应融入到自然中去，园林建筑大多数时候位于构图布局的中心位置，控制着整个布局形式。所以，在园林景观的全景构图中，园林建筑起着举足轻重的作用。

2.赏景功能：赏景是能够观赏整个园林的景物，一栋建筑是画面的焦点，然而一组由游廊连通着的建筑物却是一道观赏线。所以还需在建筑设施的方向以及门窗的位置和大小等方面符合赏景的要求。

3.引导功能：园林建筑有很强的起承转合作用，当人们被某一美丽的园林建筑吸引时，就会不自觉地延伸欣赏路线，建筑往往能起到引导的作用。

4.空间分割功能：园林设计的关键在于空间的组合与布局，通过巧妙安排不同的空间使人获得美好的艺术感官，可以借助花墙、门、庭院、圆洞以及游廊等进行恰当的空间划分或组合。

现代园林建筑的设计弊端及发展趋势。园林建筑经过不断发展，几乎能够得心应手地把握美感与功能了，但在环境处理和融合两者等方面还存在缺陷，主要体现如下：

（1）注重平面美感，忽略立体造型。当前由几何图形堆砌而成的园林建筑越来越多，究其原因，在于设计师在对园林建筑进行布局时，采用的是二维的几何图形。通过简单的抽象造型绘制的图案，从图纸上看，能够产生好的空间感和形式感，但是没有立体造型，造成不合理的三维空间，根本就不具实用性，哪怕建造出来了，也不可能实现理想的效果。

（2）注重形式主义，忽略人和环境因素。当前我国的园林建筑重形式美感，而轻使用功能，不考虑环境因素的限制成分。进行园林建筑的设计时，没有建立在人体工程学的理论基础上，而只注重形式美，以至于修成以后根本不能使用。无论建筑在形式上怎么改变，它最基本的功能是服务于人们的，假如不具备这项功能，那么它就没有存在的必要了。此外，不考虑环境因素的限制成分，违背了自然规律，让建筑变化引领环境空间，颠倒秩序，最后导致美感和功能双失效。

建筑与环境的结合首先要因地制宜，力求与基址的地形、地势、地貌结合，做到总体布局上依形就势，并充分利用自然地形、地貌。

其次是建筑体量宁小勿大。因为自然山水中，山水为主，建筑是从。与大自然相比，建筑物的相对体量和绝对尺度以及景物构成上所占的比重都是很小的。

另一要求是园林建筑在平面布局与空间处理上都力求活泼，富于变化。设计中推敲园林建筑的空间序列和组织好观景路线格外突出。建筑的内外空间交会地带，常常是最能吸引人的地方，也常是人感情转移的地方。虚与实、明与暗、人工与自然的相互转移都常在这个部位展开。渐进过渡空间就显得非常重要。中国园林建筑常用落地长窗、空廊、敞轩的形式作为这种交融的纽带。这种半室内、半室外的空间过渡都是渐变的，是自然和谐的变化，是柔和的、交融的。

为解决与自然环境相结合的问题，中国园林建筑还应考虑自然气候、季节的因素，因此中国南北园林各有特点。比如江南园林中有一种鸳鸯厅是结合自然气候、季节最好的例子，其建筑一分为二，一面向北，一面向南，分别适应冬夏两季活动。

另外中国园林建筑的设计也要考虑到建筑材料，传统园林建筑中有很多是采用竹木结构，竹和中国的传统文化紧密相关，在很多园林建筑中的亭子、走廊、小桥都能看见使用竹材和木材相结合的案例，而单独以竹材制作的竹亭、竹桥、竹廊也很常见。

总之，园林建筑设计要把建筑作为一种风景要素来考虑，使之和周围的山水、岩石、树木等融为一体，共同构成优美景色。而且风景是主体，建筑是其中一部分。园林建筑不但要符合建筑的使用需求，还要符合园林景观在造景方面的需求，通过密切结合园林的各种环境，使其成为自然界的组成部分。由于时代不断发展着，从而使园林艺术充满了活力，所以园林艺术必将打破传统的范畴，实现新的发展。对于从事园林工作的人员来说，需要紧跟时代潮流，深刻挖掘园林文化的本质特征，并以此作为创作的着手点，在具体的工作实践中逐渐提升自己的艺术修养，在继承的基础上不断创新进取，促进我国园林建筑的发展。

第三节 园林建筑的形式与风格

园林建筑，从广义的角度来理解，可以把它看作一种人造的空间环境。这种空间环境，一方面要满足人们一定功能使用要求；另一方面还要满足人们精神感受上的要求。为此，不仅要赋予它实用的属性，而且还应当赋予它以美的属性。人们要创造出美的空间环境，就必须遵循美的法则来构思设想，直至把它变成现实。所谓形式美，就是人们在创造美的形式、美的过程中对美的形式规律的

具体总结和抽象概括。应当指出：形式美规律和审美观念是两种不同的范畴，前者应是带有普遍性、必然性和永恒性的法则；后者则是随着民族、地区和时代的不同而变化发展的、较为具体的标准和尺度。前者是绝对的，后者是相对的。绝对寓于相对之中，形式美规律应当体现在一切具体的艺术形式之中，尽管这些艺术形式由于审美观念的差异而千差万别。

不论是新建筑还是老建筑，它们都遵循着共同的形式美的法则——多样统一，但在形式处理上又会由于审美观念的发展和变化而各有不同的标准和尺度。每个民族因各自文化传统不同，在对待建筑形式的处理上，也有各自的标准和尺度。例如，西方古典建筑比较崇尚敦实厚重，而我国古典建筑则运用举折、飞檐等形式来追求一种轻巧感。另外，在比例关系和色彩处理上也有很大的不同。西方古典建筑色彩较为朴素、淡雅，而中国古典建筑则极为富丽堂皇。

尽管各个地区在形式处理方面有很大的差别，但仍遵循着一个共同的准则——多样统一，所以说只有多样统一才是形式美的规律。至于主从、对比、韵律、对称、均衡、尺度、比例等，不过是多样统一在某一方面的体现，如果孤立地看，它们本身都不能当作形式美的规律来对待。多样统一也可以说在统一中求变化，在变化中求统一，或是寓杂多于统一之中。既有变化又有秩序，这就是一切艺术品所共同具备的原则。如果一件艺术品，缺乏多样性和变化，则必然过于单调；如果缺乏和谐和秩序，则必然显得杂乱。所以说一件艺术品要想达到有机统一以唤起人的美感，就既不能没有变化，又不能没有秩序。

如果说建筑艺术有自己的语言，那么它也有自己的词汇和文法。要想达到多样统一的效果，就要根据这些词汇和文法去进行创造。

一、园林建筑的形式

（一）以简单的几何形状求统一

古典的一些美学家认为简单、肯定的几何体形状可以引起人的美感，他们特别推崇圆、球等几何形状，认为是完美的象征——具有抽象的一致性。勒·柯布西耶也强调：“原始的体形是美的体形，因为它能使我们清晰地辨认。”所谓原始的体形就是指圆、球、正方形、立方体以及正三角形等。所谓容易辨认，就是指这些几何状本身简单、明确、肯定，各要素之间具有严格的制约关系。这就是以简单的几何形状求统一，例如圣彼得大教堂、我国的天坛、印度的泰姬·马哈尔陵等。

（二）主从与重点

其次，在一个有机统一的整体中，各组成部分是不能不加以区别而一律对待的。它们应当有主与从的差别；有重点与一般的差别；有核心与外围组织的差别。否则，各要素平均分布、同等对待，即使排得整整齐齐、很有秩序，也难免会流于松散、单调而失去统一性。在建筑设计中，从平面组合到立面处理，从内部空间到外部体形，从细部装饰到群体组合，为了达到统一都应当处理好主与从、重点与一般的关系。体现主从关系的方式是多种多样的，一般来讲，在古典建筑中，多以均衡对称的形式把体量高大的要素作为主体而置于轴线的中央，把体量较小的从属要素分别置于四周或两侧，从而形成四面对称或左右对称的形式。四面对称的组合形式严谨、均衡和相互制约，但是局限性也很明显。所以除少数由于功能要求比较简单而允许采用这种构图方式，大多数不采用这种方式。对称主要是一主两从的关系，主体部分位于中央，不仅地位突出，还可以借助两翼部分次要要素的对比、衬托，从而形成主从关系异常分明的有机统一整体。近现代建筑由于功能日趋复杂化或地形条件的限制，采用对称构图形式的不多，多采用一主一从的形式使次要部分从一侧依附于主体。对称的形式除难于适应近代功能要求外，即使从形式本身来看也未免过于机械死板，缺乏生机活力。随着人们的审美观念的变化和发展，尽管很多著名建筑都因对称而具有明显的统一性，但是近代人很少有热衷于对称的了。这并不意味着现代建筑根本不考虑主从分明。除了一主一从也可以体现对称以外，还可以通过突出重点的方法来体现主从关系。就是指在设计中充分利用功能特点，有意识地突出其中的某个部分，并以此为重点或中心，而使其他部分明显地处于从属地位，这样也可以同样达到主从分明、完整统一。有些国外建筑师经常使用“趣味中心”这样的词汇，表达的也是同样的道理。一栋建筑如果没有这样的重点或中心，会使人感到平淡无奇，而且还会由于松散以至失去统一性。

（三）均衡与稳定

人类从自然现象中意识到一切物体要想保持均衡与稳定，就必须具备一定

的条件，例如像山那样下部大、上部小，像树那样下部粗、上部细等。除自然启示外，还通过自己的实践更加证实了上述均衡与稳定的原则，并认为凡是这样的原则，不仅在实际中是安全的，在感觉上也是舒服的。于是人们在建造建筑时都力求符合于均衡与稳定的原则。例如埃及的金字塔，这不仅是当时技术条件下的必然产物，也是与人们当时的审美观念相一致的。

实际上的均衡与稳定与审美上的均衡与稳定是两种不同的概念。以静态均衡来讲，主要就是对称与不对称两种形式。对称的形式天然就是均衡的。加之它本身又体现出一种严格的制约关系，因而具有一种完整的统一性。所以人们很早就用这种形式来建造建筑。但是人们并不满足这一种形式，还要用不对称的形式来保持均衡。不对称的形式显然要比对称的均衡轻巧活泼许多。格罗皮乌斯也在书中说道："随着它的消失，古来难于摆脱的虚有其表的中轴线对称形式，正在让位于自由不对称组合的生动有韵律的均衡形式。"除静态均衡外，有很多现象也是通过运动来求得平衡的，例如旋转的陀螺、展翅飞翔的鸟、行驶的自行车等，就是这种形式的均衡，一旦运动停止，均衡也消失。近现代建筑理论很强调时间和运动两方面的因素。这就是说人对于建筑的观赏不是固定于某一个点上，而是在连续运动的过程中来观赏建筑。所以只是突出地强调正立面的对称或均衡是不够的，还必须从各个角度来考虑建筑体形的均衡问题，特别是从连续行进的过程中来看建筑体形和外轮廓线的变化。

和均衡相关联的是稳定。稳定主要涉及的是上下的轻重关系处理。随着科学的进步和人们审美观念的变化，人们凭借最新的技术成就，可以把古代人们奉为金科玉律的稳定原则——上小下大、上轻下重颠倒过来。

（四）对比与微差

就建筑讲，它的内容主要是功能，建筑形式也主要反映功能的特点，而功能本身也具有很大的差异性。此外，工程结构内在的发展规律也会赋予建筑以各种形式的差异性。对比与微差所研究的就是如何利用这些差异来求得建筑形式的完美统一。对比可以借彼此之间的烘托陪衬来突出各自的特点以求得变化，微差可以借相互之间的共同性以求得和谐。没有对比，会让人感觉单调，过分地强调对比以至于失去了相互之间的协调一致性，则可能造成混乱，只有把这两者巧妙地结合在一起，才能达到既有变化又和谐一致，既多样又统一。

（五）韵律与节奏

亚里士多德认为：爱好节奏和谐之类的美的形式是人类生来便具有的自然倾向。自然界中许多事物或现象，往往由于有规律的重复出现或有秩序的变化，也可以激发人们的美感。人们对其加以模仿和运用，从而创造出各种具有条理性、重复性和连续性为特征的美的形式——韵律美。

韵律美主要包括连续的韵律、渐变韵律、起伏韵律和交错韵律。它们都各有各的特点，但都体现出一种共性——具有极其明显的条理性、重复性和连续性。借助于这一点，既可以加强整体的统一性，又可以求得丰富多彩的变化。梁思成先生曾经把建筑称为“凝固的音乐”，道理也是在此。

（六）比例与尺度

公元前6世纪，毕达哥拉斯学派曾经认为万物的基本元素是数，数的原则统治着宇宙中的一切现象。他们不仅用这个原则来观察宇宙万物，还进一步用来探索美学中存在的各种现象。他们认为美就是和谐，著名的“黄金分割”就是这个学派提出来的。这个学派企图用数的概念统摄在质上千差万别的宇宙万物的想法，显然是片面的。但是如果建筑中有良好的比例，可以达到和谐并产生美的效果。

比例不能仅从形式本身来判别。比如西方古典柱式高度与直径之比，显然要比我国传统建筑的柱子小很多。但是不能就此判断前者的柱子过粗，而我国的柱子过细。西方古典建筑的石柱与我国古典建筑的木柱，应当都有合乎材料特性的比例关系，才能引起人的美感。同时功能对比例的影响也是不能忽视的。例如房间的长宽高都是由其功能而定的。如果违反了功能要求，把该方的拉得过长或者该长的压得过方，不仅会造成不适用，还不会引起美感。构成良好比例的因素是极其复杂的，既有绝对的一面，也有相对的一面，企图找到一个放在任何地方都适用、绝对美的比例，事实上是办不到的。

和比例相联系的另一个范畴是尺度。尺度就要涉及建筑真实的大小。建筑物的整体是由局部构成的，局部对于整体的尺度影响也是很大的。局部越小，通过对比可以衬托整体越大，相反局部越大，反映建筑物越矮。例如米开朗琪罗设计的圣彼得大教堂，就是把局部放大到不合常规的尺度，以至于没有充分显示出教堂的尺度。有时也可以利用这种现象来获得一种夸张的尺度感。

其实以上这些只能为我们提供一些规矩，并不能代替我们创作。这就像语言中的文法，借助于它可以使句子通顺不犯错误，但不能认为只要句子通顺就自然具有了艺术表现力，还需要我们熟练地掌握并灵活地运用它们。

二、园林建筑的多种风格类型

园林建筑风格是一种构成艺术，我国的园林建筑艺术更是一种美妙的建筑文化和建筑智慧。园林建筑中处处体现着构成艺术，构成艺术对园林建筑有着造型新意上的重要作用，也有着重要的实用价值。构成艺术的与众不同，独具一格，为园林建筑开辟了新思路，与建筑艺术相结合，为世界建筑增添了风采。纵观历史发展，无论建筑还是园林，其风格形成与其当时社会经济发展、思想文化、阶级和服务对象等都有着密切关联。

（一）表现含蓄

含蓄效果就是中国古典园林重要的建筑风格之一。追求含蓄乃与我国诗画艺术追求含蓄有关，在绘画中强调“意贵乎远，境贵乎深”的艺术境界；在园林中强调曲折多变，含蓄莫测。这种含蓄可以从两方面去理解：其一，其意境是含蓄的；其二，从园林布局来讲，中国园林往往不是开门见山，而是曲折多姿，含蓄莫测。往往巧妙地通过风景形象的虚实、藏露、曲直的对比来取得含蓄的效果。如首先在门外以美丽的荷花池、桥等景物把游人的心紧紧吸引住，但是围墙高筑，仅露出园内一些屋顶、树木和园内较高的建筑，看不到里面全景，这就会使人引起遐想，并引起了解园林景色的兴趣。北京颐和园即是如此，颐和园入口处利用大殿，起掩园主景（万寿山、昆明湖）之作用，通过大殿，才豁然开朗，见到万寿山和昆明湖，那山光水色倍觉美不胜收。

江南园林中，漏窗往往成为含蓄的手段，窗外景观通过漏窗，隐隐约约，这就比一览无余地看有生趣得多。如苏州留园东区以建筑庭园为主，其东南角环以走廊，临池面置有各种式样的漏窗、敞窗，使园景隐露于窗洞中，当游人在此游览时，使人左右逢源，目不暇接，妙趣横生。而今天有许多好心肠的人，唯恐游者不了解，水池中装了人工大鱼，熊猫馆前站着泥塑熊猫，如做着大广告，与含蓄两字背道而驰，失去了中国园林的精神所在，真太煞风景。鱼要隐现方妙，熊猫馆以竹林引胜，渐入佳境，游者反倒多增趣味。

（二）强调意境

中国古典园林追求的“意境”二字，多以自然山水式园林为主。一般来说，园中应以自然山水为主体，这些自然山水虽是人做，但是要有自然天成之美，有自然天成之理，有自然天成之趣。在园林中，即使有密集的建筑，也必须有自然的趣味。为了使园林有可望、可行、可游、可居之地，园林中必须建筑各种相应的建筑，但是园林中的建筑不能压倒或破坏主体，而应突出山水这个主体，与山水自然融合在一起，力求达到自然与建筑有机的融合，并升华成一件艺术作品。这中间建筑对意境的表现手法如：承德避暑山庄的烟雨楼，乃仿浙江嘉兴烟雨楼之意境而筑，这座古朴秀雅的高楼，每当风雨来临时，即可形成一幅淡雅素净的“山色空蒙雨亦奇”的诗情画意图，见之令人身心陶醉。

园林意境的创作方法有中国自己的特色和深远的文化根源。融情入境的创作方法，大体可归纳为三个方面：

1.“体物”的过程。即园林意境创作必须在调查研究过程中，对特定环境与景物所适宜表达的情意做详细的体察。事物形象各自具有表达个性与情意的特点，这是客观存在的现象。如人们常以柳丝比女性、比柔情；以花朵比儿童或美人；以古柏比将军、比坚贞。比、兴不当，就不能表达事物寄情的特点。不仅如比，还要体察入微，善于发现。如以石块象征坚定性格，则卵石、花石不如黄石、盘石，因其不仅在质，亦且在形。在这样的体察过程中，心有所得，才开始立意设计。

2.“意匠经营”的过程。在体物的基础上立意，意境才有表达的可能。然后根据立意来规划布局，剪裁景物。园林意境的丰富，必须根据条件进行“因借”。计成《园冶》中的“借景”一章所说“取景在借”，讲的不只是构图上的借景，而且是为了丰富意境的“因借”。凡是晚钟、晓月、樵唱、渔歌等无不可借，计成认为“触情俱是”。

3.“比”与“兴”。是中国先秦时代审美意识的表现手段。《文心雕龙》对比、兴的释义是：“比者附也；兴者起也。”“比是借他物比此物”，如“兰生

幽谷，不为无人而不芳”是一个自然现象，可以比喻人的高尚品德。“兴”是借助景物以直抒情意，如“野塘春水浸，花坞夕阳迟”景中怡悦之情，油然而生。“比”与“兴”有时很难绝然划分，经常连用，都是通过外物与景象来抒发、寄托、表现、传达情意的方法。

（三）宗教迷信和封建礼教

中国古典建筑与神仙崇拜和封建礼教有密切关系，在园林建筑上也多有体现。汉代是园林中多有“楼观”，就是因为当时人们都认为神仙喜爱住在高处。另外还有一种重要的体现，皇家建筑的雕塑装饰物上才能看到的吻兽。吻兽即是人们对龙的崇拜，创造的多种神兽的总称。龙是中华民族发祥和文化开端的象征，炎黄子孙崇拜的图腾。龙所具有的那种威武奋发、勇往直前和所向披靡、无所畏惧的精神，正是中华民族理想的象征和化身。龙文化是中华灿烂文化的重要组成部分。

时至今日，人们仍可见到“龙文化”在新建的仿古建筑上展示，如今的龙文化（装饰）不仅仅是为了“避邪”，而且成了中华民族的象征（在海内外，凡饰有“龙避邪”的，一定是华人宅府），凝聚了民族的魂之所在。吻兽排列有着严格的规定，按照建筑等级的高低而有数量的不同，最多的是故宫太和殿上的装饰。这在中国宫殿建筑史上是独一无二的，显示了至高无上的重要地位。在其他古建筑上一般最多使用九个走兽。

这里有严格的等级界限，只有金銮宝殿（太和殿）才能十样齐全。中和殿、保和殿都是九个。其他殿上的小兽按级递减。天安门上也是九个小兽。北京故宫的金銮宝殿“太和殿”，是封建帝王的朝廷，故小兽最多。金銮殿是“庑殿”式建筑，有1条正脊、8条垂脊、4条围脊，总共有13条殿脊。吻兽坐落在殿脊之上，在正脊两端有正吻2只，因它口衔正脊，又俗称吞脊兽。在大殿的每条垂脊上，各施垂兽1只，8条脊就有8只。在垂兽前面是1行跑兽，从前到后，最前面的领队是一个骑凤仙人，然后依次为：龙、凤、狮子、天马、海马、狻猊、押鱼、獬豸、斗牛、行什，共计10只。8条垂脊就有80只。

此外，在每条围脊的两端还各有合角吻兽2只，4条围脊共8只。这样加起来，就有大小吻兽106只了。如果再把每个殿角角梁上面的套兽算进去，那就共有114只吻兽了。而皇帝居住和处理日常政务的乾清宫，地位仅次于太和殿，檐角的小兽为9个。坤宁宫原是皇后的寝宫，小兽为7个。妃嫔居住的东西六宫，小兽又减为5个。有些配殿，仅有1个。古代的宫殿多为木质结构，易燃。传说这些小兽能避火。由于神化动物的装饰，使帝王的宫殿成为一座仙阁神宫。

因此吻兽是中国古典建筑中一种特有的雕塑装饰物。因为吻兽是皇家特有的，所以也是一种区分私家和皇家园林及建筑的一种方法。

（四）平面布局简明有规律

中国古代建筑在平面布局方面有一种简明的组织规律，这就是每一处住宅、宫殿、官衙、寺庙等建筑，都是由若干单座建筑和一些围廊、围墙之类环绕成一个个庭院而组成的。一般地说，多数庭院都是前后串联起来，通过前院到达后院，这是中国封建社会“长幼有序，内外有别”的思想意识的产物。家中主要人物，或者应和外界隔绝的人物（如贵族家庭的少女），就往往生活在离外门很远的庭院里，这就形成一院又一院、层层深入的空间组织。

同时，这种庭院式的组群与布局，一般都是采用均衡对称的方式，沿着纵轴线（也称前后轴线）与横轴线进行设计。比较重要的建筑都安置在纵轴线上，次要房屋安置在它左右两侧的横轴线上，北京故宫的组群布局和北方的四合院是最能体现这一组群布局原则的典型实例。这种布局是和中国封建社会的宗法和礼教制度密切相关的。便于根据封建的宗法和等级观念，使尊卑、长幼、男女、主仆之间在住房上也体现出明显的差别。这是封建礼教在园林建筑布局上的体现。

（五）地域文化不同，园林建筑风格各异

洛阳自古以牡丹闻名，园林中多种植花卉竹木，尤以牡丹、芍药为盛，对比之下，亭台楼阁等建筑的设计疏散。甚至有些园林只在花期时搭建临时的建筑，称“幕屋”“市肆”。花期一过，幕屋、市肆皆被拆除，基本上没有固定的建筑。

而扬州园林建筑装饰精美，表现细腻。这是因为，扬州园林的建造时期多以清朝乾隆年间为主，建造者许多都是当时巨商和当地官员。目的是炫耀自己的财富、粉饰太平，因此带有鲜明的功利性。扬州园林在审美情趣上，更重视形式美的表现。这也与一般的江南私家园林风格不同，江南园林自唐宋以来追求的都是淡泊、深邃含蓄的造圆风格。

（六）西方园林建筑风格迥异

欧洲园林是人类文化的宝贵遗产，欧洲园林大多是方方正正，重视几何图案，不太重视园林的自然性，即没有下功夫去模拟自然，协调人与自然的关系。他们修花坛、造喷水池，搞露天雕塑，都体现了人工性，具有理性主义色彩。如1712年英国作家丁·艾迪生撰文指出：英国园林师不是顺应自然，而是尽量违背自然，每一棵树上都有刀剪的痕迹。树木应该枝叶繁茂地生长，不应该剪成几何形。这段话虽有些偏颇，但指出了西方园林太注重人工雕凿这个特点。

意大利盛行台地园林，秉承了罗马园林风格。如意大利费蒙的耐的美狄奇别墅选址在山坡，园基是两层狭长的台地，下层中间是水池，上层西端是主体建筑，栽有许多树木。台地园林是意大利园林特征之一，它有层次感、立体感，有利于俯视，容易形成气势。意大利文艺复兴时期建筑家马尔伯蒂在《论建筑》一书提出了造园思想和原则，他主张用直线划分小区，修直路，栽直行树。直线几何图形成为意大利园林的又一个特征。

英国园林突出自然风景。起初，英国园林先后受到意大利、法国影响。从18世纪开始，英国人逐渐从城堡式园林中走出来，在大自然中建园，把园林与自然风光融为一体。早期造园家肯特和布良都力图把图画变成现实，把自然变成图画。布良还改造自然，如修闸筑坝，蓄水成湖。他创造的园林景观都很开阔、宏大。18世纪后半期，英国园林思想出现浪漫主义倾向，在园中设置枯树、废物，渲染随意性、自由性。

世界是一个多姿的舞台，因为各国有着自己的特色文化，表现出了自己不同的魅力。于是各个国家的政治、文化、思想等就成了世界舞台上最曼妙的舞者。随着世界的发展，社会的进步，人类的心理也出现了不断变化，园林建筑同其他所有的文化一样也是在不断地变化和发展。当今，人们的生活节奏变快，从园林建筑上来讲，现代园林建筑风格与传统建筑风格相比，现代园林建筑更加“明快”，更加注重时尚性，且朝着更注重形式美和意境美的方向发展。

第四节 园林剪纸的发展历史

世界上最早的园林建筑可以追溯到公元前16世纪的埃及，从古代墓画中可以看到祭司大臣的宅园采取方直的规划，规则的水槽和整齐的栽植。西亚的亚述确猎苑，后演变成游乐的林园。

巴比伦、波斯气候干旱，重视水的利用。波斯庭园的布局多以位于十字形道路交叉点上的水池为中心，这一手法为阿拉伯人继承下来，成为伊斯兰园林的传统，流布于北非、西班牙、印度，传入意大利后，演变成各种水法，成为欧洲园林的重要内容。古希腊通过波斯学到西亚的造园艺术，发展成为住宅内布局规则方整的柱廊园。古罗马继承希腊庭园艺术和亚述林园的布局特点，发展成为山庄园林。

欧洲中世纪时期，封建领主的城堡和教会的修道院中建有庭园。修道院中的园地同建筑功能相结合，如在教士住宅的柱廊环绕的方庭中种植花卉，在医院前辟设药圃，在食堂厨房前辟设菜圃，此外还有果园、鱼池和游憩的园地等。在今天，英国等欧洲国家的一些校园中还保存这种传统。13世纪末，罗马出版了克里申吉著的《田园考》，书中有关于王侯贵族庭园和花木布置的描写。

在文艺复兴时期，意大利的佛罗伦萨、罗马、威尼斯等地建造了许多别墅园林。以别墅为主体，利用意大利的丘陵地形，开辟成整齐的台地，逐层配置灌木，并把它修剪成图案形的植坛，顺山势运用各种水法，如流泉、瀑布、喷泉等，外围是树木茂密的林园。这种园林通称为意大利台地园。

法国继承和发展了意大利的造园艺术。1638年，法国布阿依索写成西方最早的园林专著《论造园艺术》。他认为“如果不加以条理化和安排整齐，那么人们所能找到的最完美的东西都是有缺陷的”。17世纪下半叶，法国造园家勒诺特尔提出要“强迫自然接受匀称的法则”。他主持设计凡尔赛宫苑，根据法国这一地区地势平坦的特点，开辟大片草坪、花坛、河渠，创造了宏伟华丽的园林风格，被称为勒诺特尔风格，各国竞相仿效。18世纪欧洲文学艺术领域中兴起浪漫主义运动。在这种思潮影响下，英国开始欣赏纯自然之美，重新恢复传统的草地、树丛，于是产生了自然风景园。英国申斯诵的《造园艺术断想》，首次使用风景造园学一词，倡导营建自然风景园。初期的自然风景园创作者中较著名的有布里奇曼、肯特、布朗等，但当时对自然美的特点还缺乏完整的认识。

18世纪中叶，钱伯斯从中国回英国后撰文介绍中国园林，他主张引入中国的建筑小品。他的著作在欧洲，尤其在法国颇有影响。18世纪末，英国造园家雷普顿认为自然风景园不应任其自然，而要加工，以充分显示自然的美而隐藏它的缺陷。他并不完全排斥规则布局形式，在建筑与庭园相接地带也使用行列栽植的树木，并利用当时从美洲、东亚等地引进的花卉丰富园林色彩，把英国自然风景园推进了一步。

从17世纪开始，英国把贵族的私园开放为公园。18世纪以后，欧洲其他国家也纷纷仿效。自此西方园林学开始了对公园的研究。

19世纪下半叶，美国风景建筑师奥姆斯特德于1858年主持建设纽约中央公园时，创造了“风景建筑师”一词，开创了“风景建筑学”。他把传统园林学的范围扩大了，从庭园设计扩大到城市公园系统的设计，以至区域范围的景物规划。他认为城市户外空间系统以及国家公园和自然保护区是人类生存的需要，而不是奢侈品。此后出版的克里夫兰的《风景建筑学》也是一本重要专著。

1901年，美国哈佛大学创立风景建筑学系，第一次有了较完备的专业培训课程表，其他一些国家也相继开办这一专业。1948年成立国际风景建筑师联合会。

而我国的园林艺术，如果从殷、周时代囿的出现算起，至今已有三千多年的历史，是世界园林艺术起源最早的国家之一，在世界园林史上占有极重要的位置，并具有极其高超的艺术水平和独特的民族风格。在世界各个历史文化交流的阶段中，我国“妙极自然，宛自天开”的自然式山水园林的理论，以及创作实践的影响所及，不仅对日本、朝鲜等亚洲国家，而且对欧洲一些国家的园林艺术创作也都发生过很大的影响。为此，我国园林被誉为世界造园史上的渊源之一。

一、最初的园林（夏商周时期）

周朝时期，前有周文王建灵囿，周边圈围，其内放养珍禽奇兽，以供观赏。四时花木繁盛，水中鱼跃，这就是最初的囿。后有吴王夫差建姑苏台，可在宅内观赏水中的鱼，这是前所未有的。

二、秦汉时期的园林发展

秦汉时期园林处于由囿向苑转变发展的阶段，它除了继承囿的传统特点，还设有大量的园林建筑，形成了苑中有苑，苑中有宫，把早期的游囿发展到以园林为主的帝王苑囿行宫，除布置园景供皇帝游憩外，还举行朝贺，处理朝政。如汉武帝的“上林苑”，大量运用叠山理水的园林工程手法，有名的是“太液池”“建章宫”，开我国造园“一池三山”人工山水之先河，首创雕塑装饰园景的艺术。后来私家园林又得到了发展，如梁冀的苑囿、袁广汉园都是当时非常有特色的私园，其中袁广汉创造了石假山的记录，是古代园林的神来之笔。

三、三国两晋南北朝时期的园林发展

这个时期的园林由秦汉时期的宫苑向自然山水园林转变，造园不再追求高大雄伟，而在“穷极技巧”上下功夫，使楼阁为景所设，苑囿精巧雅致，由再现自然进而表现自然。但由于当时人们苦于战乱，只好人心向佛，以修来世，这样促进了佛寺园林的出现和发展，比如有名的“寒山寺”“永宁园林建筑景观设计与市政工程研究寺”。

四、宋代时期的园林发展

两宋时期的园林受当时诗画的影响较大，所以出现了以自然山水为蓝本而建造的写意山水园，诗画与园林之间相互影响渗透，使得宋代文人园林兴盛，园林趋于小型多样化、趣味化，向宅邸园林发展，并在各地大量兴建。我国以自然山水为主体的写意山水园在宋代已趋于成熟，为以后明清园林的发展打下了坚实的基础。

五、辽夏金元时期的园林发展

这个时期园林极力吸取汉族的文化，极力继承宋代园林风格，如中国现存规模最大、地面遗迹保存最完整的帝王陵园之一的“西夏王陵”，人工再现自然

山水的典范——万岁山的太液池，还有位于苏州的狮子林，远看有如狮子吼、狮子舞，狮子斗、狮子滚，最高处石峰为狮子峰，有如置身于石林之中。

六、我国明清时期的园林发展

明清时期园林是我国诗情画意的山水园进入大规模、高档次、高质量、全面发展的阶段，是中国园林创作的高峰期。如“圆明园”“避暑山庄”等。私家园林以明代建造的江南园林为主要成就，如“沧浪亭”“拙政园”等。明末还出现了园林艺术创作的理论书籍《园冶》。在创作思想上，沿袭了唐宋时期的创作源泉，从审美观到园林意境的创造，都是以“小中见大”“须弥芥子”“壶中天地”等为创造手法。自然观、写意、诗情画意成为创作的主导地位，园林中的建筑起了最重要的作用，成为造景的主要手段。园林从游赏到可游可居方面逐渐发展。大型园林不但模仿自然山水，而且还集仿各地名胜于一园，形成园中有园、大园套小园的风格。

自唐、宋始，我国的造园技术传入日本、朝鲜等国。明末计成的造园理论专著《园冶》流入日本，抄本题名为《夺天工》，至今日本许多园林建筑的题名都还沿用古典汉语。特别是在公元13世纪，意大利旅行家马可·波罗就把杭州西湖的园林誉为“世界上最美丽华贵之城”，从而使杭州的园林艺术名扬海外。今天，它更是世界旅游者心中向往的游览胜地。

在18世纪，中国自然式山水园林由英国著名造园家威廉·康伯介绍到英国，使当时的英国一度出现了“自然热”。清初英国传教士李明所著《中国现势新志》一书，对我国园林艺术也有所介绍。后来英国人钱伯斯到广州，看了我国的园林艺术，回英国后著《东方园林论述》。

由于人们对中国园林艺术的逐步了解，英国造园家开始对规则式园林布局原则感到单调无变化。从而东方园林艺术的设计手法随之发展。如1730年在伦敦郊外所建的植物园，即今天的英国皇家植物园，其设计意境除模仿中国园林的自然式布局外，还大量采用了中国式的宝塔和桥等园林建筑的艺术形式。

在法国不仅出现“英华园庭”一词，而且仅巴黎一地，就建有中国式风景园林约二十处。从此以后，中国的园林艺术在欧洲广为传播。

园林建筑艺术以自然界的山水为蓝本，由曲折之水、错落之山、迂回之径、参差之石、幽奇之洞所构成的建筑环境把自然界的景物荟萃一处，将人工美和自然美巧妙地结合，以此借景生情，托物言志。它深浸着各国文化的内蕴，是各个民族千百年的文化史造就的艺术珍品，是一个民族内在精神品格的生动写照，也是各国劳动人民智慧的结晶，是我们今天需要继承与发展的瑰丽事业。为各民族所特有的优秀建筑文化传统，在长期的历史发展过程中积累了丰富的造园理论和创作实践经验。

第五章　园林建筑设计的分类

第一节 园林建筑小品研究

小品是园林中供休息、装饰、照明、展示和为园林管理及方便游人之用的小型建筑设施。一般没有内部空间，体量小巧，功能简明，造型别致，富有特色，并讲究适得其所。这种建筑小品设置在城市街头、广场、绿地等室外环境中便称为城市建筑小品。园林建筑小品在园林中既能美化环境，丰富园趣，为游人提供文化休息和公共活动的方便，又能使游人从中获得美的感受和良好的教益。内容丰富，在园林中起点缀环境、活跃景色、烘托气氛、加深意境的作用。

一、研究背景

随着人们对园林认识水平的提高，作为园林建设中不可缺少的建筑小品就非常有必要为大家所了解和熟知。园林建筑小品的认知程度直接关系到我们园林建设的好坏，通过对园林建筑小品的研究，可以使我们设计建造出更多更加优美的园林作品。特别是临沂市坐落于两河交界处，水资源丰富，滨水、亲水建筑小品应用比较频繁。

（一）国内外研究现状

当前，中国园林景观规划设计领域算得上是空前繁荣，项目之多、规模之大、建设速度之快，远超世界其他各国。园林小品作为园林建设中不可缺少的要素，国内外园林工作者对它的研究、探索及发展都在积极地大力研究着。

（二）研究目的和意义

园林小品作为园林建设中不可缺少的要素，它的存在可以使园林充满活力与生气，重新赋予了园林新的涵义。研究的目的和意义就在于可以使我们更好、更直观地了解园林建筑小品在园林中的种类及用途。

二、园林建筑小品的定义及功能

（一）园林建筑小品定义

园林建筑小品是指园林中供休息、装饰、照明、展示和为园林管理及方便游人的小型建筑设施。在园林中既能美化环境，丰富园趣，为游人提供文化休息和公共活动的方便，又能使游人从中获得美的感受和良好的教益。园林建筑小品的内容极其丰富，包括园灯、园椅、园桌、园桥、雕塑、喷泉、栏杆、电话亭、果皮箱、标志牌、解说牌、门洞、景窗、花坛、花架，等等。

（二）使用功能

每个园林建筑小品都有具体的使用功能。例如：园灯用于照明，园桥园凳用于休息，解说牌及展览栏用于提供游园信息，栏杆用于安全防护、分隔空间等。为了取得景观效果，园林建筑小品既要进行艺术处理和加工，又要符合其使用功能，即符合在技术上、尺度上和造型上的特殊要求。

（三）装饰功能

园林建筑小品以点缀装饰园林环境为主，例如：湖滨河畔、花间林下布置古朴的桌凳，创造一个优美的景点；一道曲折又漏窗的园墙可以使人顿生曲径通幽之感；草地上铺设石径、散置几块山石并配以石灯和几株姿态虬曲的小树，等等。对于独立性较强的建筑小品，如果处理得当，与环境协调，往往是造园的一景，如：杭州西湖的“三潭印月”，就是一种以传统的水亭石灯的小品形式漂浮于水面，使西湖的月夜景色更为迷人。

三、园林建筑小品的分类及用途

园林建筑小品按功能可分为观赏型园林建筑小品、集观赏和使用于一身的观赏实用型园林建筑小品两大类。观赏实用型园林建筑小品还可细分为休息性的、服务性的和管理性的三种。园林建筑小品虽说是“小”，但其影响之深、作用之大，用“画龙点睛”来形容也不为夸张。犹如点缀在园林绿地中的明珠一样，光彩照人！

（一）观赏型园林建筑小品

1.雕塑

雕塑是观赏型园林建筑小品中的代表，雕塑的历史悠久，发展到现在，其题材、样式在不断地推陈出新，应用也越来越广泛。从雕塑手法上可分为圆雕和浮雕，若以其机能和价值可分为宗教性、纪念性、主体标志性、装饰性等；若以造型形态可分为具象型、抽象型、半抽象型，等等。雕塑，是一种具有强烈感染力的造型艺术，来源于生活，往往予人以比生活本身更完美的欣赏和玩味，美化人们的心灵，陶冶人们的情操，赋予园林鲜明而生动的主题，独特的精神内涵和较强的艺术感染力，起到点缀景观，丰富游览的作用。现在的雕塑，如北京雕塑公园仙鹤雕塑等，更是加深意境，启迪人的思想，激发人们的生活热情，给人以强烈的艺术感受。

2.石碑刻字

以中国书法的独特艺术，将墨迹留刻在石碑上或悬崖上。如山东曲阜的孔林，就有许多历代文人墨客的书法石碑。山东的泰山有许多刻在悬崖上的历代君主的书法遗迹。石碑刻字，是书法墨迹石刻，宣传了我国是一个有着灿烂文化的文明古国，通过历代的君主和文化名人，在其不平凡的一生留下了许多精美书法作品，一个不平凡的山水环境因这些不凡的石刻而扬名国内外。有了这些具有高雅的文化气息的碑文石刻，使园林的文化更加得到充实、丰富和发展。

3.花坛

在一定范围的畦地上按照整形式或补半整形式的图案栽植观赏植物，以表现花卉群体美的造景。有几种分类方法：按其形态可分为立体花坛和平面花坛两类；按观赏季节可分为春花坛、夏花坛、秋花坛和东花坛；按栽植材料可分为一、二年生草花坛、球根花坛、水生花坛、专类花坛（如据花坛、翠菊花坛）等；按表现形式可分为花丛花坛、绣花式花坛或横纹花坛。花坛与其他园林建筑小品搭配，组合得当，会创造优美的环境，烘托气氛、增强空间感染力。随着现代社会的发展，花坛在园林中表现的内容更加精彩、和谐，将园林群体美打扮得更加漂亮怡人，激发人们对美好生活的追求与酷爱。

4.园林孤赏石

所谓“园可无山，不可无石”，就说明了“石”的重要。我国园林历来将石作为一种重要的造景材料，其造型千姿百态，寓意深刻，令人叹为观止。石有天然轮廓之特色，是园林建筑与自然空间联系的一种美好的中间介质。园林孤赏石小品，石为短暂生命及无限时空的中介物，中国人欣赏石，好比西方人欣赏抽象雕塑更具有丰富的内涵，不在石头本身的形态，而看重神似，从而产生美好的联想。“片石多致，寸石生精”也说明了“石”的造景魅力。

（二）观赏实用型园林建筑小品

1.休息性的园林建筑小品

花架是用刚性材料构成一定形状的格架，供攀缘植物攀附的园林设施，又称棚架、绿廊。其形式有：廊式花架，是最常见的形式，片版支承于左右梁柱上。片式花架，片版嵌固于单向梁柱上，两边或一面悬挑，形体轻盈活泼。独立式花架，以各种材料做空格，构成墙、花瓶、伞、亭等形状。花架，可用于各种类型的园林绿地中，常设置在风景优美的地方供休息和点景，也可以和亭、廊、水榭等结合，组成外形美观的园林建筑群；在居住区绿地、儿童游戏场中，花架可供休息、遮阳、纳凉；用花架代替廊子，可以联系空间；用格子垣攀缘藤本植物，可分隔景物；园林中的茶室、冷饮部、餐厅等，也可以用花架做凉棚，设置坐席；也可用花架做园林的大门。园椅、园凳、圆桌、遮阳的伞、罩等，常结合环境，用自然块石或用混凝土做成仿石、仿树墩的凳、桌；或利用花坛花台边缘的矮墙和地下通气孔道来当作椅、凳等，围绕大树根基部设椅凳，既可休息，又能纳荫。

2.服务性的园林建筑小品

如园灯、宣传廊、宣传牌、解说牌等能满足人们生活要求，为游人在游览中提供享受的服务建设。园灯等既能照明，又有点缀装饰园林环境的功能，因此，既要保证夜间游览活动的照明需要，又要以其美观的造型装饰环境，为园林景色添增生气。绚丽明亮的灯，可使园林环境气氛更加热烈、生动、欣欣向荣、富有生机；而柔和的灯光又会使园林环境更加宁静、舒适、亲切宜人。因此，灯光将衬托各种园林气氛，使园林环境更加富有诗意。宣传廊、宣传牌、解说牌室

园林中极为活跃，引人注目的宣传设施，是园林中群众性的开放式宣传教育地，其形式活泼，易于接受，受到广大群众的欢迎。

3.管理性的园林建筑小品

为保护园林设施而设有栏杆、墙、门洞及窗洞等，如栏杆按其功能可分为4类：围护栏杆、靠背栏杆、坐凳栏杆、镶边栏杆。墙垣有围墙与景墙之分，门洞有几何形与仿生形，窗洞有空窗、漏窗、景窗，等等。栏杆主要是保护功能，还用于分割不同活动内容的空间，划分活动范围以及组织人流。同时，又是园林的装饰小品，用以点景和美化环境。

墙垣、门洞及窗洞主要是防卫作用，同时具有装饰环境的作用。墙垣中的围墙做构筑维护，景墙以其优美的造型来表现，更重要的是以其在园林空间的构成和组合中体现出来，可以独立成景，与周围的山、石、花木、灯具、水体等构成一组独立的景物。门洞除可供人出入外，也是一副取景框，还可以提示有人前进的方向，组织游览路线，而且沟通了门内外的园林间，形成生动的风景画面，感受到“别有洞天”“步移景异”的效果。窗洞在造景上也有着特殊的地位和作用，装饰各种墙面是墙垣造型生动优美，更使园林空间通透，流动多姿。

四、临沂滨水建筑小品在沿河的应用

滨水区域是拥有水域资源城市中一个特定的空间地段，指与河流、湖泊、海洋毗邻的土地或建筑，城镇邻近水体的部分。

（一）沂蒙音乐喷泉

水在常温下是一种液体，本身并无固定的形状，其观赏的效果决定于盛水物体的形状、喷水的造型、灯光、水质、周围的环境等。水的各种形状、水姿，都和盛器相关。盛器设计好了，所要达到的水姿就出来了。当然这也和水本身的质地有关。一般来说。水要求是透明、无色、无味的，在水体中补充人工照明，通过各种颜色的灯光照射，达到了人们想要的效果。这时的观赏效果，晚上是优于白天的最佳景观。

临沂沂河滨水音乐喷泉依河而建，从河岸修建水上走廊，向河中延伸，设计标高与河水日常保持水位相当，利用自然的办法持水最好，一是节省投资和管理费用，二是取得生态平衡；但是沂河在夏季行洪季节水量大、水位高，水平面超过喷泉设计标高，影响喷泉效果，同时在冬季枯水季节水面低于喷泉设计标高，使水下部分露出水面，影响景观效果。

（二）亲水平台

沂河绕过临沂城，它最大的功能是防洪，因此沿岸建有堤坝，人们从岸上不能近距离地接触水，亲水平台让人们近距离地接触水，从防洪堤到水面之间跌落的台级和平台产生富于变化的空间，对人具有较强的吸引力。周围设有仿木栏杆，本身就是一道风景，从而提高安全性和亲水性。与水面的开口处是城市中为数不多的人与水面能够近距离接触的地段。

（三）书法广场

临沂书法广场利用书法石刻，以不同的造型、不同的内涵、不同的材质，甚至是不同的颜色相互搭配，相映成趣，独成一景。用大理石碑、花岗岩墙壁、天然岩石为载体，以中国五千年灿烂书法文化为底蕴，展示了历代君主和文化名人在其不平凡的一生里留下的许多精美的书法作品，利用地势的不同，石头的大小、造型，以临沂历史文化名人书圣王羲之的兰亭序为主要表达内容，以及不同名人书法相互搭配，独立成景，又相容于整个造景。形成书法广场，是临沂沿河湿地公园的一个亮点，受到广大市民的喜爱。

五、滨水建筑小品设计的基本准则

（一）宜“活”不宜“死”的原则

城市有了水，就有了生机，而可以流动的活水可以带给城市灵气与活力。如果将城市水系比喻为城市的血脉，那么流动的城市水系就是保证城市血液流动的基本条件，城市血脉流动和更新又是保证城市肌体健康的前提。

（二）宜“弯”不宜“直”的原则

河流的自然性、多样性弯曲是河流的本性，所以设计滨水小品时，要随弯就弯，不要裁弯取直。河流纵向的蜿蜒性，形成了急流与缓流相间，深潭与浅滩交错。天然河道没有一条是笔直的，如果修建一条笔直而且等宽的河道，它势必等速，等速的河道里水生动植物难以生长。只有蜿蜒曲折的水流才有生气、灵气。尽量避免直线段太长，能弯则弯，用蜿蜒、蛇形、折线等代替直线；在河道转弯时，也不要用一个半径去完成转弯，尽量多一些变化，甚至弧线、折线共用，这样做不但有其美学价值，而且在水文学和生态学方面有其独特的功能。

（三）虚实结合的原则

“仁者乐山，智者乐水。”“上善若水。水善利万物而不争，处众人之所恶，故几于道。”就是说，最高的善像水一样，水善利用万物而不与之相争。它甘心处在人不愿待的低洼之地，很相似于道。“浊而静之徐清，安以重之徐生。”浑水静下来慢慢就会变清，安静的东西积累深厚会动起来而产生变化。水中有哲理，水中有道意，水中有禅味。

六、临沂滨河建筑小品设计中存在的问题

沂河沿岸亲水建筑小品是城市公共空间的景观结构中的一个重要环节。虽然人们想尽善尽美地设计、施工，但是仍然存在一些问题。

（一）景观雷同

沂河沿岸亲水建筑小品在设计时很多采用借鉴的原则，模仿了国内的很多大城市的音乐喷泉，采用大喷泉、大水体的壮观美丽的水景。没有结合自身的优势与特点，设计出别具一格的音乐喷泉，使得水景千篇一律，没有特色。

（二）浪费水资源，破坏生态

人们满足了亲水的本性，但是在水资源日益匮乏的今天，由于不注意污水的处理，把未经处理的污水大量排到天然河道，污染了水体，影响了水资源的有效性，造成有水不能用，形成了水质性缺水的严重状况。同时由于大面积开发沂河的原始地貌，大面积的亲水、赏水等人类活动设施的建造，严重破坏原本脆弱的沂河天然生态系统，造成对环境破坏的影响更大。

（三）亲水建筑小品中欠缺再现水生植物群落系统

设计中欠缺再现水生植物群落系统是一大缺陷，由于硬质的底质、生硬的驳岸等，造成了水生植物难以再在水景中得到应用或难以形成群落结构，生动自然、美丽的水景不能有效地体现出来。

七、解决方案

（一）如何做到“巧于立意，突出内涵”

园林建筑小品具有精美、灵巧和多样化的特点，在作为园林中局部主体景物主体时，应具有相对独立的意境，应具有一定的思想内涵，才能产生感染力。这是园林建筑小品创作时首先要考虑的元素。

（二）如何做到张显城市文化与特色

一个城市在它的形成过程中集聚了其丰富的文化内容，这些文化内容通过建筑主体乃至园林建筑小品表现出来，如北京故宫的华表，山东曲阜的碑林、石刻，苏州的园林石雕、石狮等，乃至成都的解放碑都是城市文化与特色的代表作品。园林建筑小品创作应考虑到地域人群的文化、趣味取向，创造出有城市特色的园林建筑小品。

（三）如何做到“源于自然，融于自然”

美学家李泽厚先生，将园林美学概括为“人的自然化和自然的人化”，而科学艺术的园林建筑小品的营造，应该“虽由人作、宛自天开”“源于自然、高于自然”。公园广场居住小区绿地建设时，应考虑到公众对丰富视觉效果、展现生态城市的风貌和植物景观多样性的需求，营造出能给人们带来嗅觉和视觉上的享受和乐趣的作品。

（四）营造生态的、可持续发展的水体景观

充分利用现有资源，减少水资源的浪费，保护水资源的同时严格治理水污染，坚决杜绝二次污染，尊重和利用原有水系，设计出合理的水景系统，随弯则弯，以适应水体生物的生长，保持生态平衡，尽可能保持原有沿河面貌，保护原本就很脆弱的沂河生态系统，减少对环境的破坏，形成可持续发展的水体景观。

通过对沂河沿岸建筑小品的学习和探讨，更加明确了它在园林设计中的重要地位和作用，更加明确了它的目的和意义。园林亲水建筑小品具有独特的环境效应，可活跃空间气氛、增加空间的连贯性趣味性，可改善环境，调节气候，控制噪声，利用水体倒影、光影变幻产生的艺术效果。同时注意创新，避免盲目模仿，加强对水资源以及沂河沿岸环境的保护，适度开发，使景色融于自然。

园林建筑小品种类繁多，它们的功能简明，体量小巧，富于神韵，立意有

章，精巧多彩，有高度的传统艺术性，是讲究适得其所的精致小品。园林小品变化多姿，但总有基本格调，万变不离其宗，总有一个规律可遵循，这个“宗”就是“亭”。亭常作为风景构图的主体，对它重点进行建筑空间艺术造型和结构构造设计及施工特点的解析，了解和掌握这些规律，对其他园林小品设计就能触类旁通。因此在本章节重点介绍亭廊，并简述花架、园墙、洞门、室外家具等。最后重点介绍园林花色楼梯，它在园林建筑中最富有表现力，既有交通使用功能，又起点缀环境、活跃景色的烘托作用，在园林中要创造空间景观，除了要求设计者在艺术构思上独具匠心外，还需要具有一定的设计基础知识和大胆的结构构思，来打破习惯的界面关系。在本章后面将深入浅出地介绍具有结构艺术特色并有一定难度的锯齿形景梯、剪式悬挂景梯及螺旋景梯的设计计算，以供开拓设计思路与选用。

园林建筑小品以其丰富多彩的内容和造型活跃在古典园林、现代园林、游乐场、街头绿地、居住小区游园、公园和花园之中。但在造园上它不起主导作用，仅是点缀与陪衬，即所谓“从而不卑，小而不卑，顺其自然，插其空间，取其特色，求其借景”。力争在人工中见自然，给人以美妙意境，情趣感染。

第二节 服务性建筑

服务性园林建筑是现代园林的组成要素，包括餐厅、茶室、接待室、小卖部、厕所等不同功能的建筑。此类建筑一般体量不大，功能相对简单，占园林用地的比例很小（一般约2%～8%），但因处于公园或风景区内，直接服务于游人，因而建筑物的选址和设计是否得当、功能是否合理，对增添景区与公园的优美景色有着密切的关系，因此设计时需谨慎对待。

一、选址

（一）位置对选址的影响

服务性建筑需均匀地分布在游览线路上，与各风景点穿插布置。因其自身在景区环境组织中亦起了控制和点景的作用，所以原则上要“巧于因借精在体宜”。过于庞大或沉重的建筑会破坏风景的连续性和氛围，宜置于景区外围。基址的选择要反复推敲，衡量利弊，在选择最佳视点和对景区环境造成的影响两方面做出准确的评价。通常各服务点水平间距为100m左右，高差以10m以内为宜（地形杂或景区面积大的可适当增大）。

（二）场地

1.一般要求。工程地质的好坏，直接影响房屋安全、基建投资和进度。在景区服务性建筑的基地，土质要坚实干爽，要充分利用原地形，合理组织排水，在朝向上要尽量避免冬天的寒风吹袭或夏日的炎阳直照。

建在险峻悬崖、深渊狭谷间的各项服务性建筑要注意游客的安全，妥善安排各项安全措施，以防止失足、迷向或暴风雨吹袭等所产生的种种意外。

在平缓斜坡上营造建筑物的方法是：

（1）可将地面构筑成梯田状，建筑物所处地坪实际仍为平地。

（2）构筑台阶地形，建筑本身会有高差变化，与前法相比可减少挖土和填土。

（3）使用支柱结构，适用于坡度过陡或较难平整的基地。建筑物悬空能造成一种独特的景观。值得注意的是，无论坡度缓急，都需在基地周边一定范围内的地面上，设置排水坡或开挖排水沟，便于截流。

2.环境景观。优美的环境景观会引起游客的关注，服务性建筑在布点时应尽量发挥环境的优越条件，仔细分析所在环境的景观资源及其性质，使建筑本身与环境相辅相成，并能表达所在环境景观的特有风貌。

园林服务性建筑既为景观添景，又为游客提供较佳的赏景场所，因而在建筑选址时对建筑可借之景如何与建筑基址配合须反复推敲，衡量利弊。当建筑朝向和视野有矛盾时，可采用遮阳、隔热和其他技术手段来尽量满足视野的要求。

二、建筑空间组织与环境

（一）总体布置

服务性园林建筑大部分是分散设置，穿插在各风景点或游览区中，也有把功能不同的几幢建筑串联起来，组成若干个建筑空间，这种处理方式有利于节约用地，创造较丰富的庭园空间，同时也便于经营管理。

服务性园林建筑在功能上不仅要满足游客在饮食和休息等方面的要求，同时它们往往也是园中各景区借景的焦点和赏景的较佳地点。因此这些风景建筑无论在体形、体量和风格等方面都要从全园的总体布置出发，在空间组织上使之能相互协调，彼此呼应。

一些属营业性建筑的辅助用房，如厨房、堆场、杂务院等在总体布置时要注意防止对景观的损害，并要妥善解决好后勤、交通、噪声、三废等问题，不要污染风景区。

风景区各种服务性建筑一般分布在游览线上或离游览线不远的地方。游览线是组织风景的纽带，建筑则是纽带上的各个环节，彼此需相互衬托，互为因借。

（一）建筑从后属于环境

服务性园林建筑除考虑其本身使用功能外，还要注意建筑在园林景区序列空间中所产生的构图作用，处理好与园林景观的主从关系，应明确以环境为主，衬托环境，建筑宜起点缀作用。

从某种意义上讲，服务性园林建筑存在的目的首先是衬托主景，突出主景，装点自然，然后才是个体形象的建筑处理。在园林景区中出现压倒周围环境的建筑物，不论其自身形象处理得如何成功，从总体景效来说，终属败笔。如广州七星岩新建的一座旅游建筑，由于其体量过大，损害了毗邻岩区的景致。杭州西湖“西泠印社”原是一群小品建筑，依山而建富有情趣。近年在山麓“西泠印社”旁新建餐馆“楼外楼”，巨大的体量对孤山轻盈的体态亦不相称。

建筑空间的处理，无论在体形选择、体量大小、色彩配置、纹样设计以至线条方向感等各方面都要与所在基址协调统一，浑成一体。如新建筑毗邻旧建筑，则须注意新旧建筑间的间距，以保持原有环境的气氛与格调。如在景区中确需兴建较大规模的建筑，则应遵循“宜小不宜大，宜散不宜聚，宜藏不宜露”等原则，切忌损害环境，压倒自然。如因某种功能需要而兴建较大规模的服务性建筑时，其基址一般应选在景区外，既可避免大体量建筑倾压景观，又可减小彼此间的干扰。

（三）有利于赏景

服务性园林建筑在起点景（添景）作用的同时，也要为游客赏景创造一定的条件。所以在设计前要详细查勘现场，对基址布置作多方案比较，既要反复推敲建筑体形、体量，也要创造良好的视野，包括对不同景象的视距视角的分析。

此外在进行建筑设计时一定要树立全局观念，不能顾此失彼，只注意创造新建筑的赏景条件，却忽略了自身对毗邻景点视线的障碍。如广州西樵山，主要景区白云洞，瀑布“飞流千尺”即在这洞天胜地深处。昔日从这危石凌空，飞瀑溅响的洞天往外眺望，视野开阔。洞内外动静对比、明暗对比异常强烈，倍添“飞流”磅礴的气势和洞天的挺拔幽深。但后来在洞口不远处修建了一座体量较大的“龙松阁”，尽管“龙松阁”有较佳的赏景条件，但是它的存在既破坏了原来洞天的视野，又堵塞了洞天的空间，也削弱了飞瀑的气势。

（四）保持自然环境

防止损害景观，较佳的服务性园林建筑应巧妙结合自然，因地制宜。如能充分利用地形、地物，就能借景，以衬托建筑和丰富建筑的室内外空间。

三、服务型建筑种类

（一）接待室

1.贵宾接待室

（1）功能作用。规模较大的风景区或公园多设有一个或多个专用接待室，以接待贵宾或旅行团。这类接待室主要是供贵宾休息、赏景，也有兼作小卖（包括工艺品和生活用品）和小吃的功能。

（2）位置。贵宾接待室的位置多结合风景区主要风景点或公园的主要活动区选址，一般要求交通方便，环境优美而宁静。即使在周围景观环境欠佳的情况下，也需营造一个幽静而富于变化的庭园空间。

（3）组成。一般包括入口部分、接待部分和辅助设施部分。

（4）建筑处理。成功的贵宾接待室建筑大多因地制宜，天然成趣。例如桂林芦笛岩接待室筑于劳莲山陡坡之上，建筑依山而筑，高低错落，颇有新意。

主体建筑为两层，局部三层，每层均设一个接待室，可以同时接待数批来宾。一、二层均有一个敞厅，作为一般游客休息和享用小吃的场所。登接待室，纵目远眺，正前方开阔的湖山风光，两山间飞架的新颖天桥，山麓濒池的水榭，遥遥相对的洞口建筑以及四周的田园风光，诸般景色均为接待室创造了良好的赏景环境。

在构筑上，接待室底层敞厅筑小池一方，模拟涌泉，基址岩壁则保留天然原样，建筑宛似根植其上。这样的处理，不仅使天然的片岩块石成为室内空间的有机组成部分，且与室外层峦叠嶂遥相呼应，深得因地制宜、景致天成的效果。

桂林伏波山接待室筑于陡坡悬崖，它借岩成势，因岩成屋，楼分两层，供贵宾休息和赏景用。建筑室内空间虽然比较简单，但利用山岩半壁，与入口前之悬崖陡壁相互渗透，颇富野趣。由于楼筑山腰，居高临下视野开阔，凭栏可远眺漓江，秀美山水得以饱览无余。

贵宾接待室应发挥环境优势，创造丰富空间，如广州华南植物园临湖的接待室。室的南面虽靠近园内主要游览道，但由于为竖向花架绿壁所障，游人虽鱼贯园道也无碍室内的宁静。接待室采用敞轩水榭形式濒湖开展。此接待室不仅充分发挥其较佳的环境优势，错落安置水榭、敞厅、眺台和游艇平台，同时极力组织好室内外的建筑空间，如通过绿化与建筑的穿插，虚与实的适宜对比，达到敞而不空的效果。又采用园内设院、湖中套池的方法增添景色层次，使规模不大的小院空间朴实自然而富有变化。

南京中山植物园的前身为孙中山先生纪念馆，建于1929年，为我国著名植物园之一。该园地处紫金山南麓，背山面水，丘陵起伏，为南京主要风景点之一，园内的“李时珍馆”以接待、会议和陈列中草药物为主。该馆设计吸取了江南园林的处理手法，采用我国传统建筑形式，较好地结合基地的周围环境。建筑体形和空间显得朴实而丰富。

有些接待室环境虽平庸，但只要善于构思，经营得体，亦可创造出较佳的内部空间。

2.综合接待室

（1）功能作用。这类接待室面向大众开放，服务内容较贵宾接待室多，主要供游客们休息、赏景，一般会有小卖和简单的饮食服务。

（2）位置。应选择在人流集中的地段，适当靠近游览路线，同时要考虑到建筑本身的景观效果应对环境有好的影响，以及建筑周围的环境条件能满足接待室的观景功能。

（3）组成。综合接待室多和工作间、行政用房等统一安排，也有兼设小卖、小吃或用餐等内容。由于其组成部分较贵宾接待室复杂，在设计中将各个组成部分统筹安排、合理组织是一个关键性的问题。

综合接待室内小卖、进餐等人流较多的部分，多设在人口附近。行政办公等可邻近入，但宜偏置一隅以方便联系工作及减小相互之间的干扰。厨房等辅助用房应隐蔽，并另设供应入口。接待部分作为主要的功能部分则应安置在视野较佳、环境较安静的地方。

（4）建筑处理。单层接待室系通过水平方向组织功能分区，为使各区能够获得较好的空间环境，多采用庭园设计手法，穿插大小院落，以丰富空间层次。这也有利于分区管理和保证建筑功能分区的合理性。

多层的综合接待室则多采用垂直和水平综合分区的手法，往往把人流较多、要求交通联系方便的组成内容置于首层，如小卖、冷饮、餐厅、厨房、仓库等。而人流较小、要求环境较宁静的功能部分则安排在楼上，如接待室及其工作间等。为方便来宾也可在楼上设置小卖、小吃或餐厅等。

3.附后接待室

除上述两类接待室外，尚有一种接待室是附设在专业性展室范围内的，如桂林花桥展览馆、桂林佳海碑林、上海复兴公园展览温室、济南大明湖花展室等。这类展览馆（室）一般设有专用接待室，供贵宾休息用，其中也兼设小卖、有些园林亦利用较高档次的茶室兼做接待室用，如桂林七星岩盆景园接待室、广州兰圃阴生植物棚接待室、广州文化公园品石轩接待室，这些接待室既是展览场所，又是贵宾品茗憩息的好地方。

（二）园林小卖部

园林中的小卖部主要为游人零售食品、工艺品和一些土特产等，规模较小，独立或附设在接待室、茶室、大门建筑内，或与敞厅、过廊结合组成。

1.小卖部的含义及其功能

在公园或旅游风景区，为方便游人游园，常设一些商业服务性设施，经营

食品、旅游工艺纪念品和土特产等小商品，这类小型服务性建筑称为小卖部。它是现代园林中必不可少的组成部分，既要满足游人的消费需要，完善服务体系，提高经济效益，丰富园林景观，又要为游人提供较佳的休息、赏景、购物、休闲的场所。

2.小卖部的规模与位置

在设置小卖部时要考虑全园的总体规划，进行合理安排。影响小卖部规模与数量的因素颇多，可依据公园的规模及活动设施、公园和城市关系、交通联系、公园附近营业点的质量和数量等来设计。国内活动设施丰富的公园游客量一般较多，小卖部的布点亦应随之增多。这类小卖部有附设在茶室内的，也有独立设置的，多选择在游人较集中的景区中心。

有些公园规模较小，活动设施不多，且又在市区内，零售供应也较方便，小卖部的规模不宜过大，可考虑内外结合，兼对园外营业。有些公园离市中心较远，周围亦欠缺供应点，由于规模不大，院内活动设施较少，故所设小卖部的营业额不高，如上海南丹公园。

近年来，由于旅游业的发展，不少市内公园常在公园干道入口处增设对外营业的小卖部，营业内容除一般饮料、食品、香烟和糖果外，有些还增设工艺品、花卉和盆景等项目。还有些小卖部是独立的园林建筑，周围环境景观秀美，常与庭园、亭廊以及草地、小广场等结合设置。较便于经营管理，景观眺望易取得良好的效果。

3.建筑处理

小卖部的功能相对简单，如单独设置，建筑造型应在与周围环境景观和谐的前提下，尽量独特新颖，富有个性。组合设置时，则应以建筑的其他功能为前提，应处于从属的地位。

（三）园林厕所

园林厕所是园林中必不可少的服务性设施之一。近年来，人民生活水平的提高，知识的增进，对园林景观的要求越来越高，因此设计者对景观的维护也很重视。园林厕所不论其规模大小、造型如何，均会影响园林景观效果。

一般来说，厕所不做特殊风景建筑类型处理，但是应与整个园林或风景区的外观特征相统一，易于辨认。

1.园林厕所的功能

游人到园林中需用较长的时间进行游览。游人进园后先方便一下，就能轻轻松松地开展各种各样的游憩性活动，又能保证园内的清洁卫生，甚至可以减免疾病的传染，从而保持公园优美的环境。因此对园林厕所的建设应加以重视，以满足广大游人的需要。

2.园林厕所的类型

园林厕所依其设置性质可分为永久性和临时性厕所，可分为独立性和附属性厕所。

（1）独立性厕所指在园林中单独设置，与其他设施不相连接的厕所。不与其他设施的主要活动产生相互干扰，适合于一般园林。

（2）附属性厕所指附属于其他建筑物之中，供公共使用的厕所较方便，适合于不太拥挤的区域设置。

（3）临时性厕所指临时性设置，包括流动厕所。可以解决因临时性活动的增加所带来的需求，适合于在地质土壤不良的河川、沙滩的附近或临时性人流量的场所设置。

3.园林厕所的设计要点

（1）园林厕所应布置在园林的主次要出入口附近，并且均匀分布于全园各区，彼此间距在200～500m，服务半径不超过500m。一般而言，位于游客服务中心地区，或风景区大门口附近地区，或活动较集中的场所。停车场、各展示场旁等场所的厕所，可采用较现代化的形式，位于内部地区或野地的厕所，可采用较原始的意象形式来配合。

（2）选址上应回避设在主要风景线上或轴线上、对景处等位置，位置不可突出，离主要游览路线要有一定距离，最好设在主要建筑和景点的下风方向，并设置路标以小路连接。要巧借周围的自然景物，如石、树木、花草、竹林或攀缘植物，以掩蔽和遮挡。

（3）园林厕所要与周围的环境相融合，既“藏”又“露”，既不妨碍风景，又易于寻觅，方便游人，易于发现。在外观处理上，必须符合该园林的格调

与地形特色，既不能过分讲究，又不能过分简陋，使之处于风景环境之中，而又置于景物之外，既不使游人视线停留，引人入胜，又不破坏景观，惹人讨厌，其色彩应尽量符合该风景区的特色，切勿造成突兀不协调的感受，运用色彩时还应考虑到未来的保养与维护。

（4）茶室、阅览室或接待外宾用的厕所，可分开设置，或提高卫生标准。一个好的园厕，除了本身设施完善外，还应提供良好的附属设施，如垃圾桶、等候桌椅、照明设备等，为游人提供较大的便利。

（5）园厕应设在阳光充足、通风良好、排水顺畅的地段。最好在厕所附近栽种一些带有香味的花木，如南方地区可种植白兰花、茉莉花、米兰等，北方地区可种植丁香、珍珠梅、合欢、中国槐等，来减免厕所散发的不好闻的气味。

（6）园厕的定额根据公园规模的大小和游人量而定。建筑面积一般为每公顷6～8m²，游人较多的公园可提高到每公顷15～25m²。每处厕所的面积约在30～40m²，男女蹲位3～6个，男厕内还需配小便槽。

（7）园厕入口处，应设“男厕”“女厕”的明显标志，外宾用的厕所要用人头像象征。一般入口外设1.8m高的屏墙以挡视线。

（8）为了维护园厕内部的清洁卫生，避免泥沙粘在鞋底带入厕所内，在通往厕所出入口的通道铺面稍加处理，并使其略高于地表，且铺面平坦、不宜积水。

园林厕所一般由门斗、男厕、女厕、化粪池、管理室（储藏室）等部分组成。立面及外形处理力求简洁明快，美观大方，并与园林建筑风格协调，勿太张扬个性。

第三节 游憩性建筑

随着后工业化时代的来临，人们对户外空间环境的要求越来越高，进而对城市公共健身游憩活动空间的需求不断上升。规划一个高效率的、富有特色的城市游憩系统，是游憩系统规划追求的目标。城市化进程的加快，各级政府都加大了对城市环境改造和建设的力度，因此，对风景园林规划设计的需求很大，使得当前我国的风景园林规划设计事业遇到了前所未有的发展机遇。

一、游憩性建筑的概述

首先，游憩性建筑是休闲文化的一个重要组成部分。科技进步促进生产力快速发展，生产效率大幅提高，因此人们的闲暇时间也大大增多，如何满足人们日益增长的文化精神需求变得越来越重要，游憩性建筑对丰富人的闲暇生活具有普遍意义。其次，随着经济的发展，选择休闲、旅游（或其他方式）作为生活的调剂已成为一种常见的行为，游憩性建筑理所当然地成为人们感受文明、接近自然、了解文化、陶冶性情的一种综合性文化生态环境。最后，游憩性建筑对促进城市经济发展的重要作用越来越明显。发达国家的历史表明，为满足人们多方面的物质文化需求而进行的各种生产活动和服务活动成为经济繁荣的越来越重要的因素。因此，发展“游憩性建筑”在城市经济模式中的重要意义日益突出。

二、游憩性建筑的本质与理论建构

（一）游憩与生活密不可分

积极向上的生活本身就是一种游憩，游憩是生活的本质，生活质量的高低本质上在于游憩空间的结构与品质如何。当今社会科技飞速发展，人们的生活水平不断提高，应该以什么样的方式生活才有利于社会的健康发展？这是人们日益关注的问题，这一问题所反映的实质是如何合理地开发利用闲暇资源。

（二）游憩是一种文化

游憩作为一种文化现象，其包含三个层面：第一，物质文化，指广场、公园、主题公园、博物馆、风景区等与游憩相关的物质性游憩景观；第二，精神文化，主要指的是游憩思想、游憩传统和意识形态；第三，行为文化，这是物质与精神统一的层次，即精神化了的物质和物质化了的精神相统一，主要表现在游憩行为和机制上。这三个层面相互制约、相互影响，形成游憩文化发展的内在系统。

（三）游憩是一种能量生产过程

游憩是社会行为的一种，因此游憩系统也是社会系统。据系统论所述，能量是系统的基本“材料”，因此社会系统也是由能量所构成，人或群体间的“能

量转换”即是社会系统的改变，城市社会的能量储存和生产系统构成城市游憩系统，人们所进行的游憩过程其实就是获取能量的过程，人们在游憩过程中吸收了作为“潜能”的信息与资源并且转化为能量和动力，如此使得游憩者精力更加充沛、知识更加丰富、体魄更加健康，在这种情况下再去从事生产和创造性活动，可以极大地促进人类精神文明和物质文明的共同发展，使得城市社会的能量生产和消耗保持平衡。由此看来，所有的城市都应该建立一个合理的游憩系统结构，这也是保护自然生态环境和历史文化传统、加强城市文化建设的必然要求。

（四）游憩系统理论框架

游憩系统包括游憩活动与游憩空间两个部分，它们共同构成游憩性建筑，表现为游憩文化。从本质上说，它可以反映出人们的生活结构。游憩理论体系主要由发展理论、历史理论、活动—场所关系理论、行为—位置理论以及研究方法论等五个部分组成。真正的游憩理论的建立和发展将会形成一个新的城市规划设计理论，这种理论是以生活为中心的，届时风景园林学科的地位将会大大提高。

三、游憩性建筑的特点

现代游憩空间一般包括公园、传统园林、景区、游乐区、旅游商业区几个方面。现代游憩景观设计主要特点是：

（一）游憩性建筑游乐化

在风景区中融入游玩趣味景观，其中功能消费型景观如建筑景观等，也注入游乐的趣味，使功能型景观更加具有吸引力。此外，体育性和娱乐性游憩建筑的这一特点会表现得更加突出。

（二）游憩性建筑主题化

从入口景观设计、游乐设施到标志性建筑、接待项目以及休闲娱乐设施、导游系统等所有的“景观”，都围绕着一个“主题”展开，作为一个整体和系统，使游憩体验达到最理想的效果。

（三）商业区游憩性建筑人性化

商业区建筑标志化、形象化、易识别，绿地及开放空间面积扩大。通过人性化空间的设置以及人性化游憩设施的完善，体现了人文主义的关怀精神。

四、户外游憩性建筑设施设计的依据

中国旅游业的兴起与不断发展，出现了大量的景观游憩建筑，景观游憩设施的设计也引起了广大设计者的关注。人们的户外游憩需求日益强烈，因而有必要对风景名胜区游憩性建筑的规划设计进行系统研究。游憩性建筑设施规划设计并不能一蹴而就，要明确游憩性建筑设施的依据、理念以及发展路线。

游憩体验与满足是游憩者所需要的终极产品，因此游憩设施的设计能否满足游憩者需要决定了游憩者的判断水平。户外游憩设施是指风景名胜区内工人们进行户外游憩活动使用的器具、建筑物、系统等，游憩设施是游憩活动的载体。

首先，游憩性建筑设施的设计一定要基于游憩发展的理论。根据地域经济文化发展、年龄的不同，对游憩性建筑设施进行不同的设计。例如，儿童和老年人的设施满足条件是不同的，大多数儿童对游乐设施感兴趣，针对青少年就应该集中设计游乐设施；而老年人因为年龄限制容易疲劳，以及部分老年人带着儿童进入玩具游乐设施，所以针对老人应该建造休息场所，方便老年人休息。

其次，游憩性建筑设施的设计要遵循游憩空间布局理论，分析各个游憩活动间的关系是否关联或者互补，游憩设施的配置应该按照点状、线状还是块状。点状的游憩设施布局主要是指游憩设施十分分散，没有固定模式可循；线状的游憩设施布局主要是指按照游览小道将游憩设施连接起来，可以顺着一条道路经过所有游憩设施；块状游憩设施一般出现在大型的风景名胜区内，设计者将一部分游憩设施作为一个系列加以发展。在空间布局上，游憩性建筑设施的布局有集散和点散两种模式。一般来说，具有竞争性的游憩性建筑设施应该分散开来，避免消费者置身难以抉择的境地；互补游憩设施应该聚集开放，有助于发觉景观的整体化优势。游憩设施的设计必须考虑自然环境的承受力，包括生态承受能力、水容量以及风景容量。对于环境承受力较强的区域可以集中开发游憩性建筑设施，环境承受能力较弱的地区应该分散开发游憩性建筑设施。

最后，景观游憩设施设计要遵循景观生态学理论，户外游憩性建筑设施设计要有地域特色，既要适应地形地被等微观条件，也要适应区域社会宏观环境，游憩性建筑设施设计必须处理开发与保护的关系，保持景观区的持续稳定发展。

五、户外景观游憩设施设计的理念

根据不同的游憩性建筑设施应采用不同的设计理念。例如风景观赏区的游憩性建筑设施，应该具有艺术性，与风景和景观相衬托，江苏苏州园林是著名的景观区。游苏州园林，最大的看点便是借景与对景在中式园林设计中的应用。中国园林讲究“步移景异”，对景物的安排和观赏的位置都有很巧妙的设计，这是区别于西方园林的最主要特征。中国园林试图在有限的内部空间里完美地再现外部世界的空间和结构。园内庭台楼榭、游廊小径蜿蜒其间，内外空间相互渗透，得以流畅、流通、流动。透过格子窗，广阔的自然风光被浓缩成微型景观。这样不仅使得面积有限的苏州园林能够提供更丰富的景观、更深远的层次，而且还极大地扩展了欣赏者的空间感受，着重于欣赏层面。

再如奥兰多迪士尼乐园，在乐园中设有中央大街、小世界、海底两万里、明天的世界、拓荒之地和自由广场等。中央大街上有优雅的老式马车、古色古香的店铺和餐厅茶室等；小世界是专给孩子们设计，为他们所向往的娱乐天地；在“海底两万里”，人们可坐上特制的潜艇，时而来到一片生机勃勃的热带海床，时而又来到阴沉寂寥的寒带海床，尽情观赏五光十色的海底植物和水族，甚至还能看到满载珠宝货物的沉船和因地震陷落海底的古代城市；并可亲自到“月球”去游览一番；如果来到拓荒之地和自由广场，那就是另一个天地了，在这里人们可以重温当年各国移民在新大陆拓荒的种种情景和英国殖民时期美洲大陆的状况。走在迪士尼世界中，还经常会碰到一些演员扮成的米老鼠、唐老鸭、白雪公主和七个小矮人，更使人童心复萌，游兴大发。迪士尼世界不仅是个游乐场，同时又是一个旅游中心，游客来此还可以到附近的海滩游泳、滑冰、驾帆船，到深海捕鱼，乘气球升空，或是参观附近的名胜古迹。这些丰富多彩的节目，给迪士尼世界更增添了几分魅力。由此可见，乐园的游憩设施大多数都与餐饮业与游乐有关，并且能够吸引儿童前去游玩，着重于吸引游客的目的。又如故宫这样的历史遗迹，北京故宫是世界上现存规模最大的古代皇家宫殿建筑群，因而故宫的游憩设施必须在保护故宫景观的大前提下，体现故宫高贵冷艳、富有历史感的气质，同时给予游者一定的保持距离的警告。

六、户外景观游憩设施设计的实践

游憩性建筑设施设计不仅要根据已存在的理论，更要因地制宜，有人性化的设计，满足人们的需求，设计的位置、数量、方式都要考虑人们的行为心理需求。景观区的照明设施一般以泛光照明和灯具照明为主。户外照明都是用泛光照明，泛光照明是指使用投光器映照环境的空间界面，使其亮度大于周围环境亮度的照明方式。注意造型需与户外景色的颜色相协调。游憩性建筑区的卫生设施包括垃圾箱、饮水器、烟灰缸、公共厕所等设施，合理安排卫生设施不仅能满足人们对整体环境视觉上美的需求，而且是人们在公共活动中身心健康的必要条件。以垃圾桶为例子，垃圾桶应该建造在人口密集处和交通节点处，其机能应该简便，特别是开启盖子设计方面应该便利，易操作。垃圾桶多在室外，要做好防雨防晒的保护，设排水孔，避免制造新的污染源，并且做好垃圾分类。游憩性建筑设施设计中解说设计也至关重要。

观赏的目的在于追求高品质的游憩体验，解说服务则是协助游客获取此种体验并教育游客，使他们从游憩过程中产生对环境的关心与珍惜之心。解释设计时应该选择游人容易看到且不会破坏原有的环境；公共标识牌应该与周围环境协调统一、醒目、避免被遮挡或移动；既做到明确指示，又不滥设。

七、国外对游憩性建筑设施规划的研究和实践方法

西方发达国家从20世纪60年代开始就开展了大量的游憩性建筑设施规划研究和实践，积累了丰富的理论和实践经验，例如经济政策法、PASOLP法、活动计划和监控系统方法。经济政策法是根据现有市场资源和设施，对游憩性建筑设施价值进行估算，举出多种可行建设方案并对建设方案进行价值估算，选出最佳执行方案。PASOLP法分为四个阶段，第一阶段是调查与分析，对资源、市场、体制进行调查评估，确定游憩兴趣地和潜在的旅游流；第二阶段是对旅游政策和主要旅游流进行分析，明确旅游发展目标；第三阶段是整体规划，第四阶段是游憩和旅游发展的影响评估。PASOLP法的最大特点就是层次分明，综合性突出，注重市场研究和政策对旅游发展计划的影响。用这种方法可以对游憩性建筑的设施进行设计定位，淘汰劣势的设施设计方案。活动计划和监控系统方法，这是设施完美付诸实践的保证，要根据游憩者随时改变的要求和心理行为改变游憩性建筑

设施的设计方案。这种方法属于追踪评价方法，是规划管理的重要内容，有助于规划方法的完善和规划理论水平的提高。

八、国内对游憩性建筑设施规划的研究

国内对于游憩设施并无大量的研究，仅仅在游憩规划、游憩项目、游憩地等方面文献中有部分阐述。对于游憩项目的研究主要在于项目设计的方案和程序。张汛翰从规划设计的角度提出由资源条件、市场分析、创新因子、校验因子等四部分组成的游憩项目设置方法。吴为廉等在《旅游康体游憩设施设计与管理》中从发展历史、功能、设备要求、布局、使用方法、细部的角度提出了各种类型康体游憩设施规划设计的要求、标准、设计要点、注意事项等。李维冰在《旅游项目策划》中提出休闲项目应尽可能给游客提供一个开阔的空间，注意白天活动与“夜生活”的合理平衡组合；娱乐项目应保证游客安全，项目形式不断更新，有适度的难度、趣味。周蕾芝等对杭州小和山森林公园内不同下垫面性质的游憩设施点进行各项生态气候要素的实际观测分析，得出结论，认为生态公园内游憩设施面积不宜过大，不宜成片，设施建设所采用的建材以竹木等含水量大，不易吸热的材料为宜。施丽珍以金华市郊九峰山为例子，对野营、野餐、烧烤野炊、定向越野、科技宫、游乐场、滑草场等游憩活动与设施的开发与设计进行了研究。江海燕研究认为，在以自然景观为主的各种游憩地，步道系统是其重要的交通配套设施，并结合具体案例，从景观序列组织、景观节点布局、线路选择、与其他交通方式的接驳等方面，总结了步道系统几种典型的规划设计模式。

九、游憩性建筑的现状与发展

目前我国游憩性建筑设施的设计还是很不全面的，游憩设施大多单调乏味，只是配备了简易的设施，不仅质量不过关，连数量也不过关，一大片空地上只有零星的简易设施。大多数游憩设施并未与周围环境相结合，显示出极大的不协调感觉。例如江苏麋鹿自然保护区，观看麋鹿的设施寥寥无几，游客要排很久的队才能使用观看麋鹿的望远镜。再如绵阳市人民公园，缺少大量的健身场地，导致运用人员占用别的领地。风景区原有植物资源较为丰富，长势良好，但是缺乏合理的利用管理，游憩设施的利用率也普遍不高。植物配置缺乏整体的艺术和景观设计，绿化形式单调，品种单一，园内有多处成片树林采用的是较老的机械

种植手法，还有部分植物开始衰老。有些树丛显得杂乱无章，甚至成了垃圾庇护地，严重影响公园景观。

游憩使用者对游憩设施的伤害也使得游憩设施状况每况愈下。2012年8月9日，湖北威宁淦河游憩带月亮湾一带座式景观灯50余个不翼而飞，这些景观灯的电缆也一并不见踪影，多个座式景观灯被损毁；滨河西街一带，几乎所有的座式景观灯电缆不见踪影，个别站式景观灯外套被损毁；滨河东街一带，6座以上站式景观灯被损毁，其中一座只剩一副铁架子。随后在市路灯管理局拿到一份2012年3月份至8月9日的城区景观照明设施损坏清单。该清单显示，短短五个月时间，市区景观照明设施共损失175W金卤灯110盏、250W金卤灯155盏、VLV224*35电缆3060米、护套线1560米、400W电源变压器12台、洗墙灯52米、3米灯柱4组，损失金额达287482元。

根据美国著名的休闲研究教授杰弗瑞戈比预测，在接下来的几年中，休闲游憩的核心地位将会越来越强，人们的休闲理念将会产生质的转变，休闲产业的工作人数将占整个社会劳动力的80%～85%。人们的休闲消费观念将出现革命性的变化：一是丰富的物质财富使人们开始转向追求文化精神的消费，更多的时间和钱财用于休闲。二是传统的工作和休闲的概念已经模糊。休闲成为未来社会系统中的一个建制化的事物，它会成为一种资源、收益分配模式、创新预期，有利于各项事业的发展。它既是劳动力价值的体现，也对劳动力价值进行维护。三是传统的“先生产、后生活（消费）”的概念发生根本性的变革。随着“过剩经济”的到来，人们逐步认识到“生活”和“消费”对经济发展也具有相当重要的意义。国家越富裕，人们的闲暇时间就越多。休闲的普遍化将会成为经济发展的重要推动力。四是由于人的寿命在不断延长，使得人生的后30～40年处于休闲的状态中，随着社会保障体系的愈加健全，人们晚年的消费支出则主要用于休闲消费。

十、游憩性建筑设施的设计须知

游憩性建筑设施的设计是将理论与实践相结合的过程，设计者在设计前应该根据游憩设施设计理论和先前设计者的经验，制定好初级设计方案，园林建筑与景观设计者在定好初级方案之后，从地域、水质、地表承受能力方面对游憩地

进行专业、正规的勘察，结合游憩地的地域特征，将原设计方案进行多次修改，设计出最佳设施。然而，仅仅是设计出游憩性建筑设施是远远不够的，游憩设施的管理方式设计也是值得关注的。游憩设施的管理在于生命周期的管理，目标在于争取各项设施能达到其最高价值，同时也保障建筑环境内一切设施的正常运作。良好的游憩性建筑设施管理不仅使得建造方放心，获得利润，更为游憩者创造良好的观赏环境。游憩设施的管理一般采用的都是PLM标准，该系统提供企业一个产品整个生命周期中的一个资讯管理的平台，将所有有关的资料、流程都纳入管理，让参与设计流程的工作人员都能在这个平台上获得最快的资讯，加速设计流程的推进，实现更好地管理设计资讯，是每个相关工作人员都能在适当时候取得正确的资料。游憩设施基本可分为路上游憩设施、水域游憩设施、机械游憩设施和文化游憩设施等，针对不同的游憩设施应该配备不同的游憩性建筑设施管理方案。从整体上来说，游憩性建筑设施的管理设计要做到维护好游憩设施，避免不必要的破坏；定期检修，以免设施老化或造成更大问题；对于生命周期快结束的设施应该赶紧淘汰。游憩性建筑的设计并非容易的事，设计者必须明确游憩性建筑设施建设理念，根据实践情况设计设施。

综合以上所述，游憩性建筑设施的设计不是表面上那样简单，设计过程中会出现许多可控因素与不可控因素，设计需要将人为因素与自然因素都纳入考虑范围，对设计成果做好评估，并制定针对最差结果的修复方案。

总而言之，只有建立与社会主义市场经济体制及其运行机制相适应的城市规划机制，完善我国的风景园林规划法律法规体系，为城市规划的实施提供法制保障，并经过全体广大市民的共同努力，才能把城市的园林规划好、建设好、管理好，从而保证实现城市规划发展目标，推动城市的社会经济公平健康的发展。让“游憩性建筑”成为下一个经济大潮中独具休闲文化魅力的大舞台，在这个舞台上，人们可以尽情放飞心情，并创造出更加美好的生活。

第六章　园林建筑空间布局

第一节 园林建筑布局手法

一、园林布局的形式

园林布局形式的产生和形成，是与世界各民族、国家的文化传统、地理条件等综合因素的作用分不开的。英国造园家杰利克（G.A.Jellicoe）在1954年国际风景园林家联合会第四次大会上的致辞中说："世界造园史三大流派：中国、西亚和古希腊。"上述三大流派归纳起来，可以把园林的形式分为三类，就是规则式、自然式和混合式。

（一）规则式园林

规则式园林又称整形式、几何式、建筑式园林。整个平面布局、立体造型以及建筑、广场、街道、水面、花草树木等都要求严整对称。在18世纪英国风景园林产生之前，西方园林主要以规则式为主，其中以文艺复兴时期意大利台地园和19世纪法国勒诺特（LeNotre）平面几何图案式园林为代表。我国的北京天坛、南京中山陵都采用规则式布局。规则式园林给人以庄严、雄伟、整齐之感，一般用于气氛较严肃的纪念性园林或有对称轴的建筑庭院中。

规则式园林的设计手法，从另一角度探索，园林轴线多视为是主体建筑室内中轴线向室外的延伸。一般情况下，主体建筑主轴线和室外轴线是一致的。

（二）自然式园林

自然式园林又称风景式、不规则式、山水派园林。中国园林从周朝开始，经历代的发展，不论是皇家宫苑还是私家宅园，都是以自然山水园林为源流。发展到清代，保留至今的皇家园林，如颐和园、承德避暑山庄；私家宅园，如苏州的拙政园、网狮园等都是自然山水园林的代表作品。从6世纪传入日本，18世纪后传入英国。自然式园林以模仿再现自然为主，不追求对称的平面布局，立体造型及园林要素布置均较自然和自由，相互关系较隐蔽含蓄。这种形式较能适合于有山有水有地形起伏的环境，以含蓄、幽雅、意境深远见长。

（三）混合式园林

所谓混合式园林，主要指规则式、自然式交错组合，全园没有或形不成控制全园的主中轴线和副轴线，只有局部景区，建筑以中轴对称布局，或全园没有明显的自然山水骨架，形不成自然格局。一般情况，多结合地形，在原地形平坦处，根据总体规划需要安排规则式的布局。在原地形条件较复杂，具备起伏不平的丘陵、山谷、洼地等，结合地形规划成自然式。类似上述两种不同形式规划的组合即为混合式园林。

二、园林形式的确定

（一）根据园林的性质

不同性质的园林，必然有相对应的不同的园林形式，力求园林的形式反映园林的特性。纪念性园林、植物园、动物园、儿童公园等，由于各自的园林不同，决定了各自与其性质相对应的园林形式。

如以纪念历史上某一重大历史事件中英勇牺牲的革命英雄、革命烈士为主题的烈士陵园，较著名的有中国广州起义烈士陵园、南京雨花台烈士陵园、长沙烈士陵园、德国柏林的苏军烈士陵园、意大利的都灵战争牺牲者纪念碑园等，都是纪念性园林。这类园林的性质，主要是缅怀先烈革命功绩，激励后人发扬革命传统，起到爱国主义、国际主义思想教育的作用。这类园林布局形式多采用中轴对称、规则严整和逐步升高的地形处理，从而创造出雄伟崇高、庄严肃穆的气氛。而动物园主要属于生物科学的展示范畴，要求公园给游人以知识和美感，所以，从规划形式上，要求自然、活泼，创造寓教于游的环境。儿童公园更要求形式新颖、活泼，色彩鲜艳、明朗，公园的景色、设施与儿童的天真、活泼性格协调。形式服从于园林的内容，体现园林的特性，表达园林的主题。

（二）根据不同文化传统

由于各民族、国家之间的文化、艺术传统的差异，决定了园林形式的不同。中国由于传统文化的沿袭，形成了自然山水园的自然式规划形式。而同样是多山的国家意大利，由于意大利的传统文化和本民族固有的艺术水准和造园风格，即使是自然山地条件，意大利的园林也采用规则式。

（三）意识形态的不同决定园林的表现形式

西方流传着许多希腊神话，神话把人神化，描写的神实际上是人。结合西方雕塑艺术，在园林中把许多神像规划在园林空间中，而且多数放置在轴线上，或轴线的交叉中心。而中国传统的道教、传说描写的神仙则往往住在名山大川中，所有的神像在园林中的应用一般供奉在殿堂之内，而不展示于园林空间中，几乎没有裸体神像。上述事实都说明不同的意识形态对园林形式的影响。

园林建筑设计是将待建园林的创意和功能，根据经济条件和艺术法则的指导落实在图纸上的创作过程，目的在于给人们提供一个舒适而美好的外部休息场所。但是时代发展到今天，纵观一些新建园林，往往由于对园林空间构成和组合的重要性考虑不周，而使全园显得平淡无奇、一览无余。因此，如何利用园林空间形式构成规律来提高园林建设的艺术水平，这既是一个理论问题，又是一个实践问题。

三、园林规划设计的原则

（一）了解使用者的心理

满足人们的需要是园林规划设计的根本目的。应该首先充分了解设计委托方的具体要求，要最大限度地考虑业主。强调设计与服务意思之间的互动关系，我们所期盼的掌声来自使用者的信任与满意。

（二）设计应具有独特性

设计的职责是创造独特的特性，正如每个人都以其相貌、笔迹或说话方式上表现其各自独特个性一样，园林景观也是如此。如苏州园林、颐和园等。

（三）注重研究地域人文及自然特征

充分地了解园林周围的人文环境关系、环境特点、未来发展情况，如周围有无名胜古迹、人文资源等。

（四）多样性和统一性的平衡

环境和人的舒适感依赖于多样性和统一性的平衡，人性化的需求带来景观的多元化和空间个性化的差异，但它们也不是完全孤立的，设计时尽可能地融入景观的总体次序，整合为一体。

四、园林空间的存在意义

园林空间是容积空间、立体空间以及二者相合的混合空间。容积空间是围合、静态、向心的空间；立体空间是填充层次丰富、有流动感的空间；混合空间兼有容积空间与立体空间的特征。园林中空间的存在具有不可替代的意义。

（一）园林空间的“容器”意义

园林中的空间实际上是由园林中山石、水体、植物、建筑四大要素所围合起来的“空”的部分，是人们活动的场所。通俗地说，虽然我们花费了大量人力、物力、财力营造建筑、堆砌假山、种植花木、修建水塘池沼，但我们所需要的却不过是园林中“空”的部分。所以园林空间实际上就是一个“容器”，容纳各种园林要素，容纳各种园林景观，也容纳着无数位园林中的观者。

（二）园林空间可以创造各种丰富变化的景观效果

园林造景需要四大要素，但实际上我们感受景观却是通过园林空间，丰富的空间层次、不同的空间类型，时而开敞、时而闭锁、时而高旷、时而低临，带领我们经历着丰富变化的感受历程，创造了多彩的景观效果。

（三）园林空间蕴含无尽的意境

中国古典园林特有的经典布局便是对园林空间灵活多变的处理。园林空间蕴含着丰富的文化内涵，承载着中国传统文化的大量信息：中国古代哲理观念、文化意识和审美情趣。对中国园林的欣赏，其实就是对园林空间无尽的、意境的感受与回味。

五、园林空间布局手法的处理

依据我国传统的美学观念与空间意识，园林空间的塑造应美在意境，虚实相生，以人为本，时空结合。空间的大小应该视空间的功能要求和艺术要求而定。大尺度的空间气势磅礴，感染力强，常使人肃然起敬，有时大尺度空间也是权利和财富的一种表现及象征。小尺度空间较为亲切宜人，适合于人的交往、休息，常使人感到舒适、自在。为了塑造不同性格的空间，设计师们采用多样灵活的空间处理手法，主要包括以下几种类型：

1.空间的对比

为了创造丰富变化的园景和给人以某种视觉上的感受，园林中不同的景区之间，两个相邻的内容又不尽相同的空间之间，一个建筑组群中的主、次空间之间，都常形成空间上的对比。空间的对比又包括空间大小的对比、空间形状的对比、园林空间的明暗虚实的对比。

2.园林空间的渗透与层次

园林创作总是在“虚实相生，大中见小，小中见大”中追求与探索。只有突破有限空间的局限性才可以形成无穷无尽的意境空间。渗透常见的方法有：相邻空间的渗透与层次、室内外空间的渗透与层次。

3.空间序列

空间序列可以说是时间和空间相结合的产物，就是将一系列不同形状与不同性质的空间按一定的观赏路线有次序地贯通、穿插、组合起来。空间序列的安排包括了空间的展开、空间的延伸、空间的高潮处理及空间序列的结束。空间序列的安排其实就是考虑空间的对比、渗透和层次及空间功能的合理性和艺术意境的创造性，围绕设计立意，从整体着眼，按对称规则式或不对称自由式有条不紊地安排空间序列，使其内部存在有机和谐的联系。游人在游览过程中通过对景观序列的欣赏，获得美的感受和精神上的愉悦。

4.园林空间布局的设计手法

组织布局好园林空间是园林设计的关键，而设计手法是空间组合、合理造园的重要手段。鉴于此，有必要对园林中的设计手法做出探讨、总结。

5.空间的组合

在定义园林空间时，主要前提是要有一个视线范围。空间的平面形状通常无约束，而在立面上则常需控制某一视点的位置，在一个或两个视点上打破空间范围，留出透视线，以做空间的联系。因此，由于平、立面的封闭程度不同，可分为封闭性和通透性空间。在空间的组合时须考虑到两种情况：一是园林空间的组合与其园林构图形式的关系。由于园林各局部要求容纳游人活动的数量不同，对园林空间的大小和范围要求也不同，在安排空间的划分与组合时，宜将其中最主要的空间作为布局的中心，再辅以若干中小空间，达到主次分明和相互对比的效果。具体安排各类空间位置时，宜疏密相间，确定园林空间组合的使用范围。一般大型园林中，常做集锦式的景点和景区的布局，多以大型湖面为构图中心和主体；或做周边式、角隅式的布局，以形成精美的局部。第二种情况是在小型或一些中型园林中，纯粹使用园林空间的构成和组合，满足构图上的要求，但也不排除其他构图形式的使用。

6.空间的转折和分隔

空间的转折有急转、缓转之分。在规划式的园林空间中可急转，如在主轴、副轴文汇处的空间，由此方向转向另一方向，由大空间急转成小空间。在自然式的园林空间中，宜用缓转，通过过渡空间的设置，如空廊、花架等，使转折的调子趋于缓和。空间之分隔，有虚隔、空隔之分。两室间的干扰不大，有互通气息要求者可虚隔，如用空廊、漏窗、疏林、水面等进行分隔；两空间因功能不同、风格不同、动静要求不同则宜实隔，如用实墙、建筑、山阜、密林等处理。虚隔是缓转处理，实隔是急转的处理。以某公园的空间分割联系为例，一进园门为树丛环围的入口广场，游人不能马上看到园内主要风景，只能通过道路、树丛的缝隙，隐约看到园内的景物，进而激起探究的心理，是为虚隔；而园门内的照壁、隔墙，则是维护私密性的屏障，不容他人窥视，是为实隔。

园林是满足人对自然环境需求的生态、文化、景观、文化内涵、游览休息的综合要求，是园林设计为人民利益服务的综合体现。为使游人在有限的空间中有景物变化莫测的感受，达到步移景异的效果，就要充分利用园林空间。园林空间的质量直接影响着园林的景观效果。如何有效地利用山石、水体、植物及园林建筑等要素，通过空间的对比、空间的渗透、空间序列的布置，丰富美的感受，创造无尽的艺术境界，是园林设计者义不容辞的责任和义务。

第二节 园林设计与园林空间

园林设计是一种环境设计，也可说是“空间设计”，目的在于提供给人们一个舒适而美好的外部休闲憩息场所。中国古典园林艺术“尽错综之美，穷技巧之变”，构思奇妙，设计精巧，达到了设计上的至高境界。究其原理，如以园林

艺术的形式看，乃得力于园林空间的构成和组合。但是时代发展到今天，我们的一些新建园林往往由于很少充分考虑到园林空间构成和组合的重要性，而使全园少技巧之变，显得平淡无奇，一览无余。这样，就存在一个如何总结历史经验，继承优秀传统，把园林空间的构成和组合这一形式构成规律用来提高园林艺术水平的问题。它既是一个理论问题，又是一个实践问题，并且是一个饶有趣味、极富创造性和引人入“境”的问题。

一、园林空间的定义与构成

空间是由一个物体同感觉它存在的人之间产生的相互联系，在城市或公园这样广阔的空间中，它有自然空间和目的空间之分。作为与人们的意图有关的目的空间又有内在秩序的空间和外在秩序的空间两个系列。平常所谓的外部、内部空间是相对于室内空间而言的。它既可设计成具有外在秩序（开敞或半开敞），也可设计成具有内在秩序（围合、封闭）。但是内、外部空间并不是绝对划分的。如某人住在带有庭院的住所内，他的居室是内部空间，庭院就是外部空间，但相对于整个住所来说，院外道路的空间就是外部的。而园林中的空间就是一种相对于建筑的外部空间，它作为园林艺术形式的一个概念和术语，意指人的视线范围内由树木花草（植物）、地形、建筑、山石、水体、铺装道路等构图单体所组成的景观区域而成，它包括平面的布局，又包括立面的构图，是一个综合平、立面艺术处理的二维概念。园林空间构成的依据是人观赏事物的视野范围，在于垂直视角（约20～60度）水平视角（约50～150度）以及水平视距等心理因素所产生的视觉效果。因此，园林空间的构成须具备三个因素：一是植物、建筑、地形等空间境界物的高度（H）；二是视点到空间境界物的水平距离（D）；三是空间内若干视点的大致均匀度。一般来说，D／H值越大，空间意境越开朗，D／H值越小，封闭感越强。实际事例证明，以园林建筑为主的园林庭院空间宜用较小的比值，以树木或树木配合地形为主的园林空间宜用较大的比值。D／H≈1时，空间范围小，空间感强，宜作为动态构图的过渡性空间或空间的静态构图使用。D／H在2～3时，宜精心设计，而D／H在3～8之间是重要的园林空间形式。

二、园林空间的类型

园林中的空间根据境界物的不同分为不同种类，主要有：以地形为主组成的空间，以植物（主要乔木）为主组成的空间，以及以园林建筑为主组成的空间（庭院空间）和三者配合共同组成的空间四类，现分述如下：

（一）以地形为主构成的空间

地形能影响人们对空间的范围和气氛的感受。平坦、起伏平缓的地形在视觉上缺乏空间限制，给人以轻松感和美的享受。斜坡，崎岖的地形能限制和封闭空间，极易使人造成兴奋和恣纵的感觉。在地形中，凸地形提供视野的外向性；凹地形是一个具有内向性和不受外界干扰的空间，通常给人一个分割感、封闭感和秘密感。地形可以用许多不同的方式创造和限制外部空间，空间的形成可通过如下途径，对原有基础平面添土造型，对原有基础进行挖方降低平面，增加凸面地形的高度使空间完善，或改变海拔高度构筑成平台或改变水平面。当使用地形来限制外部空间时，下面的三个因素在影响空间感上极为关键：空间的底面范围，封闭斜坡的坡度，地平轮廓线。这三个变化因素在封闭空间中同时起作用。一般人的视线在水平视线的上夹角40° ～60° 到水平视线的下夹角20° 的范围内，而当三个可变因素的比例达到或超过45°（长和高为1∶1)，则视域达到完全封闭；而当三个可变因素的比例少于18° 时，其封闭感便失去。因此，我们可以运用底面积、坡度和天际线的不同结合来限制各种空间，或从流动的线形谷地到静止的盆地空间，塑造出空间的不同特性。如：采用坡度变化和地平轮廓线变化而使底面范围保持不变的方式可构成天壤之别的空间。

一般为构成空间或完成其他功能如地表排水、导流等，地表层绝不能形成大于50%或2∶1的斜坡。利用和改造地形来创造空间、造景，在古典园林和现代园林中有很多成功的典例，如：颐和园的万寿山和昆明湖；长风公园的铁臂山和银锄湖。而且一般多见于中型、大型园林建设中，因其影响深、投资多、工程量大，故经常在使其满足使用功能、观景要求的基础上，以利用原有地形为主、改造为辅，根据不同的需要设计不同的地形。如：群众文体活动场地需要平地，拟利用地形做看台时，就要求有一定大小的平地和外面围以适当的坡地。安静游览的地段和分隔空间时，常需要山岭坡地。园林中的地形有陆地和水体，二者须有机地结合，山间有水，水畔有山，使空间更加丰富多变。这种山、水结合的形式，在园林设计中广为利用。就低挖池，就高堆山，掇山置石，叠洞凿壁，除了

增加景观外，重要的是限制和丰富了空间。

（二）以植物为主构成的空间

植物在景观中除观赏外，它还有更重要的建造功能，即它能充当和建筑物的地面、天花板、围墙、门窗一样的构成、限制、组织室外空间的因素。由它形成的空间是指由地平面、垂直面以及顶平面单独或共同组成的具有实在或暗示性的范围组合。在地平面上，以不同高度和各类的地被植物、矮灌木来暗示空间边界，加一块草坪和一片地被植物之间的交界虽不具视线屏障，但也暗示空间范围的不同。垂直面上可通过树干、叶丛的疏密和分枝的高度来影响空间的闭合感。同样，植物的枝叶（树冠）限制着伸向天空的视线。鉴于此，享利·F.阿诺德在他的著作《城市规划中的树木》中介绍道：在城市布局中，树木的间距应为3～6m，如果间距超过9m便会失去视觉效应。因此我们在运用植物构成室外空间时，只有先明确目的和空间性质（开旷、封闭、隐密、雄伟），再选取、组织设计相应植物。

下面简述利用植物构成的一些基本空间类型。

开敞空间：四周开敞，外向无私密性。

半开敞空间：开敞程度小，单方向，通常适用于一面需隐密性，而另一侧需景观的居民住宅环境中，在大型水体旁也常用。

覆盖空间：利用浓密树冠的遮阴树，构成顶部覆盖、空透的空间。一般来说，该空间能利用覆盖的高度形成垂直尺度的强烈感觉，另一种类似于此空间的是“隧道式”空间（绿色长廊），它是由道路两旁的行道树树冠遮阴而成，增强了道路直线前进的运动感。

完全封闭空间：四周均被中小型植物所封闭，无方向性，具极强的隐密、隔离性。

垂直空间：运用高而细的植物构成一个方向直立、朝天开敞的空间。设计要求垂直感的强弱，取决于四周开敞的程度，这种空间尽可能利用锥形植物，越高则空间越大，而树冠则越小。

三、现代园林设计理念及特点

园林空间环境设计既要引导游人不断去探索新的空间，又要吸引人停下浏览周围的美景。其中既有对公共场合大型活动的要求，又有对私密性活动的要求。园林设计中通过界面限定了各种不同空间，空间的形状和界面的处理是决定空间的重要因素。

（一）现代园林设计理念

现代的园林在向着一体化的风格发展，整合了功能以及空间组织的现代设计。在设计中对良好的服务或者使用功能的追求，如：为人们休息或散步、聊天或晒太阳等一些户外的活动提供非常充足的场所与场地，把人们交往与生活中的行为要求充分地考虑了进去，追求的不再是烦琐的装饰，反而对平面的布置、对空间组织的形式有了更高的追求，设计的手法也变得越来越丰富。尤其是在形式的创造方面，在现代各种主义以及思潮纷争的条件下，现代的园林设计把之前没有的自由与多元化的特点充分地展现在人们面前。另外，很多设计师还是把传统的设计作为基础，在造型中依然使用理性的方式进行空间的探索。

在各种影响下形成了现代设计的基本的特点，有强烈的构图，简洁的几何线条，以及形式自由多样。园中植物是一种造园的素材，与传统的庭院中的绿植有些区别，植物的美在于自然形态，很少是人工修剪的，采用流动的线形或者形体产生更加明快的空间，并不只是采用轴线或视线对空间进行组织，对经济可行性以及空间的多用途性更加重视。

（二）园林设计特点分析

园林设计具有一定的复杂性，园林方案在设计中存在的特点有创作性、双重性、综合性、社会性与过程性。

一是创作性，设计的过程就是一个创作的过程，不但需要主体具备想象力，还需要开放的思维。园林设计者在进行园林绿地设计时，会有很多矛盾与问题存在，只有主观发挥创新的意识与创造能力，才能做出具有丰富的内涵、新奇的形式的园林作品。而对于刚开始学习的人员来讲，创造能力与创新意识是非常重要的，是学习专业的重要基础与目标。

二是过程性，在设计风景园林中，要进行相应的分析与调研，并且要具有科学性与全面性，要敢于思考，能够听取别人的意见，在众多的论述中选择较好的方案并进行优化。设计的过程就是一个不断修改、改进、发展的过程。

三是社会性，对于城市空间环境而言，园林绿地景观是其中的一部分，具有一定的社会性。这种特性对园林的工作者的创作也提出一个要求，就是平衡社会的效益以及个性的特色。首先要找到一个可行的切入点，才能做出体现人性的作品。对设计者来讲不管是功能还是形式，一直是需要重视的两个方面，方案设计方法一般分为先功能后形式与先形式后功能，它们之间最大的区别在于切入点与侧重点的不一样。“先功能”是以平面设计为起点，重点研究功能需求，再注重空间形象组织。从功能平面入手，这种方法更易于把握，有利于尽快确立方案，对初学者较适合。但是很轻易使空间形象设计受阻，在一定程度上制约了园林形象的创造性发挥。“先形式”则是从园林的地形、环境入手，进行方案的设计构思，重点研究空间组织与造型，然后再进行功能的填充。这种方法更易于自由发挥个人的想象与创造力，设计出富有新意的空间形象。

四、园林设计的基本原则

（一）统一与变化原则

在园林设计工作中，统一原则意味着部分与部分之间、部分和整体之间要能够达成一致，使得各个元素之间都能够形成彼此关联和协调的要求。而变化则说明了在园林设计工作中，各个构建和元素之间存在着一定的差异，但是其却又是一个整体上统一的态势和发展要求。这种设计原则的应用在一定程度上表现出其相互交叉、局部变化的模式，但是其前提是必须统一而又合理，避免了设计工作中出现整体单调和乏味现象，同时在设计工作中一味地强调变化则很容易造成整个工作的杂乱无章和毫无秩序。

（二）对比和相似

由于园林设计工作中所涉及的要素众多，其中各要素之间也存在着一定的差异，这些差异主要表现在形态、色彩和质感方面，从而给人产生强烈的形态感情。是个性设计发挥的基础，主要表现在量的大小、多少，方向的前后、左右，层次的高低、错落，形状的曲直、圆润，色彩的明暗、冷暖，材料的光滑粗糙、轻重等方面，设计中要权衡对比与相似的关系，恰当地利用组景的各要素，使物尽其用，个体为整体服务。

（三）均衡

均衡是部分与部分或部分与整体之间平衡。

1.对称均衡

对称均衡是简单的、静止的，具有庄严、宁静的特点。对称有三种：一是以一根轴为对称轴的两侧对称，即轴对称。二是以个点为中心的中心对称。三是按一定的角度旋转后的对称即旋转对称。对称均衡是规整的构成形式，有着明显的秩序性，是达到统一的常用手法。

2.不对称均衡

不对称均衡则是复杂的、动感的，这和形式的对称没有明显的对称轴和对称中心，但是它具有相对稳定的构图重心。不对称均衡的形式自由、多样，构图活泼自然、富于变化。我国的百典园林中大多采用这种形式筑山、理水、布置庭院。

五、园林空间的营造

（一）无形空间环境的营造

无形空间环境的营造首先在立意。立意可通过匾额、楹联、诗文等形式，点染出园林空间的丰富意境，体现出园林空间营造中对社会环境建立的要求。

中国古典风景园林在道家思想的影响下，比较重视"意"，即园林所表达的情感与意义。它强调运用多种园林要素：自然界的花木、水、生物等自然要素，建筑物等人造物以及因二者呼应所产生的天、地、人和谐统一的美学境界。这一风景园林的设计方法对中国古典园林与现代城市设计产生的影响体现在设计的立意与布局上，无论是中国古代城市设计，还是现代城市设计，都以"经营位置"为主要原则，空间及各种设计要素的相互关系成为设计的最基本和具有决定性的因素。另外，园林设计中香味、声音等的巧妙安排，也可形成一种特殊的氛围。无论是"留得枯荷听雨声""暗香浮动月黄昏"，还是"鸟鸣山更幽"，都为景物增添了许多情趣。

（二）有形空间环境的营造

有形空间环境的营造就是针对场地中一系列客观的、通常是相互矛盾的现状资源，提出一个空间解决方案。一个合理、巧妙的园林设计，首先要抓住原场

地中那些真正本质的、内在的，特别是文化性的东西，将它在设计中表现出来，以一种倾向性和具有普遍性的运动规律，反映出有形的空间序列和无形的时间性，使它们体现各自的特性。

“所谓空间感的定义是指由地平面、垂直面以及顶平面单独或共同组合成的具有实在的或暗示性的范围围合”。仅以植物为例，植物可以以其不同种类、形状、高度组成空间的任何一个平面，在园林设计中以建筑体现功能。以植物为主造园并辅助划分环境空间，以园林构造物点缀其间烘托气氛，利用大小、虚实、疏密、明暗、曲直、动静的对比手法，通过巧妙的借景、障景、围合、隔断等手段，设计出尺度、形态、围合程度不尽相同的空间，充分表现园林设计的丰富内容和意境。这其间，林缘的晃动、树木的枝杈以及草地的起伏变化，都是构成空间的元素。空间形态是由空间、形体、轮廓、虚实、凹凸等各要素构成，这些要素和实用功能是紧密联系的。功能是人们构建空间环境的首要目的，而空间形式、形态是因功能的客观存在而存在。环境空间形式形态完全是由功能所决定，但环境空间的形式形态必须适合于功能要求。

第三节 中国园林布局的特点

中国园林荟萃于江南，尤以苏州为胜，多为明清时代的遗存。从造园的历史发展来看，明清园林较之唐宋的空间范围已在缩小，在本已不大的空间里，再建筑许多庭院，空间上的矛盾也就更加尖锐，主要突出表现在两个方面：一是如何在这样局促的空间里再现自然山水的形象？二是如何使端方齐整的庭院与自然山水的景境创作有机结合起来，创造出和谐而完整的园林艺术形象？正由于这种历史发展所形成的矛盾和矛盾的解决，园虽一而质已不同。基于这个认识，从“空间布局”这一角度出发，加深对中国园林造园手法的认识。

园林布局，用现代话说，就是在选定园址的基础上进行总体规划，根据园林的性质、规模、使用要求和地形地貌的特点进行总的构思。它不仅要考虑园林内部空间的现状，还要研究外部空间的现状和特点。这样的构思是通过一定的物质手段——山石、水面、植物、建筑等一一进行的，按照美学的规律去创造出各种适合人们游赏的环境。因此，正确的布局来源于对园林所在地段环境的全面认识，分清利弊，扬长避短；正确的布局来源于对园林整体空间中各种环境的丰富想象和高度概括。

一、突破园林空间范围较小的局限，实现小中见大的空间效果

（一）利用空间大小的对比

江南的私家园林，一般把居住建筑贴边界布置，而把中间的主要部分让出来布置园林山水，形成主要空间；在这个主要空间的外围伺机布置若干次要空间及局部性小空间；各个空间都与大空间存在关联。这样既各具特色，又主次分明。在空间的对比中，小空间烘托、映衬了主要空间，大空间更显其大。如苏州网师园的中部园林，从题有“网师小筑”的园门进入网师园内的第一空间，就是由“小山丛桂轩”等三个建筑以及院墙所围绕的狭窄而封闭的庭院，庭院中点缀着山石树木，构成了幽深宁谧的气氛。但当从这个庭院的西面，顺着曲廓北绕过濯缨水阁之后，突然闪现水光荡漾、水崖岩边、亭榭廊阁、参差间出的景象。也正由于前一个狭窄空间的衬托，这个近30米×30米的山池区就显得较实际面积辽阔开朗了。

（二）注意选择合宜的建筑尺度

在江南园林中，建筑在庭院中占的比重较大，因此，很注意建筑尺度的处理。在较小的空间范围内，一般均取亲切近人的小尺度，体量较小，有时还利用人们观赏物体“近大远小”的视觉习惯，有意识地压缩位于山顶上的小建筑的尺度，而造成空间距离较实际状况略大的错觉。如苏州怡园假山顶上的螺髻亭，体量很小，柱高仅2.3米，柱距仅1米。网师园水池东南角上的小石拱桥，微露水面之上，从池北南望，流水悠悠远去，似有水面深远不尽之意。

（三）增加景物的景深和层次

在江南园林中，造景深多利用水面的长方向，往往在水流的两面布置石林木或建筑，形成两侧夹持的形式。借助于水面的闪烁无定、虚无缥缈、远近难测的特性，从流水两端对望，无形中增加了空间的深远感。同时，在园林中景物的层次越少，越一览无余，即使是大的空间也会感觉变小。相反，层次多，景越藏，越容易使空间感觉深远。因此，在较小的范围内造园，为了扩大空间的感

受，在景物的组织上，一方面运用对比的手法创造最大的景深，另一方面运用掩映的手法增加景物的层次。

这可以拙政园中部园林为例，由梧竹幽居亭沿着水的长方向西望，不仅可以获得最大的景深，而且大约可以看到三个景物的空间层次：第一个空间层次结束于隔水相望的荷风四面亭，其南部为邻水的远香阁和南轩，北部为水中的两个小岛，分列着雪香云蔚亭与待霜亭；通过荷风四面亭两侧的堤、桥可以看到结束于“别有洞天”半亭的第二个空间层次；而拙政园西园的宜两亭及园林外部的北寺塔，高出很矮游廊的上部，形成最远的第三个空间层次。一层远似一层，空间感比实际的距离深远得多。

（四）扩大空间感

利用空间回环相通，道路曲折变幻的手法，使空间与景色渐次展开，连续不断，周而复始，造成景色多而空间丰富，类似观赏中国画的山水长卷，有一气呵成之妙，而无一览无余之弊。路径的迂回曲折，更可以增大路程的长度，延长游赏的时间，使人心理上扩大了空间感。

（五）接外景

由于园外的景色被借到园内，人的视线就从园林的范围内延展开去，而起到扩大空间的作用，如无锡寄畅园借惠山及锡山之景。

（六）通过意境的联想来扩大空间感

苏州的环秀山庄的叠石是举世公认的好手笔，它把自然山川之美概括、提炼后浓缩到一亩多地的有限范围之内，创造了峰峦、峭壁、山涧、峡谷、危径、山洞、飞泉、幽溪等一系列精彩的艺术境界，通过“寓意于景”，使人产生“触景生情”的联想。这种联想的思路，必能飞越那高高围墙的边界，把人的情思带到浩瀚的大自然中去，这样的意境空间是无限的。这种传神的“写意”手法的运用，正是中国园林布局上的高明的地方。

二、破园林边界规则、方整的生硬感觉，寻求自然的意趣

(1) 以“之”字形游廊贴外墙布置，以打破高大围墙的闭塞感。曲廊随山势蜿蜒上下，或跨水曲折延伸，廊与墙交界处有时留出一些不规则的小空间点缀山石树木，顺廊行进，角度不断变化，即使墙在身边也不感觉到它的平板、生硬。

廊墙上有时还嵌有名家的“诗条石”，用以吸引人们的注意力。从远处看过来，平直的“实”墙为曲折的“虚”廊及山石、花木所掩映，以廊代墙，以虚代实，产生了空灵感。

(2) 为打破围墙的闭塞感，不仅注意“边”的处理，还注意“角”的处理，一般不使造成生硬的90° 转角。常见的手法，有的在转角部位叠以山石，山上建亭，亭有时还有爬山斜廊接引，使人们的视线，由山石而廊、亭，再引向远处的高空，本来局促的角落变成某种艺术的境界；有的还采取布置扇面亭的办法，把人的注意力引向庭院中部的山池，敞亭与实的转角之间让出小空间做适当点缀，都是很生动的处理。

(3) 以山石与绿化作为高墙的掩映，也是常用的手法。在白粉墙下布置山石、花木，在光影的作用下，人的注意力几乎全被吸引到这些物体的形象上去，而“实”的白粉墙就一变而为它们“虚”的背景，有如画面上的白纸，墙的视觉界限的感受几乎是消失了。这种感觉在较近的距离内尤为突出。

(4) 以空廊、花墙与园外的景色相联系，把外部的景色引入园内，当外部环境优美时经常采用。如苏州沧浪亭的复廊就是优秀的实例，人们在复廊内外穿行，内外都有景可观，并不意识到园林的边界。

三、突破自然条件上缺乏真山真水的先天不足，以人造的自然体现出真山真水的意境

江南的私家园林在城市平地的条件下造园，没有真山真水的自然条件，但仍顽强地通过人为的努力，去塑造具有真山真水意趣的园林艺术境界，在“咫尺山林”中再现大自然的美景。这种塑造是一种高度的艺术创作，因为它虽然是以自然风景为蓝本，但又不停留在单纯抄袭和模仿上，它要求比自然风景更集中、更典型、更概括，因此才能做到“以少胜多”。同时，这样的创作是在掌握了自然山水之美的组合规律的基础上进行的，才能“循自然之理”“得自然之趣”。如：山有气脉，水有源流，路有出入……“主峰最易高耸，客山须是奔趋”“山要回抱，水要萦回”“水随山转，山因水活”“溪水因山呈曲折，山蹊随地作低平”。这些都是从真山真水的启示中，对自然山水美规律的很好概括。

为了获得真山真水的意境，在园林的整体布局上还特别注意抓住总的结构

与气势。中国山水画就讲究“得势为主”，认为“山得势，虽萦纡高下，气脉仍是贯穿。林木得势，虽参差向背不同，而各自条畅。山坡得势，虽交错而不繁乱”。这是因为“以其理然也”“神理凑合”的结果。园林布局中要有气势，不平淡，就要有轻重、高低、虚实、静动的对比。山石是重的、实的、静的，水、云雾是轻的、虚的、动的，把山与水恰当地结合起来，使山有一种奔走的气势，使水有漫延流动的神态，则水之轻、虚更能衬托出山石的坚硬、凝重，水之动必更见山之静，而达到气韵生动的景观效果。

中国园林的历史，源远流长，明清两代无论在造园艺术和技术方面都达到了十分成熟的境地，并形成了地方风格。又由于受到外来文化的影响，在总体布局、园林建筑设计、掇山理水、色彩处理等方面都强烈地表现出独特的民族风格，构造的咫尺山林，呈现出来的是一种重含蓄、贵神韵、小中见大的景观效果。园内建筑，也有供主人日常游憩、会友、宴客、读书、听戏等要求的多种样式；园林的布局，则多与住宅相连，通过空间艺术的变化，营造出了平中求趣、拙间取华的效果。

中国园林有各种类型，由于中国园林都是以自然风景作为创作依据的风景式园林，因此有一些共同特点。

第一，园林布局主要指导思想——师法自然，创造意境。如何使园子百看不厌，虽小不觉小，实现师法自然，创造意境的要求，实在是园林布局上的一大难题。要解决这个难题，必须在以下三个问题实现突破才行。一是，突破园林空间范围较小的局限，实现小中见大的空间效果，主要采取下列手法：利用空间的大小对比；选择合宜的建筑尺寸；增加景物的景深和层次；利用空间回环相通，道路曲折变幻的手法，使空间与景色渐次展开，连绵不断，周而复始，造成景色多而空间丰富，类似观赏中国画的山水长卷。路径回环曲折，可延长游赏时间，使人心理上扩大空间感。借外景；通过意境的联想来扩大空间感。二是，突破园林规则，方正的生硬感，寻求自然意趣。

采用以“之”字形游廊贴外墙布置，以打破高大围墙的闭塞感；为打破围墙的闭塞感，不仅注意“边”的处理，还注意“角”的处理；“实”的粉墙变成为它们“虚”的背景，犹如画面上的白纸，墙的视觉界限的感受几乎消失了，这种感觉在较近的距离内犹为突出；空廊、花墙与园外的景色相联系。三是，突破自然条件缺乏真山真水之先天不足，以人造自然条件体现真山真水的意境。从真山真水中得到启示，对自然山水美的规律进行很好的概括。

第二，造园的基本原则与方法在于巧于因借，精在体宜。一个良好的布局，应该从客观的实际出发，因地制宜，扬长避短，发挥优势，顺理成章，不凭主观臆想，人为捏合造作，而是对地段特点及周围环境的深入考察，顺自然之势，经过对自然山水美景的高度提炼和艺术概括的"再创造"，达到"虽由人作，宛自天开"的效果。计成在《园冶》中强调"构园无格，有法而无式"，这个"法"就是"巧于因借，精在体宜"。

无锡寄畅园，在布局上，以山为重点，以水为中心，以山引水，以水衬山，山水紧密结合，"相地得宜"。园内山丘为园外主山余脉，经过人为地、恰到好处地加工与改造劈山凿谷，以石抱石，在真山石中掇石特点，它不去追求造型上的秀奇、高耸，而着力追求在其自然山势中粗中有秀，犷中有幽，保持自然山态的基本情调，不去追求个别石的奇峰、怪石，而是精心安排好整体雄泽气势，高度上起伏层次，平面上开合变化，求得以简练、苍劲，自然笔触去描绘真幽雅的意境。水面与山大体平行，以聚为主，聚中有分。地面空间形成"放—收—放"的两大层次。同时，一个好的园林布局，还必须突破自身在空间上的局限，充分利用周围环境上的美好景色，因地借景，选择好合宜的观景点，扩大视野的深度与广度，使园内外的景色融为一体。寄畅园主要观赏点"涵碧亭"等都散点式地布置于池东及池北的位置，向西望去，透过水地与对岸整片的山林，惠山的秀姿隐观在它的后面，近中，远景一层远似一层，绵延起伏整体连成，园外有园，景外有景。

第三，传统园林都有显著的特点即划分景区，园中有园，以获得丰富变化的园景，扩大园林的空间效果。庭院是中国园林的最小单位。主静观，空间构成比较简单，一般有房廊、墙等建筑所环绕，院内适当布置山石花木点缀。

庭院较小时，外部空间从属于建筑的内部空间，只是作为建筑内部空间的自然延伸与必要补充；庭院较大时，建筑成了庭院自然景观的一个构成因素，建筑是附属在庭院整体空间的，它的布局和造型更多地受到自然环境的约束与影

响。这样的庭院空间就可称为小园了。

当园林进一步扩大时，一个独立的小园已不能够满足园林造景上的需要，因此，在园林布局与空间构成上产生许多变化，创造了很多平面与空间构图方式，这种构图方式最基本的一点，就是把园林划分为几个大小不同、形状不同、性格各异、各有风景主题与特色的小园，并运用对比、衬托、层次、借景、对景等设计手法，把这些小园在园林总的空间范围内很好地搭配起来，形成主次分明又曲折有致的体形环境，使园林景观小中见大，以少胜多，在有限空间内获得无限丰富的景色。

江南一些园林，由于面积小，一般以处于中部山池区域作为园林主要景区，再伺机在其周围布置若干次要的景区，形成主次分明、曲折与开朗相结合的空间布局。主要景区突出某一方面的特点，有的以山石取胜，如扬州个园四季假山；有的以水见长，如网师园。中华人民共和国后，新建的如广州花园苗圃则以植物作为造园主题，也很有特色。

北方离宫比私家园林规模大得多，一般都是利用优美的自然山水改造、兴建的，因此，具有多样的地形条件，有利于多种多样的园林景观。这样就发展成为一种新的规划方法："建筑群，风景点，小园区与景区相结合的风景点，各风景点就是散置的或成组的建筑物与叠山理水自然貌相结合而构成的一个具有开阔境界或一定视野的体形环境，它既是观景的地方，也具有'点'景的作用，所谓小园就是一组建筑群与叠山理水自然地貌所形成的幽闭的或者较幽闭的局部空间相结合，构成一个相对独立的体形环境。"它可以成为一座独立的小型园林，即所谓的"园中之园"。景区是按照景观特点之不同而划分的较大的单一空间或区域。它往往包括若干风景点、小园或建筑群在内，由许多建筑物、风景点，小园再结合若干景区而组成的大型园林，既有按景分区的开阔大空间，也包含一系列不同形式，不同意趣，有开有合的局部小空间。如避暑山庄根据有群山、河流、泉水及平原的特点，而把全国分为湖泊、平原与山岳三个不同的景区。中国园林很注意景区划分，同时也很注意各景区之间的联系与过渡。避暑山庄在山区与湖区，平原区相毗邻的山峰上，分别建有几座亭子，并在进入山区的峪口地带重点布置了几组园林建筑，它们既点缀了风景，又起引导作用，把山区、湖区平原区联系起来，在小型园林中，不同景区分划与过渡，一般以小尺度的山石、绿化或垣墙、洞门等细致的手法进行处理。在中国的古典园林中，从山水造景到空间的意匠，以及一系列空间处理的技巧和手法，都偏重于感性形态，但在感性的经验中，却又充满着古典的理性主义精神，在艺术思想上提出了许多对立的范畴，闪耀着艺术辩证法的光辉。也正是由于我国古代园林工作者的不懈追求，才使得今天的园林艺术百花齐放。深入地探究我国古典园林的造园手法，将对当前造园艺术的创新与突破起到不可估量的作用。

第七章　色彩景观在园林设计中的应用

色彩是最易识别的视觉元素之一，色彩在园林中最能引起视觉美感，它直接作用于人的感官并产生情感反应，良好的色彩构图突出了园林景观的特色。园林中，无论是热烈欢快的游乐空间、庄严肃穆的纪念空间，还是宁静深远的休息空间、温馨怡人的亲密空间，皆因色彩的表现而得到淋漓尽致的发挥，色彩的对比与协调、变化与统一的配置手法，更使园林景观个性鲜明、异彩纷呈。园林中丰富多变的色彩是园林艺术创作的源泉，充分利用色彩景观营造不同意境的园林氛围，是丰富园林景观的必由之路。

第一节 色彩学的基本理论

色彩是物体本身对光线的反射、吸收，再加上环境光线共同作用的结果。它是由于光刺激视觉神经，传到大脑的视觉中枢而引起的一种感觉。因此，色彩不是客观存在的，而是通过光被人眼所感知的。下面就对色彩的基本理论进行简要概述。

一、色彩的种类与基本特性

（一）色彩的种类

色彩一般分为无彩色和有彩色两大类。无彩色是指白、灰、黑等不带颜色的色彩，即反射白光的色彩；有彩色是指红、黄、蓝、绿等带有颜色的色彩。

（二）色彩的基本特性

色相、明度、彩度是人们认识和区别色彩的重要依据，也是色彩最基本的性质，在色彩学上也称为色彩三要素或色彩的三属性。

1.色相

色相是有彩色的最大特征。所谓色相指的是色彩的相貌，即红、橙、黄等具有不同特征的色彩。

2.明度

明度指的是色彩的明暗（或明亮）程度。不同色相的色彩之间存在的明度不同。如在色相环中，黄色明度最高，蓝色明度最低。在无彩色中，明度最高的色为白色，明度最低的色为黑色，中间存在一个从亮到暗的灰色系列。在有彩色中，任何一种纯度色都有着自己的明度特征。

3.彩度

彩度指的是色彩的鲜艳程度，也称纯度、饱和度。具体来说，是表明一种颜色中是否含有白或黑的成分。人们把自然界的色彩分为两类：一类是有彩色，红、黄、蓝、绿等；另一类是无彩色，即黑、白、灰。事实上，自然界的大部分色彩都是介于纯色和无彩色之间的，有不同灰度的有彩色。

二、色彩的视错和情感

（一）色彩的视错

人对色彩的生理反应和由此产生的直接联想主要表现在人们对色彩的错觉和幻觉。不同明度、纯度、色相的色并置在一起，感觉邻接边缘的色彩与原色发生明显差异，这就是色彩的视错性的反应。色彩的视错性还常反映在人们的视觉生理平衡与心理平衡上。人眼在长时间感觉一种色彩后，这种色彩与中性灰色并置时，会立即使处于中性的、无彩色状态的灰色产生一种与该色彩相适应的补色效果，但这并不是色彩本身造成的。事实上，任何两种色相不同的色彩并置时，都会带有对方的补色意味。色彩的视错主要表现在色彩的膨胀与收缩、前进与后退、冷与暖、轻与重以及兴奋与沉静、华丽与质朴等感觉方面。

（二）色彩的情感

色彩的情感具有社会性，在不同的社会背景和文化环境下有着不同的象征意义。对色彩的感受受到年龄、经历、性格、情绪、民族、风俗、地域、环境、修养等多种因素的影响，但也具有普遍性。比如红色被认为是令人激动的、活跃的色彩，它充满刺激性并令人振奋，因为它使人们联想到火、血、革命；绿色唤起人们对自然界的凉爽、清新的感觉；黄色是一种安静和愉快的色彩；蓝色则能使人想到大海，有深沉、宽广的感觉，并且有时会令人产生一种抑郁和悲哀的情绪。关于色彩的情感曾有个典型的事例：英国伦敦有一座大铁桥，最初涂刷的是黑颜色，黑色本身给人以忧郁、深沉，甚至没有希望的感觉，所以在这座桥上经常有丧失生活信念的人投河自杀。后来伦敦政府将桥涂成绿色，来这里轻生的人明显减少了；再后来又将桥涂成红色，从此以后再也没有在这座桥上寻短见的人

了。由此可见，色彩对人的情感的影响十分显著。

三、色彩的对比

当两种或两种以上的色彩并置时，两种色彩会相互影响，比较其差别及其互相间的关系，即产生对比效果，两种色彩相互排斥，相互衬托。而在现实生活中，色彩都带有一定的对比关系，单独的一种色彩是不存在的，都会依附于环境色彩而存在。色彩的对比关系，在所有的色彩构图或色彩的环境中都是客观存在、不可避免的，只是在表现形式上，有时强一些，有时弱一些，所以掌握色彩的对比规律，对色彩设计非常的重要。

（一）色相的对比

两种以上色彩组合后，由于色相差别而形成的色彩对比效果称为色相对比。它是色彩对比的一个根本方面，其对比强弱程度取决于色相之间在色相环上的距离（角度），距离（角度）越小对比越弱，反之则对比越强。

1.零度对比

无彩色对比：无彩色对比虽无明显色相区分，但它们的组合在实用方面很有价值。如黑与白、黑与灰、中灰与浅灰，或黑与白与灰、黑与深灰与浅灰等。对比效果感觉大方、庄重、高雅而富有现代感，但也易产生过于素净的单调感。

无彩色与有彩色对比：如黑与红、灰与紫等。对比效果感觉既大方又活泼，无彩色面积大时，偏于高雅、庄重，有彩色面积大时活泼感加强。

同种色相对比：指一种色相的不同明度或不同彩度变化的对比，俗称姐妹色组合。如蓝与浅蓝（蓝+白）色对比，橙与咖啡（橙+灰）或绿与浅绿（绿+白）与墨绿（绿+黑）色等对比。对比效果感觉统一、文静、雅致、含蓄、稳重，但也易产生单调、呆板的弊病。

无彩色与同种色相比如白与深蓝与浅蓝、黑与桔与咖啡色等对比。其效果综合了无彩色与有彩色对比和同种色相对比两种对比类型的优点。对比效果感觉既有一定层次，又显大方、活泼、稳定。

2.协调对比

邻接色相对比：色相环上相邻的二至三色对比，色相距离大约30度左右，为弱对比类型。如红橙与橙与黄橙色对比等。效果感觉柔和、雅致、文静、和谐，但也易感觉单调、模糊、乏味、无力，还需调节明度差来加强效果。这类组合能体现层次感与空间感，在心理上产生柔和、宁静的高雅感觉，如在大片绿地上点缀造型各异的深绿、浅绿色植物，显得宁静、素雅、明朗。

类似色相对比：色相对比距离约60度左右，为较弱对比类型，如红与黄橙色对比等。效果较丰富、活泼，但又不失统一、雅致、和谐的感觉。在园林中，利用类似色的植物组合，既能体现高低错落的空间感，又能体现深深浅浅的层次感，统一中富于变化，变化中又有统一，易营造柔和、宁静的氛围。在静谧的林荫路旁，在低语窃窃的私密小空间中，都可以利用此类组合，使人们远离城市的喧嚣，在柔和的宁静中让心在安详中徜徉。

中差色相对比：色相对比距离约90度左右，为中对比类型，如黄色与绿色对比等，效果明快、活泼、饱满、使人兴奋，感觉有兴趣，对比既有相当力度，又不失协调之感。蓝天、绿地、喷泉即是绿与蓝两种中差色相的配合，但其间的明度差较大，故用色块配置来体现其自然变化，给人以清爽、融合之美感。

3.强烈对比

（1）对比色相对比。

色相对比距离约120度左右，为强对比类型，如黄绿与红紫色对比等。效果强烈、醒目、有力、活泼、丰富，容易形成个性很强的视觉效果。但也不易统一而感杂乱、刺激，造成视觉疲劳。一般需要采用多种协调手段来改善对比效果。

（2）补色对比。

色相对比距离180度，为极端对比类型，如红与蓝绿、黄与蓝紫色对比等。效果强烈、炫目、响亮、极有力，运用得当会更加富于刺激，更彻底地满足人眼视觉平衡的要求。但若处理不当，易产生幼稚、原始、粗俗、不安定、不协调等不良感觉。从古人诗中的“接天莲叶无穷碧，映日荷花别样红”两句，就形象生动地体现出补色对比的妙用。一个“碧”字突出荷叶，一个“红”字突出荷花，红绿相间，色彩鲜明。同时更为巧妙的是，荷叶有蓝天相衬，荷花有红日辉映，放眼望去，荷叶铺满了湖面，和远处的蓝天相接，使人产生碧绿无尽之感。而荷花在早晨红彤彤的阳光映照下，显得更加浓艳，红光四射，特别耀眼。经过色彩的渲染，蓝天、碧叶、红日、荷花，交相辉映，互为衬托，色彩达到了饱和度，

产生令人心醉的优美意境和强烈美感。

补色对比在园林设计中使用较多，一般适宜于广场、游园、主要入口和重大的节日场面，能显示出强烈的视觉效果，给人以欢快、热烈的气氛。在一些重要的出入口、道路交叉口、服务点等处也可利用补色醒目、易于识别的效果制作指示牌、服务标识等。

（二）明度的对比

两种以上色相组合后，由于明度不同而形成的色彩对比效果称为明度对比。它是色彩对比的一个重要方面，是决定色彩方案感觉明快、清晰、沉闷、柔和、强烈、朦胧与否的关键。色彩的层次、空间关系主要靠色彩的明度对比来表现。

明度对比取决于色彩在明度等差色级数，通常把1~3划为低明度区，4~7划为中明度区，8~10划为高明度区。在选择色彩进行组合时，当基调色与对比色间隔距离在5级以上时，称为长（强）对比，3~5级时称为中对比，1~2 级时称为短（弱）对比。据此可划分为十种明度对比基本类型：高长调、高中调、高短调、中长调、中中调、中短调、低长调、低中调、低短调、最长调。如拙政园中建筑墙面为白色，以其为背景，施以深色门框、门楣及墙顶黑瓦，庭院中种植深色花草树木，并置山石小品，其色彩关系构成高长调。在白色墙面的衬托下，景物轮廓更加醒目。每当微风轻拂花木，光影变幻，阳光洒落在墙壁上，形成借壁当纸、花影绘丹青之妙，更增添了几分诗情画意。优美的色彩将园林意境表现得淋漓尽致。

一般来说，高调愉快、活泼、柔软、弱、辉煌、轻；低调朴素、丰富、迟钝、重、雄大、有寂寞感。明度对比较强时光感强，物体形象的清晰程度高、锐利，不容易出现误差。明度对比弱时，不明朗、模糊不清，显得柔和静寂、柔软含混、单薄、晦暗，形象不易看清，效果不好。中国北方民居的明度对比就很有特色，由浅灰色抹墙上部、中灰色砌墙下部，形成浅灰与中灰对比，使灰色的四合院自成一体。北方民居所使用的这两个灰度级，在冬天与北方辽阔的黄土地、在春天与原野上的各种绿色、在夏天与浓绿、在秋天与丰富多彩的秋叶都形成惬意的配合。

（三）彩度的对比

两种以上色彩组合后，由于纯度不同而形成的色彩对比效果称为彩度对比。彩度对比是决定色调感觉华丽、高雅、古朴、粗俗、含蓄与否的关键。其对比强弱程度取决于色彩在彩度等差色标上的距离，距离越长对比越强，反之则对比越弱。

如将灰色至纯鲜色分成10个等差级数，通常把1~3划为低纯度区，4~7划为中纯度区，8~10划为高纯度区。在选择色彩组合时，当基调色与对比色间隔距离在5级以上时，称为强对比；3~5级时称为中对比；1~2级时称为弱对比。据此可划分出十种纯度对比基本类型：鲜明对比、鲜中对比、鲜弱对比、中强对比、中中对比、中弱对比、灰弱对比、灰中对比、灰强对比、最强对比。

由于彩度倾向和彩度对比的程度不同，一般来说，鲜色调注目，视觉兴趣强，给人的感觉积极、强烈、快乐，在设计中可用于表达娱乐场所等，但易使人疲倦，不能久视；中色调给人的感觉是中庸、文雅、可靠，可用于表达医院等类建筑环境；低色调则较含蓄，视觉兴趣弱，注目程度低，给人干净、明快、简洁的感觉，但易使人感到单调乏味。故园林构图中应注意加入适量的彩度比较高的色相，形成多层次的彩度对比。

中国传统宫殿建筑色彩彩度就很丰富，从最高值的屋顶到地面建筑各部分用色之中，可以看出它的彩度对比由强至弱而产生的效果是如此地富有层次：琉璃屋顶—橙色—阳光下；彩画—蓝色—阴影中。彩度值由高渐低形成的对比有：屋顶、柱、门窗、墙、栏杆、地面，在阳光的照射下反射光，亮度高；檐下彩画在阴影中吸收光，亮度低。蓝绿色在阴影中更能显现出它的光辉，自然形成较深的层次，同时也强化出建筑整体在阳光下的色彩美。

第二节 园林景观要素中色彩的运用

园林景观要素即园林景观中色彩的物质载体，包括山石、水体、植物、建筑、小品、铺装等。园林要素的色彩主要分为两大类，即自然和人工的。自然要素如气候现象、天空、自然山石、水面、植物，其色彩虽不可更改，但造园者可巧妙地利用它们，如著名景点“平湖秋月”“雷峰夕照”就是创造者“巧于因借”了自然要素的色彩；人工要素的色彩随着现代造园技艺的提高也不断丰富起来，如建筑、园林小品、景观铺装中的色彩，这些色彩的设计在体现功能的同时，也加强了景观个性的表现。

其中变化无穷的天空的色彩尤为值得一提。天空是园林景观的大背景，也是流动的画面。天空的色彩变化不断，有时是万里无云、渐变的蔚蓝色晴空；有时是蓝天白云的色彩组合；还有的色彩缤纷，呈现蓝、紫、灰、绿、红、橙、黄等，色彩丰富的朝霞、晚霞、彩云、雾霭；也有雨后初雾时，亮丽的七色彩虹挂于天空。所以天空的色彩是变幻莫测的，园林应借景于天空，合理利用天空的自然美景。下面就园林中的植物、建筑和小品要素具体分析其中色彩的运用。

一、植物

园林中的色彩主要来自植物，以绿色为基调，配以色彩艳丽的花、叶、果、干皮等构成了缤纷的园林色彩景观。如早春枝翠叶绿，仲春百花争艳，仲夏叶绿浓荫，深秋丹枫秋菊硕果，寒冬苍松红梅，展现的是一幅幅色彩绚丽多变的四季图，给常年依旧的山石、建筑赋予了生机。园林植物808种色彩及其多样化配置，是创造不同园林意境空间组合的源泉。因此，在园林设计中，应熟悉植物的色彩搭配，达到充分利用植物丰富多变的色彩美来表现园林艺术的目的。

（一）植物的色彩

1.叶色

大多数植物的叶色为绿色，但通常又有深浅、明暗的差异，还有些树种的叶色会随着季节的变化而变化。

春色叶植物：许多植物在春季展叶时呈现黄绿或嫩红、嫩紫等娇嫩的色彩，在明媚春光的映照下，鲜艳动人，如垂柳、悬铃木等。常绿植物的新叶初展时，或红或黄的新叶覆冠，具有开花般效果，如香樟、石楠、桂花。

秋色叶植物：秋色叶植物一直是园林中表现时序的最主要的素材。秋叶呈红色的很多，如枫香、五角枫、鸡爪槭、茶条槭、黄护、乌柏、盐肤木、柿树、漆树等。部分秋叶呈黄色的植物，如银杏、无患子、鹅掌楸、栾树、水杉等。

常色叶植物：有些园林植物叶色终年为一色，这是近年来园艺植物育种的主要方向之一，常色叶植物可用于图案造型和营造稳定的园林景观。常见的红色叶有红枫、红桑、小叶红、红檀木，紫色叶有紫叶李、紫叶小聚、紫叶桃、紫叶矮樱、紫叶黄护，黄色叶有金叶女贞、金叶小粟等。

斑色叶植物：斑色叶植物是指叶片上具有斑点或条纹，或叶缘呈现异色镶边的植物。如金边黄杨、金心黄杨、洒金东碱珊瑚、金边瑞香、金边女贞、洒金柏、变叶木、金边胡颓子、银边吊兰等。还有如红背桂、银白杨等叶背叶面具有显著不同颜色的双色叶植物，在微风吹拂下色彩变幻，极具意境之美。

色叶树种在园林绿地中可丛植、群植，充分体现群体观赏效果，其中的一些矮灌木在观赏性的草坪花坛中作图案式种植，色彩对比鲜明，装饰效果极强。同时由于秋色叶树种和春色叶树种的季相非常明显，四季色彩交替变化，能够体现出时间上的节奏与韵律美。故园林中应较多合理配植彩叶树丛，使之产生更为复杂的季节韵律，如石楠、金叶女贞、鸡爪槭和罗汉松等配植而成的树丛随着季节变化可发生色彩的韵律变化，春季石楠嫩叶紫红，夏季金叶女贞叶丛金黄，秋季鸡爪槭红叶入醉，冬季罗汉松叶色苍翠。

2.花色

植物的色彩主要表现在花色上的变化，植物的花色可以说是绚丽多彩、姹紫嫣红。植物花色的合理搭配构成了一幅迷人的图画，它是大自然赐给人类最美的礼物。

万紫千红的植物花色，尤其是草本花卉花色多样，开花时艳丽动人，如粉色的福禄考、八仙花；橙色的金盏菊、万寿菊；红色的一串红；白色的蜘蛛百合、瓜叶菊；黄色的小苍兰、春黄菊；蓝色的葡萄风信子；紫色的薰衣草等，这些都是园林中常用的草花，色彩搭配合理，能够创造出怡人的园林环境。此外，近几年在设计中越来越倾向采用野花来丰富色彩景观，如中国北方常见的红色的红花酢浆草、紫色的紫花地丁、黄色的蒲公英及蛇莓、蓝紫色的白头翁等；北京在奥运绿化中也准备大量使用北京特有的野生花卉，目前列入选择范围的有紫红色的棘豆、黄色的甘野菊、白色及粉色等多种颜色的野鸢尾、粉白色的百里香、红色的小红菊、黄色的黄菊和目前绿化中已有所应用的二月兰等。

先花后叶的木本植物花海般赏心悦目，气氛浓烈，是营造视觉焦点的极好

材料。如春季的白玉兰，一树白花，亭亭玉立；夏季的石榴，色红似火；秋季的桂花，色黄如金；严冬的梅花，冰清玉洁。一年中花期最长的是紫薇、月季、棣棠花。紫薇被人称为“百日红”，月季寓意月月季季有花。牡丹、月季、芍药花朵硕大，色彩鲜艳，芳香袭人，具有很高的观赏价值，千百年来经过人工繁育栽培，花的色相也由白、红、黄变成多种复合色，这些花灌木已经成为园林绿地常用的美化装饰材料。

在花卉的色彩设计中可以利用不同花色来创造空间或景观效果，如果把冷色占优势的植物群放在花卉后部，在视觉上有加大花卉深度，增加宽度之感；在狭小的环境中用冷色调花卉组合，有空间扩大感。在平面花色设计上，如有冷暖两色的两丛花，具相同的株形、质地及花序时，由于冷色有收缩感，若想使这两丛花的面积或体积相当，则应适当扩大冷色花的种植面积。

位于荷兰阿姆斯特丹的库肯霍夫花园是欧洲乃至全球最迷人的花园之一，园中以丰富多彩的郁金香闻名。绰约多姿的洋水仙，丰满绚丽的风信子等名花也和郁金香一起，奏响了一曲华丽而欢畅的春之歌，令人心旷神怡。放眼望去，姹紫嫣红的花海，碧绿葱茏的树林，如毡似毯的芳草，微波荡漾的碧水，还有水面上畅游欢鸣的天鹅和水鸭，无不烘托出浓郁而迷人的春日气息。

植物的花色在园林中应用最为广泛，无论是花坛、花镜，还是花池、花丛与花台、花钵，从平面到立体，均以色彩艳丽的花色丰富了园林景观。

（二）植物色彩的表现形式

园林植物色彩表现的形式一般以对比色、邻补色、协调色体现较多。对比色配置的景物能产生对比的艺术效果，给人以强烈、醒目的美感。而邻补色就较为缓和，给人以淡雅的感觉。如上海十大魅力景区之一的大宁灵石公园，以疏林草地式配置，加以色叶树种及点缀于林下的大面积草花，色彩张弛有度，清新自然。协调色一般以红、黄、蓝或橙、绿、紫二次色配合均可获得良好的协调效果。这在园林中应用已经十分广泛。如现代公园花坛、绿地中常用橙黄的金盏菊和紫色的羽衣甘蓝配置，远看色彩热烈鲜艳，近看色彩和谐统一。

园林植物的色彩另一种表现形式就是色块配置，色块的大小可以直接影响对比与协调，色块的集中与分散是最能表现色彩效果的手段，而色块的排列又决定了园林的形式美。如沿路旁布置的花境，粉、红、黄、白色显得明快、简洁、协调。现代园林中由各种不同色彩的观叶植物或花叶兼美的植物所组成的绚丽复杂的图案纹样为主题的模纹花坛不再局限于平面图案，也逐步开始丰富了立体空间的层次感。这些景点成功的植物色彩配置就是科学巧妙地运用了色彩的颜色、色度、层次，给人们一种美的享受。

（三）园林植物色彩景观设计的配色原则

首先，应符合异同整合原则。植物与植物及其周围环境之间在色相、明度以及彩度等方面应注意相异性、秩序性、联系性和主从性等艺术原则。

在园林景观中，植物和其他景观要素如建筑、小品、铺装、水体、山石等一起构成园林景观的大环境，故植物色彩在搭配上应与其周围环境相协调一致。园林中，本身色彩就丰富多变的植物，与周围单色的建筑、小品在色彩、质感、饱和度上既有对比又和谐统一，共同创造了色彩斑斓的园林景观。

其次，任何景观设计都是围绕一定的中心主题展开的，色彩的应用或突出主题，或衬托主景；而不同的主题表达亦要求与其相配的色彩协调出或热闹，或宁静，或温暖祥和，或甜美温馨，或野趣，或田园风光等氛围。通常在宽阔草坪或是广场等开敞空间，用大色块、浓色调、多色对比处理的花丛、花坛来烘托畅快、明朗的环境气氛；在山谷林间、崎岖小路的封闭空间，用小色块、淡色调、类似色处理的花境来表现幽深、宁静的山林野趣；山地造景，为突出山势，以常绿的松柏为主，银杏、枫香、黄连木、槭树类等色叶树衬托，并在两旁配以花灌木，达到层林叠翠、花好叶美的效果；水边造景，常用淡色调花系植物，结合枝形下垂、轻柔的植物，体现水景之清柔、静幽。

再次，不同的色彩带有不同的感情成分，应充分利用植物色彩来创造园林意境。花红柳绿是春天的象征，枫林叶红似火是美丽的秋景，这些都表达了不同的园林意境。在南京雨花台烈士陵园中常青的松柏，象征革命先烈精神永驻；春花洁白的白玉兰，象征烈士们纯洁品德和高尚情操；枫叶如丹、茶花似血，启示后人珍惜烈士鲜血换来的幸福。西湖景区岳王庙“精忠报国”影壁下的鲜红浓艳的杜鹃，借杜鹃啼血之意表达后人的敬仰与哀思。这些都是利用植物色彩寓情寄意的一种表达。

最后，园林植物景观最有特色的在于其季相变化，因此，熟悉掌握不同的植物的各个季相色彩可以引起流动的色彩音乐。渲染园林色彩，表现园林鲜明的季相特征，是植物特有的观赏功能。掌握不同植物的生态习性、物候变化及观赏特性，组织好植物的时序景观，组成三时有花四时有景的风景构图，以突出园林景观中植物特有的艺术效果。如杭州西湖，早春有苏堤春晓的桃红柳绿，暮春有花港观鱼群芳争艳的牡丹，夏有曲院风荷的出水芙蓉，秋有雷峰夕照丹枫绚丽如霞，冬有孤山红梅傲雪怒放，西湖景区突出了植物时序景观而愈加迷人。

一般来说，在局部景区往往突出一季或两季特色，以采用单一种类或几种植物成片群植的方式为多。为了避免季相不明显时期的偏枯现象，可以用不同花期的树木混合配置、增加常绿树和草本花卉等方法来延长观赏期。如杭州花港观鱼中的牡丹园以牡丹为主，配置红枫、黄杨、紫薇、松树等，牡丹花谢后仍保持良好的景观效果。在掌握植物的季相色彩变化的同时，要尽量以春花秋实为主，并且应多考虑夏季和冬季的色彩，因为它们占据着一年中的大部分时间。总之应做到四季各有特色，避免一季开花，一季萧瑟，偏枯偏荣的现象。

（四）安康城市植物色彩定位

城市植物色彩的配置，主要应服从城市功能的分区，根据城市街区功能的不同，划分城市区域，运用各类植物自然的原生色，突出安康城市特色：

1.城市行政中心的植物色彩

城市行政中心的色彩，一般应凝重些。植物色彩要统一，通常人们身处绿色氛围，会有安全感，同时能给人以信任感。因而在安康市委、市政府所在的香溪路，植物色彩就应以绿色为主。

2.城市商业区的植物色彩

商业区色彩应热情活跃些。安康的商业中心区可选用彩叶植物和花色艳丽的观花植物交叉种植，给人以欢乐、热情、愉快之感，活跃街区色彩气氛，体现色彩季相变化，具有很好的欣赏价值。既可以丰富城市景观色彩，延长观赏期，又可以烘托商业街的繁华的特征，起到独特的景观效果。

3.城区广场、居住区和街头广场、绿地的植物色彩

城区广场、居住区和街头广场、绿地色彩，应幽雅一些。植物配置应兼顾

观赏和游憩，兼顾植物的自然特性与创新造景手段。可在局部景区以一到两种彩叶植物为主调，以常绿树为背景，这样既满足了色相变化，又达到对比和谐效果，显得生动、雅致。居住街区的行道树可栽植成观花植物，四季色彩统一，开花期尤为美观，达到悠闲、雅致的效果。居住区街道的绿带，在以绿色地被做底的前提下交叉配置时令花草，不宜太多，两种为宜，开花期能与行道树的开花期错开，并与行道树共同形成明显的季节变化，且色彩统一，安逸亲切，突出居住区街道特点。

4.城市教育区的植物色彩

教育区的色彩，应强调协谐、活泼。行道树的配置可选用桂花树和观花植物交叉种植，如桂花和桃树或樱花树等。桂树四季常绿，秋季开花，与观花植物搭配，形成春观花色烂漫，秋闻木犀香轩的色彩艺术境界，绿带的中间带可用常绿灌木与月季交叉种植，两侧带种植成不同品种的时令花卉，每一侧花卉的品种、色彩相同，如菊花和海棠各置一侧，分别为春秋两季开花。春天，海棠的红色与常绿灌木形成对比，互相陪衬，月季花的红色鲜艳芬芳。秋季，菊在百花枯后而荣，柠檬黄色在绿色的衬托下独自妖娆。夏、冬两季呈现绿色，但由于植物品种不同，色彩的明暗程度亦有所区别，不至于单调、平淡。这样的色彩安排，既显活泼，浪漫，又清静、和谐，突出了教育区的环境气氛。

二、建筑

（一）园林建筑风格与色彩

蔡仪曾在《美学原理提纲》中提到“如果说意境是内容形式有机统一的艺术整体中偏重于内在意蕴的方面，那么风格则是其偏重于外在形态的方面。风格是什么？简单地说，就是艺术作品的因于内而符于外的风貌”。

皇家园林的富丽堂皇、江南园林的含蓄雅致主要通过建筑的色彩表现其风格。如北方皇家园林中的建筑色彩都采用暖色，大红柱子、琉璃瓦、彩绘等金碧辉煌，显示帝王的气派，减弱冬季园林的萧条气氛。北京的紫禁城是最具代表性的建筑群体，其鲜明而强烈的总体色彩效果给人以深刻的印象：湛蓝色的天空下成片闪闪发亮的金黄色琉璃瓦屋顶，屋顶下是青绿色调的彩画装饰，屋檐以下是成排的红色立柱和门窗，整座宫殿坐落在白色的汉白玉台基上，台下是深灰色的

铺砖地面。这蓝天与黄瓦，青绿彩画与红色的柱子和门窗，白色台基和深灰色地面形成了色彩的强烈对比，给人以极鲜明的色彩感染力，使宫殿呈现出色彩斑斓、金碧辉煌的效果，体现了皇家宫殿的气魄。而南方的私家园林建筑色彩多用冷色，黑瓦粉黛，栗色柱子等十分素雅，显示文人高雅淡泊的情操，减弱夏季的酷暑感。这种色调不仅易与自然山水、花草、树木等协调，且易于创造出幽雅、宁静的环境气氛。如苏州网师园入口处的半亭为青瓦歇山屋顶，棕色深杨构架，两角高高翘起，一侧与矮墙相连，另一侧为假山，环绕在白粉墙下，被衬托得格外醒目。整体色彩素洁，轮廓线条秀丽，就如一幅水墨画，显得清秀典雅。再如以山林为背景的中山陵建筑群，采用青色琉璃瓦的屋顶，充分显示出庄严、朴实和安详的美。

寺庙园林建筑由于受不同的地理环境和自然环境影响，其建筑体形和色彩上差别很大。如承德山庄外八庙建筑，把殿阁的金顶或群楼上的亭殿突出于主体建筑之上，配以红台、白台和各种色彩艳丽的红、白、绿、墨色的塔，组成气势雄伟、色彩丰富的建筑群体。而镇江的金山寺建筑色彩上则以灰、白、黄为主，显示出安详、宁静的环境氛围。

现代园林建筑色彩受到国外造园特点的影响很大。如北京现代园林中的人定湖公园，设计上吸取了欧洲一些国家台地园式的造园特点，用草地、水景、雕塑、花架、景墙及青色屋顶、白色墙面的建筑，创造了一个色彩明快、节奏鲜明的具有欧洲规则式庭院韵味的园林环境。以建筑风格多样性而闻名遐迩的哈尔滨，不仅融入了折中主义、巴洛克式、新艺术运动式建筑风格，还有欧式、俄罗斯式等多元化的建筑风格。其中的圣·索非亚大教堂深受拜占庭式建筑风格的影响，富丽堂皇、典雅超俗、宏伟壮观，体现了浓郁的俄罗斯风情。教堂采用砖木结构，平面呈十字形，墙体为清水红砖，整个建筑最引人注目的要数中央耸立的巨大而饱满的洋葱头造型的弯顶，青绿色的弯顶与红色墙体对比鲜明，稳重而不失大气。

此外，具有不同性质和功能的建筑，应采用不同的色彩。如疗养院、医院以白色或中性灰色为主调，在心理上给人以整洁、安静之感；礼堂、纪念堂常常用黄色的琉璃瓦来作檐口装饰，在心理上给人以庄严、高贵和永久之感。

（二）建筑的意境与色彩

园林是自然的一个空间境域，与文学、绘画有甚为密切的联系。园林意境寄情于自然景物及其综合关系之中，情生于境而又超出由之所激发的境域事物之外，给感受者以余味或遐想余地。当客观的自然境域与人的主观情意相统一、相激发时，才产生园林意境。

园林建筑着重于意境的创造，寓情于景、情景交融是中国传统的造园特色。园林建筑空间是有形有色、有声有秀的立体空间艺术塑造。色彩性能、色彩效果、色彩规律的运用能更有助于园林建筑环境的意境创造。如色彩的冷暖、浓淡的差别，色彩的感情、联想，色彩的象征作用等，都可给人以各种不同的感受。这些在许多园林建筑艺术意境的创作上都显示了出来。如苏州园林，建筑多为白墙灰瓦，以其为背景，使花、草、树、山、石及建筑小品在白墙衬托下，其轮廓更加醒目。优美的形体及色彩将景物表现得淋漓尽致。

中国园林艺术是自然环境、建筑、诗、画、楹联等多种艺术的综合。建筑中的楹联对于建筑意境的烘托最为直接，也最能体现园林建筑意境。楹联往往与匾额相配，或树立门旁，或悬挂在厅、堂、亭、榭的楹柱上。不但能点缀堂榭，装饰门墙，在园林中往往表达了造园者或园主的思想感情，还可以丰富景观，唤起联想，增加诗情画意，起着画龙点睛的作用，是中国传统园林的一个特色。如苏州拙政园中的“与谁同坐轩”，表达了“与谁同坐？清风、明月、我”的孤芳自赏的思想。苏州沧浪亭取意于《楚辞·渔父》中“沧浪之水清兮，可以濯吾足”，亭上刻有“沧浪亭”的匾额和“清风明月本无价，近水远山皆有情”的楹联。北京陶然亭公园中古朴典雅的浸月亭，表达了“别时茫茫江浸月”的意境。所以匾额楹联，特别是名联、名匾，不但为景观添色，而且发人深思。

中国园林建筑的意境之所以被人们推崇，就在于它可以使游览者“胸罗宇宙，思接千古”，从有限的时间空间进入无限的时间空间，从而引发一种带有哲理性的人生感、历史感。

（三）园林建筑的构图与色彩

园林建筑环境中的色彩除涉及房屋本身的材料色彩外，还包括植物、山石、水体等自然景物的色彩。它具有冷暖、浓淡、轻重、进退、华丽和朴素等区

分。色彩对比与色彩协调运用得好，可获得良好构图效果。如北海公园的白塔为整个园林中的至高点，附属寺院建筑沿坡布置，高大的塔身选用纯白色，与寺院建筑群体，在色彩上形成了强烈的对比，并且白塔的白色与远处的金璧辉煌的故宫形成烘托，使特征更为突出，在青山、碧水、蓝天的衬托下，气势极其壮丽，在色彩构图上形成主次、明暗、浓淡，对比适宜，使空间环境富有节奏感。同样是白塔，而在扬州瘦西湖中仅是钓鱼台构图的巧妙一笔，台上重檐方亭有两圆门，分别引入瘦西湖中两个有代表性的主体建筑——五亭桥和白塔，远处白色的塔、近处黄色亭顶而又形似莲花的五座亭子，二者既相互映衬，同时又都被借入钓鱼台的景色之中。整体上看，造型别致，色彩壮观典雅。

在园林建筑造景时，为突出建筑物的空间形体，所用的色彩最好选用与山石、植物等具有鲜明对比的色彩，也可以山林、草地为背景，使建筑小品、石景、植物等与背景色形成对比，组成各种构图效果。如苏州留园冠云峰，用冠云楼的深色门窗、屋顶和树木衬托出石峰优美的轮廓。

园林建筑环境中的围墙，常用来分割空间，以丰富景致层次，引导和分割游览路线，所以它是空间构图的一项重要手法。围墙面的色彩不同可产生不同的艺术效果。白墙明朗而典雅，与漏花窗、景窗组合更显活泼、轻快，特别是与植物等组景，色彩更加明快。灰墙色调柔和雅静，如云似雾，冥冥中好像没有墙壁，扩大了空间感，用来衬托山石植物，可给人以幽雅感。

此外，人与建筑的距离及观察角度的不同，对色彩的表现效果也会产生不同程度的影响。同样色彩的建筑，当近距离和远距离观看时，色调、明度和彩度都有明显的变化。远处的色彩会由于大气的影响趋向冷色调，明度和彩度也随之向灰调靠近。建筑色彩的差异还具有区分作用，如区分功能区、区分部位、区分材料、区分结构等。在园林环境中，建筑同时具有背景和图形的双重性，如一栋建筑在某种景观范围内是图形，在另一种景观范围内则是背景。

色彩存在于一个大环境中，它不可能孤立存在，所以在研究建筑色彩时，必须从整体出发，综合考虑诸多环境因素的影响，首先注重统一性，再强调个性，这样才能设计出与环境相协调的建筑色彩。现代园林建筑虽已突破传统色彩的束缚，在色相上化繁为简，在饱和度上变深为浅，在亮度上以明代暗，建筑用色除了考虑建筑本身的性质、环境和景观三者的要求之外，还应在用色上别出心裁，这样才能有所创新，不落俗套。

（四）安康城市建筑色彩定位

安康城市建筑的色彩定位主要有以下特点：

1.与安康的历史发展和自然条件想符合

根据安康历史发展过程和自然条件，对城市色彩整体上进行还原和创新。秦楚大地的先民们在这里建筑居所，建筑材料就地取材，如砖、瓦、灰、石、沙、木材等，这些材料呈现的基本上是浅灰色、灰白色，“青砖青瓦青石板，老酒老巷老作坊”，是安康民居的典型特色，明清时期遗留下来的民居就是一种见证。所以，白灰色调就成为安康传统色彩文脉。学会利用历史文化留下的地方色彩，重视这些色彩的特质，建设一个既有历史底蕴又充满活力的现代化城市，是当代安康建设者们的历史责任。

2.适应安康地域的人文内涵

汉水孕育了灿烂的安康地域文化，随着安康城市的历史变迁，作为这一特定时空所生成的地域文化，亲水性已融于安康城市的大众文化之中。安康山清水秀，它养育陶冶了安康人，安康人也使它成为“人的现实自然界”。因而，钟灵秀而厌浮华，酷爱自然，超然尘世，追求和谐自然、轻快安定、富于浪漫便成了安康人文化品格中的主导。而白灰色调具有单纯明澈、和谐自然、轻快安定的特点，同时中明度的白灰色又能与一江汉水达成“天水一色”，体现出安康城市水系的性格特点，符合安康历史发展所体现的人文内涵。

3.色彩与自然的完美结合

安康山水园林城市建设中，景观植物的绿色和具有中、高明度的白灰色调相配，形成一种强协调对比，清洁、柔和、平静、美观，满足了人的感官需求。汉江周边的建筑、滨江大道、树木与汉水的自然环境巧妙融合，突出了个性，成就了城市与自然的完美结合。

三、小品

园林小品是指园林中供休息、装饰、照明、展示和为园林管理及方便游人之用的小型服务设施。一般没有内部空间，体量小巧，功能简单，造型别致，富

有特色，并讲究适得其所。小品在园林中既能美化环境，丰富园趣，为游人提供文化休息和公共活动的方便，又能使游人从中获得美的感受和良好的教益。它具有艺术性、时代感，并将功能性和美观性相结合，起着点缀园林环境、活跃景色、烘托气氛、加深意境的作用。每一种小品都有其独特的颜色，而色彩的应用并非易事，这需要设计者了解小品自身的功能、小品所处的环境、景观的主题思想、游人的心理等。色彩与小品的恰当相融能增添小品自身的观赏性，并可以为环境增添视觉亮点。现代园林小品形式多种多样，根据园林小品服务于人的功能，将其分为以下几类：

（一）装饰性园林小品

装饰性园林小品在园林中主要起点缀作用，可丰富园林景观，同时也有引导、分隔空间和突出主题的作用，它包括各种固定的和可移动的花钵、饰瓶，装饰性的日晷、香炉、水缸，各种景墙、景窗及雕塑等。如北海公园中以七色琉璃砖镶砌而成的九龙壁，它不但起到分隔空间的作用，同时还通过壁两面的九条蟠龙来突出整个园子气势雄劲的主题。装饰性小品在园林中应用非常广泛，其色彩的选择除与小品本身表达的主题内容有关外，还应与环境背景的色彩密切相关，充分利用对比色与相近色的处理。以雕塑为例，一般白色的雕塑应以绿色的植物为背景，形成鲜明的对比；而古铜色的雕塑一般以蓝色为背景。

（二）供休息的园林小品

供休息的园林小品包括各种造型的园椅、凳、桌和遮阳的伞、罩等。常结合环境，用自然块石或用混凝土做成仿石、仿树墩的凳、桌；或利用花坛、花台边缘的矮墙和地下通气孔道来做椅、凳等；围绕大树基部设椅凳，既可休息，又能纳荫。其位置、大小、色彩、质地应与整个环境协调统一，形成独具特色的景观环境，特别是休憩性广场上的园林小品更应体现轻松、恬静、温馨、活泼浪漫的环境气氛。以园椅为例，其作用是为人们提供歇脚的休息场所，其主要目的是抚平人们的劳累或提供一个聊天的空间，因此应采用古朴的自然色彩，如木材的本色或石材的色泽。如拙政园中与花台相结合的座椅，除为游人提供休息之外，还有很高的观赏性，其材料的颜色、质感和绿叶黄花也能够很好地协调。若采用大红大绿的色彩，恐怕不仅不能让人喘过气来，反而更觉心烦意躁。但如果是在儿童游乐场所，那就又另当别论。

（三）灯光照明小品

灯光照明小品主要包括园林中的路灯、庭院灯、灯笼、地灯、投射灯等，灯光照明小品具有实用性的照明功能，同时本身的观赏性也有很强的装饰作用。其造型、色彩、质感、外观应与整个园林环境的大氛围相协调。灯光照明小品主要是为了园林中的夜景效果而设置的，突出其重点区域。如上海的世纪大道两旁的路灯，其造型的外观、色彩、质感都很好地与道路两旁的景观相协调，体现了时代感，很有象征意义。

以园灯为例，通常可分为三类：第一类纯属引导性的照明用灯，使人循灯光指引的方向进行游览。因而在设置此种照明灯时应注意灯与灯之间的连续性。第二类是组景用的，如在广场、建筑、花坛、水池、喷泉、瀑布以及雕塑等周围照明，特别用彩色灯光加以辅助，则使景观比白昼更加瑰丽。第三类是特色照明。此类园灯并不在乎有多大照明度，而在于创造某种特定气氛。如中国传统庭园和日本庭园中的石灯笼，尤其是日本庭园中的石灯笼，在园林设计中非常常见，已成为日本庭园的重要标志。

园灯的造型灵活多变、不拘一格，凡有一定功能且符合园林风格和装饰性均可采用。除具有特殊要求的灯具外，一般园林灯的造型应格调一致，避免五花八门的造型所产生的凌乱感。

在现代园林中常采用地灯布景，地灯通常很隐蔽，只能看到所照之景物。此类灯多设在蹬道石阶旁、盛开的鲜花旁及草地中，也有用在游步道上的，总之安排十分巧妙。

第三节 影响园林色彩景观设计的因素

一、光的影响

（一）自然光的影响

光色并存，有光才有色。色彩感觉离不开光。色彩从根本上说是光的一种表现形式。光一般指能引起视觉反应的电磁波，即所谓“可见光”。在这个范围内，不同波长的光可以引起人眼不同的颜色感觉，因此，不同的光源便有不同的颜色；而受光体则根据对光的吸收和反射能力呈现出千差万别的颜色。

太阳是一切光的来源，而光是一切色彩的来源。不同的钟点和季节以及不同的地理位置接受光线的差异，使大自然及人为环境中的色彩变化无穷。晴天时，太阳光线一般是极浅的黄色，早上日出后2小时显橙黄色，日落前2小时显橙红色，园林各景观要素在朝霞和夕阳映照下色彩绚丽是一天中最富表情的时刻。而月光妩媚清丽，是阴柔之美的典型。圆月给人以完美团圆的联想，上、下弦月令人想起与月形相似的弓。月光清亮而不艳丽，使人境与心得，理与心合，淡寂幽远，清美恬悦。宇宙的本体与人的心性自然融贯，实景中流动着清虚的意味，因此月光是追求宁静境界园林的最好配景。苏州网师园的“月到风来亭”，是以赏月为主题的景点。当月挂苍穹，天上之月与水中之月映入亭内设置的镜中，三月共辉，赏心悦目。而被誉为“西湖第一胜境”的赏月胜地“三潭印月”，每到中秋月夜，放明烛于塔内，灯光外透，宛如15个小月亮。此时，月光、灯光、湖光交相辉映，夜景十分迷人。

在光源的照射下，同样色彩的物体表面，由于受光条件不同也会呈现不同的色彩，使得物体的受光面、背光面及阴影面色彩有很大的差别。

（二）人工光的影响

人工的光线颜色是可以人为控制和设定的，人工照明在现代园林设计中起着举足轻重的作用。尤其是在夜间，投光照明能够发挥其独特的光学效果，使园林景观在光照下不再以白天的面貌重复出现，而是展露出新颖别致的夜景。

白天，园林景观是在阳光照射下形成的。夜晚，园林景观则要由精心布置的照明来呈现。有了自然的月光，再加上人工控制的不同光源，园景更为多情。近处灯光照耀下的花卉、树丛、人影、地面纹样，和远处的建筑、林冠天际线，所形成可见的园林空间的景观和范围，与白天不同。照明本身对园景的形成也有很大影响。强烈、多彩的灯光会使整个环境热烈活泼起来，局部而又柔和的照明又会使人感到亲切而富有私密感，暖色光使人感到和睦温暖，冷色光使人清静生畏。

灯光设计是园林景观设计中不可缺少的部分，其不仅增加和延伸了园林景观的审美时空，亦可反映景观审美的三维多变性。而灯光设计中，对灯光色彩的应用又尤为重要，特别是渲染气氛和效果的金卤灯、彩卤灯、地埋灯和水景灯，光源的亮度和色彩直接影响园林景观的效果。一般金卤灯（黄色光源）、彩卤灯（红、蓝、紫等光源）常用于景观中的建筑、雕塑和假山等方面，以强调园林景观的文化主体：地埋灯常用于主景植物和植物造景的小品，但在此环境中忌用黄色光源，因黄色光照射在绿色的树叶上，树叶变成赭黄色或土黄，似乎已是“死树”，不符合人们审美的心理需求，用绿色光源为最佳；水景灯的多种色彩的光源，常用于喷泉和有水景的园林景观小品中，其还可用音控、LED等技术，设计建造出多彩的灯光，使园林景观设计更加完善深入，更大限度地满足大众的审美需求。

（三）光影的影响

影分两类：一是物质受光后在地面的投影；二是水中的倒影。随着日出日落、晨昏更替，大自然的光影不断变换，从而形成了园林景观的朝暮变化。日出而林霏开，日落而林渐静。早晚光影斜投，长长的树影映落水面，在碧波之中，斑驳陆离，优美动人。苏州拙政园中的塔影亭，取自“径接河源润，庭容塔影凉”的诗意。亭建于池心，为橘红色八角亭，亭影倒映水中似塔。蔚蓝色的天空，明丽的日光，荡漾的绿波，鲜嫩的萍藻和红色的塔影组合成一幅美丽的画面，给人以美的享受，同时也丰富了园景。此外，光影对建筑色彩造型的影响更

加具有趣味性。光影不仅在建筑受光面增加了明暗对比的效果，同时光影的形状还增加了立面的丰富感。一些建筑师对落影进行精心设计，创造出奇妙多姿的阴影造型。如扬州片石山房假山丘壑中的“人工造月”堪称一绝，光线透过留洞，映入水中，宛如明月倒影。全园水趣盎然，池水盈盈。

在中国古典园林中，早已利用不同色彩的石片、卵石等按不同方向排列，使其在阳光照射下，产生富有变化的阴影，使纹样更加突出。在现代的园林中，多用混凝土砖铺地，为了增加路面的装饰性，将砖的表面做成不同方向的条纹，同样能产生很好的光影效果，使原来单一的路面，变得既朴素又丰富。

总之，了解光对色彩的影响规律，就可利用自然界中表现生动的、千变万化的物象色彩给园林景观增添魅力。

二、色彩的知觉效应

（一）色彩的冷暖感

色彩本身并无冷暖的温度差别，是视觉色彩引起人们对冷暖感觉的心理联想。暖色主要指红、黄、橙三色以及这三色的邻近色。暖色系的色彩感觉比较跳跃，是园林设计中比较常用的色彩。暖色有平衡心理温度的作用，因此在冬季或寒冷地带的春秋季，宜采用暖色的花卉，可打破寒冷的萧索，渲染热烈的氛围，使人感觉温暖。暖色不宜在高速公路两边及街道的分车带中大面积使用，以免分散司机和行人的注力，增加事故率。

冷色的色彩中主要是指青、蓝及其邻近的色彩。在园林设计中，特别是花卉组合方面，冷色也常常与白色和适量的暖色搭配，能产生明朗、欢快的气氛。如在夏季青色花卉不足的条件下，可以混植大量的白色花卉，仍然不失冷感。一般在较大广场中的草坪、花坛等处应用较多。冷色在心理上有降低温度的感觉，在炎热的夏季和气温较高的南方，采用冷色会给人产生凉爽的感觉。江南著名的水乡古镇——周庄，以冷色系为主，在自然水环境的映衬下，柔和的、灵动的水系与静静的建筑形成了对比，古镇民居以白墙灰瓦的建筑色彩使建筑与河水色协调谐统一，淋漓尽致地表现了原汁原味、令人陶醉的江南水乡风情。此外，在尚未冷凉的春秋季节，青色的花卉应与其补色如橙色系花卉混合栽植，可以降低冷感，而变为温暖的色调。

（二）色彩的轻重感

这主要与色彩的明度有关。明度高的色彩使人联想到白云、雪花等，产生轻柔、飘浮、上升、敏捷、灵活等感觉。明度低的色彩易使人联想钢铁、大理石等物品，产生沉重、稳定、降落等感觉。通常情况下，同类色和类似色之间亮色的感觉更轻。比如黑暗的房屋令人感到厚重，而明亮的房屋却显得轻盈。从色相方面讲，暖色系如黄、橙、红给人的感觉轻；冷色系如蓝、蓝绿、蓝紫给人的感觉重。以色相分轻重的次序排列为：白、黄、橙、红、灰、绿、黑、紫、蓝。物体的质感也会影响轻重感的判断，有光泽、质地细密、坚硬的物体给人以重感；而表面结构松软、有孔隙的物体给人以轻感。在园林中，建筑物基部一般为暗色，其基础栽植也宜选用色彩浓重的植物，如深绿的冷杉、落叶松等，以增强建筑的稳定感。

（三）色彩的软硬感

其感觉主要也来自色彩的明度，但与纯度亦有一定的关系。一般来说，无彩色给人坚硬之感，灰色则会产生柔软之感；明度高、纯度低的色彩柔软，如粉红、天蓝；中纯度的色也呈柔感，因为它们易使人联想起动物的皮毛，还有毛呢、绒织物等；明度低、纯度高的色彩都呈硬感，如大红、湖蓝。色彩的软硬感与轻重感紧密相关，感觉轻的色彩给人以软而膨胀的感觉，与此相反，感觉重的色彩则会给人硬而收缩的感觉。在园林中，色彩的软硬感应与轻重感应紧密结合，创造符合特定意境的园林空间，如拙政园一角的配置体现了色彩的柔软感。

（四）色彩的膨胀与收缩感

由于色彩有前后的感觉，因而暖色、高明度色有扩大、膨胀感，冷色、低明度色有显小、收缩感。色的胀缩感也是一种错觉。如果将具有膨胀感的色和具有收缩感的色并置时，由于对比作用，会使色彩的视错现象加强。在青枫绿屿中远景松树苍翠，近景槭树绯红，色彩对比明显，使得红色更红，翠色更翠；近景暖色，膨胀、扩展、前进，远景冷色，收缩、内敛、后退，对比中更显出景色深远。暖色膨胀而给人的亲切感用于园林中的小品和服务设施中，在心理上使人容易和愿意接近。在面积上冷色有收缩感，同等面积的色块，在视觉上冷色比暖色面积感觉要小，在园林设计中，要使冷色与暖色获得面积同大的感觉，就必须使

冷色面积略大于暖色。

（五）色彩的活泼与庄重感

暖色、高纯度色、强对比色感觉跳跃、活泼有朝气，冷色、低纯度色、低明度色感觉庄重、严肃。

暖色能烘托和渲染热烈、欢快氛围，在园林设计中多用于节假日的花坛、儿童娱乐场所及一些庆典场面，如广场花坛及主要入口和门厅等环境，给人朝气蓬勃的欢快感。如2006中国沈阳世界园艺博览会的主入口内的迎宾大道上40米宽的由喷泉、跌水、鲜花、绿树、台地共同构成气势非凡的“迎宾地毯”，色彩艳丽夺目，整个迎宾花街渲染了一种欢畅热烈的节日气氛，从而使游客的观赏兴致顿时提高，也象征着欢迎来自远方宾客的含义。而纪念性建筑及场所多利用冷色所特有的宁静和庄严，烘托和增加庄严肃穆的氛围。如傍山而筑的中山陵园，整个建筑群屋面以青灰色为主，从入口拾级而上，远看青灰色与白色构成的建筑，配以两边深绿色的雪松，整体上气势宏伟而又庄严肃穆。

（六）色彩的前进与后退感

由各种不同波长的色彩在人眼视网膜上的成像有前后，红、橙等光波长的色在后面成像，感觉比较迫近，蓝、紫等光波短的色则在外侧成像，在同样距离内感觉就比较后退。实际上这是视错觉的一种现象，一般暖色、纯色、高明度色、强烈对比色、大面积色、集中色等有前进感觉。相反，冷色、浊色、低明度色、弱对比色、小面积色、分散色等有后退感觉。如同样面积的红与绿色并置，红色有接近观赏者的感觉，有前进感；若在大面积的红底上涂一小块绿色，则绿色有前进感，而红色有远离之感。园林中可用色彩的距离感来加强景观的层次，如做背景的树木宜选用灰绿色或蓝灰色植物雪松、毛白杨，而前景可用红枫、红叶李等，从而拉开景观层次。而对一些空间较小的环境边缘，可采用冷色或倾向于冷色的植物，能增加空间的深远感。在小庭院空间中用冷色系植物或纯度小、体量小、质感细腻的植物，以削弱空间的挤塞感。

三、配色艺术

（一）同类色相配色

相同色相的颜色，主要靠明度的深浅变化来构成色彩搭配，使人感到稳定、柔和、统一、幽雅、朴素。园林空间是多色彩构成的，不存在单色的园林，但不同的风景小斑，如花坛、花带或花地内只种同一色相的花卉，当盛花期到来，绿叶被花朵淹没，其效果比多色花坛或花带更引人注目。成片的绿地、田野里出现的大面积的油菜花，道路两旁的郁金香，枫树成熟时的漫山红遍，这些具有相当大面积的同一颜色所呈现的景象十分壮观，令人赞叹。在同色相配色中，如色彩明度差太小，会使色彩效果显得单调、呆滞，并产生阴沉、不协调的感觉。所以，宜在明度、纯度变化上做长距离配置，才会有活泼的感觉。

（二）邻近色相配色

在色环上色距很近的颜色相配，得到类似且协调的颜色，如红与橙、黄与绿。一般情况下，大部分邻近色的配色效果，都给人以甘美、清雅、和谐的享受，很容易产生浪漫、柔和、唯美、共鸣和文质彬彬的视觉感受，如花卉中的半枝莲，在盛花期有红、洋红、黄、金黄、金红以及白色等花色，异常艳丽，却又十分协调。观叶植物叶色变化丰富，多为邻近色，利用其深浅明暗的色调，可以组成细致协调有深厚意境的景观。在园林中邻近色的处理应用是大量的，富于变化的，能使不同环境之间的色彩自然过渡，容易取得协调生动的景观效果。

（三）对比色相配色

红花还要绿叶扶。对比色相颜色差异大，能产生强烈的对比，使环境易形成明显、活跃、华丽、明朗、爽快的情感效果，强调了环境的表现力和动态感。如果对比色都属于高纯度的颜色，对比会非常强烈，显得刺眼、炫目，使人有不舒服、不协调的感觉，因而在园林中应用不多。较多的是选用邻补色对比，用明度和纯度加以协调，缓解其强烈的冲突。在对比有主次之分的情况下，对比色能协调在同一个园林空间，如万绿丛中一点红，就比相等面积的绿或红更能给人以美感。对比色的处理在植物配置中最典型的例子是桃红柳绿、绿叶红花，能取得明快的春花烂漫的对比效果。对比色也常用于要求提高游人注意力和给游人以深刻印象的场合。有时为了强调重点，运用对比色，主次明显，效果显著。

（四）多色相配色

园林是多彩的世界，多色相配色景观中用得比较广泛。多色处理的典型是色块的镶嵌应用，即以大小不同的色块镶嵌起来，如暗绿色的密林、黄绿色的草坪、闪光的水面、金黄色的花地和红白相间的花坛等组织在一起。利用植物不同的色彩镶嵌在草坪上、护坡上、花坛中都能起到良好的效果。

第八章　视觉元素在园林景观设计中的应用

科学实践证明：人类利用各种感觉器官感知形、音、色、味、态等种种信息，83%的信息来自视觉，11%的信息来自听觉，3.5%的信息来自嗅觉，1.5%的信息来自触觉，1%的信息来自味觉，其中以视觉为最多，而且75%~90%的人体活动是由视觉主导的，视觉是思维的前哨。视觉规律的研究涉及光学、色彩学、材料学、数学、美学、生理学、心理学等领域，研究范围较广，对视觉规律的研究，是人体工程学的重要内容，也是诸类设计的重要依据。

第一节 视觉的基本概念

一、视觉的基本知识

视点：观赏者所在的位置（眼睛所处的位置），也称为“观赏点”。

视距：视点与被观察物象的距离。观赏的空间艺术效果与观赏视距适当与否关系很大，观赏对象离观赏点的距离不同，视觉敏感度也不同，按近景带、中景带、远景带和鲜见带的四个距离带划分，视觉敏感度依次降低。同时人们对不同距离带中的景物注意程度和注意内容是不一样的，体现着从局部到整体，从细节到概貌的渐次变化。

视野：眼睛观察物象所看到的范围。眼球固定时为静视野，转动时则为动视野。

视角：眼睛观察物象时视锥的夹角，通常以视角的大小来表示人眼的视力，可分为垂直视角和水平视角。

视线：人眼与被观赏对象之间的一条假想直线。以视域中线，即中视线与水平线不同夹角的方式观赏景物具有不同的心理感受。如：平视，即中视线与水平线平行，人的头部不必上仰下俯；仰视：中视线上扬，可突出景物的高度感和观赏者的紧迫感，随角度加大，感受则加强；俯视：视点高，中视线下倾，使视线可充分延伸，当俯度增大，会产生紧张险峻感。

视力：即视敏度，是指双眼感知觉系统的功能状态，是引起立体视觉最基本的条件。

视廊：指视点到被观赏景物之间的视线通道。不囿于道路的笔直或曲折而是依靠景观点或观景点的高度优势和开阔的视野来建立秩序感和方位标识体系。强调远距离的视线交流。

视频：是指在一定的景观区域内，沿游览路线某一景观标志被观赏到的频率。通过视频指标可以比较沿游览路线各景观标志的重要程度。单位时间或路段长度内景观被观赏的人次越多，即视频越高，则视觉敏感度就越高。通过减缓游览速度或增长游览路线长度，可以提高观赏价值高的景观视频，反之亦然。

视域：是指在某一视点各个方向上视线所及的范围。人的眼睛有一定的视域，当注意集中时，光焦点集中，视域就小，所呈现的物体度高清晰，视神经的兴奋就强，注意力也就越集中。

二、视觉的特性

（一）视觉的生理特性

随着视觉科学的不断发展，人类对自身的视觉感官在生理上有了更科学、深入的认识，并在此基础上，通过实践得出许多有价值的结论，如人的视力、视距、视野、视角等方面的特性，人的视觉感知的各种特性，等等。

1.眼睛的生理结构

人之所以能看到外界影像，全依赖于一双明亮的眼睛。人眼为一个直径约25mm的球状组织，前面略凸起，眼球外面包着一层被称为巩膜的坚固包膜，在眼球凸起部分的巩膜是透明的，即为大家所熟知的角膜。人的眼睛就像一架摄像机，位于眼球前面突起部分的中央可见到一个洞，这就是瞳孔，呈黑颜色，因为它是开向眼球内部的黑色区域。瞳孔就好比是个可调节的窗口，可以使光线直驱而入。它被一个状似面包圈的虹膜包围着，颜色可以发蓝、绿或棕色如同照相机的光圈一样，虹膜可以随着光亮的强弱度改变大小。每当在强光下时，虹膜就会收缩。这时瞳孔就变小从而减少了进入眼球的光线；而在弱光下，瞳孔则会放大，以使更多的光线进入眼球。在角膜和虹膜中间的空隙处是充满清亮液体的水状液，这里如同一个镜片，可以透视到外界事物。另一个“镜片”是位于瞳孔后面的晶体，当人看近物时，晶体变厚，看远物时，它就变薄了。

2.成像过程

视觉的产生，是眼睛、光线、物体三者相互作用的结果。所谓视觉的形成机制，从物理学角度来看，首先就要涉及这三者的关系。早期，在西方，希腊人对这两种模式都做过探讨，精心推敲过关于视觉的一些理论。按照毕达哥拉斯、德谟克里特和其他人的说法，视觉是由所见的物体射出的微粒进入到眼睛的瞳孔所引起的。另一方面，恩培多克勒（约公元前440年）、柏拉图主义者和欧几里得主张奇怪的眼睛发射说，根据这个学说，眼睛本身发出某种东西，一旦这些东西遇到物体发出的别的东西就能产生视觉。中国古代和希腊人一样，在常见的物理学史文章和书籍中可以发现也有对眼睛主动发光产生视觉和被动接受光线从而形成视觉这两种理论的探讨。可见，对视觉的研究是源远流长的。

视觉感受系统包括3个因素：（1）物理刺激因素——射入眼睛的光；（2）生理接受因素——眼睛；（3）心理认识过程因素——大脑的编译功能。眼睛是一部结构精巧复杂的光学仪器。在人们看来，一次性完成的视觉运动，实际是一个极其复杂的过程：光线分层射入眼睛的各部分——角膜、水状液、虹膜、晶状体和玻璃体，一直达到视网膜。视网膜上的视神经细胞在受到光刺激后，将光信号转变成生物电信号，经过神经系统传至大脑，再根据人的经验、记忆、分析、判断、识别等极为复杂的过程而构成视觉，在大脑皮层形成物体的映像。

人的眼睛不仅可以区分物体的形状、明暗及颜色，而且在视觉分析器与运动分析器（眼肌活动等）的协调作用下，产生更多的视觉功能，同时各功能在时间上与空间上相互影响，互为补充，使视觉更精美、完善。因此视觉为多功能名称，人们常说的视力仅为其内容之一。

空间中的视觉经历则是由于视点的连续改变而产生的。眼球转动时，即视点的角度发生位移，这样就会在视网膜上形成静止而连续的映像。如果眼球（视点）随头或身体改变而发生移动时，就会引起视网膜映像上的物体关系的改变，形成运动视差和各种空间透视变化，从而使人们看到大于视野的任何范围。

除此之外，视觉感知事物还有体验的时间这一个重要因素。人类自然的运动主要限于水平方向上的行走，其速度大约是每小时5km。因此，大多数感觉器官天生惯于感受和处理以每小时5~15km的速度步行和小跑所获得的细节和印象。如果运动速度增加，观察细节和处理有意义的信息的可能性就大大降低。

3.视觉感应特性

（1）视域范围。

人类的活动方式和人眼的生理结构决定了人们主要的视域范围在身体前方。头部固定时（眼球可以转动），视域范围是不规则的圆锥体。

单眼的水平视域大约166°，在两眼中间有124°的中心区域，双眼的视景在此范围内重叠，形成有深度感觉的视景。在此范围内，有一个很窄的区域称之为斑点区，是最精确的区域。除了中心区域，两侧单眼的视域范围是42°，称为周边视觉区域。整体双眼的视觉范围是208°。人眼的垂直视域约120°，以视平线为准，向上50°，向下70°，一般视线位于向下10°的位置，在视平线至向下30°的范围内为常规比较舒适的视域。所以，在人们视觉画面中，地平线一般都位于画面偏上2/3处。

（2）视距范围。

①在平视情况下，人眼的明视距离为25m，可以看清物体的细部，也是一般识别人脸的距离，在该距离范围，他人的活动易引起关注，为不同人群之间交往行为的发生提供了可能性。日本建筑师芦原义信也提出了以20~25m为模数的“外部模数理论”，作为外部空间材质、高差等变化的尺度节奏，从而打破大空间的单调，营造出生动的空间感。凯文·林奇也认为25m左右的空间尺度是社会环境中最舒适和得当的尺度，是形成那种安宁、亲切、宜人环境氛围的良好尺度原则。

②在70~100m远时，可以比较有把握地确认出一个物体的结构和它的形象，芦原义信称之为“社会性视域”，在此距离，人刚可辨清他人的身体状态，是“人看人”心理需求的上限，空间开阔地区宜以此作为最大分隔尺度，组织活动和景观。

③当视距为250~270m时可以看清物体的轮廓，在500~1000m的距离之内，人们根据光照、色彩、运动、背景等因素，可以看见和分辨出物体的大概轮廓。超过1200m，就不能分辨出人体了，对物体仅保留一定的轮廓线，也是布鲁曼菲尔特认为的可感知的极限距离4000英尺（1220m），称为“公共距离”，而远到

4km时则已看不清物体。

④视觉在水平距离上的感知范围的意义还在于视觉感知的距离与情感交流的关系，也就是接触的距离和交流强度之间的联系。在lm~3m的距离内能进行亲切的交谈，体验到有意义的人际交流所必需的细节。在以这种尺度划分的小空间中，人们的秘密性要求得到保证，对领域的控制感到满足。例如亭下、座椅、树下等驻足停留的空间，是创造舒适宜人的外部空间的重要因素。

（3）最佳视角、视距和角度。

在正常情况下，不转动头部而能获得较清晰的景观形象和相对完整的构图效果的视域为水平视角约45°~60°，垂直视角约26°~30°，超过此范围头部就要上下观察，对景物的整体构图印象就不够完整，而且容易使人感到疲劳。人们把这个视角范围称为最佳观赏视角，维持这种视角的视距称为最佳观赏视距，此时视点与景物的距离：水平视角下的最佳视距为景物宽度1.2至1.5倍，垂直视角下的最佳视距为景物高度3至3.7倍；小型景物则为高度3倍。

在保持放松、平视的情况下，当视角在60°水平视锥范围内可以获得最佳水平视力，此时垂直视角向上为27°，向下为350°。人眼向下的视野较向上为大，在行走中向下的视野更为加大，故而对人来讲，地面高度附近的物体（如铺地、环境设施小品、建筑的下部、绿化等等）为最多出现的物体。故对这些部分设计时应特别注重。60°视角之外逐渐模糊不清，并透视图形状要发生反常、不真实。如果直线放在这勉强看到的位置上时，能感觉到是弧线，但难以养成心理习惯。人们平时观看物象时，如果把它放在60°视圈线以外的视域边缘仁看，马上会感到很吃力而把头转过来看，使物象在视觉中心，恢复正常的视感觉，直线又成直线。中心视野为2°，此范围内的物体清晰度最高，视线周围30°范围内，清晰度也比较好。根据人的眼球构造，眼底视网膜的黄斑处，视觉最敏感但黄斑面积并不大，只有6°~7°范围的景物能映入黄斑。映入人眼的影像跟黄斑越远，其识别能力就越差。在60°的视域边缘的影像，映在视网膜上的识别率只有映在黄斑处的0.2倍。

（4）距离知觉。

①双眼视轴的集合

在看一个对象的时候，想要两只眼睛对准对象，视轴必须完成一定的辐合运动，视轴的辐合运动与判断距离的其他机制协同活动，可以精确地感知距离。一个一定大小的对象，当距离变远时，视轴趋于分散，同时视网膜上的视像也变小；距离变近时，视轴趋于集中，同时视网膜上的视像也增大。另外眼睛的调节作用也随着对象的距离而变化。两个距离不同、大小不等的对象，虽然可以在视网膜上的投影是同样大小，但是由于视轴的辐合程度和眼睛调节作用的变化，人可以知觉出它们的远近，并且知道远方的对象较大。视轴辐合只在几十米的距离范围内起作用，观察太远的物体，视轴接近于平行，对估计距离就不起作用了。

②眼睛（晶体）的调节

在眼睛的调节作用中主要是靠视网膜上视像的清晰度来知觉距离的。在观察对象的时候，眼睛的晶体有曲率调节变化，以保证视网膜上获得清晰的视象。眼睛的睫状肌调整晶体的变化，使得看远物体时晶体比较扁平，看近物体时比较凸起。眼睛的调节活动传递给大脑的信号是估计对象距离的依据之一。眼睛的调节作用只在10m的距离范围内起作用，对于无限远的物体，调节作用便失效了。

此外，影响判断物体距离的条件还有遮挡、线条透视、空气透视、明暗和阴影、运动视差、结构级差、双眼视差等。

（5）视觉的二维本质。

视觉经验起源于物质世界。物质世界是多维的，有深度、宽度和高度，在一个人的上下左右，由近及远地向四面八方延伸，人站在正中间，整个视景分成几部分展现在人的面前，构成前景的物体大而清晰，而在距离不等的远方，排列着无数的物体和轮廓线。虽然脑后没长眼睛。人还是知道物质世界也在背后伸展，只要转过头就能看到。可是，眼睛的感受面，即物质世界的像落于其上的视网膜，是二维的。尽管视网膜向眼球四周弯曲。但它仍是二维的曲面，像一张照相胶片或一块透明的窗玻璃一样，它的表面上映着窗外的各处物体。然而，人并不会把物质世界看作扁平的照片或蚀刻过的窗玻璃；他会看到物质世界的多维形态，并能够准确地判断物体的位置、距离、形状和大小。

（二）视觉的心理特性

视觉过程，是人类生存中基本而又精妙的经历，以至人们把所有的精神活动都与视觉联系在了一起。“观”是一个视觉印象与心理体验的综合过程，也是人的心理向外输出的重要途径之一。视觉并不等于只是用眼睛看。视神经系统向大脑输送信息，大脑再加以分类、对比、联想，感觉和认知客观对象，而且和人的记忆、思维等心理活动有着紧密的联系，得到的是被经验过滤器进行整理、分类过的主观感觉。视觉本身就是思维，具有认识能力和理解能力。科学研究表明，眼球的运动频率与注视方向同大脑的思维有密切的联系。

鲁道夫·阿恩海姆在《视觉思维》一书中说：“我认为，被称为‘思维’的认识活动并不是那些比知觉更高级的其他心理能力的特权，而是知觉本身的基本构成成分。”因此，所谓视知觉，也就是视觉思维。在视觉的搜索过程中，思维在不停地转换，始于视觉而绝非止于视觉。即视知觉具有选择性（积极选择感兴趣的对象）、补足性（把握全貌而进行简单推理）、辨别性（具有区分对象的分辨能力）。此过程中包括了抽象、分析、综合、补足、纠正、比较、结合、分离等几乎所有的思维活动。视觉的这种选择是一种最初级的抽象。这种生理活动相对应地便产生了人的心理经验。这种视觉的加工过程，几乎是50毫秒、100毫秒的瞬间，令人感觉不到花费的时间过程而以为视觉在于眼的直观。

第二节 园林景观中的视觉吸引元素

景观空间的生理、心理层面的视觉感受是对景观空间尺度和距离要素、实体景物要素、色彩要素及综合要素的综合感受。不同类型的景观空间的视觉感受可以用其中一个或几个元素来解析。

一、空间尺度和距离要素的景观空间视觉吸引

在景观空间中，视线可以根据人眼被空间中的位置、边界等所吸引而自由地变换移动。景观空间尺度大小对人们的注意力有非常大的影响。冯纪忠、刘滨谊用“旷奥”两字凝练出景观空间的丰富性，提出“空间限定”是指风景空间中

诸要素对观赏者围合程度的特性，它主要受观赏者所在空间范围内的空间垂直因素的影响。空间限定有两个特征：开敞和闭合。开敞的空间就是开阔的、平坦的、表面质地简洁统一的场面，大尺度空间里通过不同围合手法的处理，可以营造出不同的空间，其空间尺度越大，吸引人视觉的要素就越多，注意力越容易分散。闭合的空间是由天穹、外部空间的垂直物，如山体、林木和水平展开的不同对比性质地所限定的围合的场面。小尺度的空间可以有效地减少周边的噪声和避免游人因过多要素的视觉吸引而产生注意力的分散，创造出围合感。这两个特征也就是风景空间旷奥的基本特征。

另一方面，人是通过双眼的视夹角大小来判断空间尺度的。景观具有较强的空间感，不同尺度的景观能带给人不同的心理感受，20~25m见方的空间，人们的感觉比较亲切，人们的交往是一种朋友、同志式的关系，大家可以自由交流，是微观尺度；25~110m为中等尺度，它会让观赏者产生开阔的感觉，超过110m之后才能有广阔的感觉，这是形成景观场所感的尺度；110~390m是一种宏伟的空间；超过390m就可以创造一种很深远、宏伟的感觉，运用这一尺寸，是形成景观领域感的尺度。由于人眼的生物特性，空间尺度越大，视觉就会出现衰变现象，不能看清景观的细节部分，但大尺度景观场景的宏伟性能对人的心理产生强烈的心理震撼和冲击。云南大理市的景观空间尺度超过390m距离，给人带来强烈的心理震撼和视觉感受冲击。河南省洛阳市龙门石窟风景区，站在伊河对岸眺望佛窟一览无余，尺度场所感为390~110m，视觉会被壮观的佛像群所吸引，并会驻足久观，甚至再次重游；云南大理园为中等尺度景观25~110m，人眼捕捉到该景观空间中的远山、植物和标识牌等物体以及S形园路，延伸的道路趋向强化了景观空间的视觉景深感；云南大理风花雪月宾馆外窗景，其小尺度20~25m见方的景观空间，通过框景的手法将人的视觉注意力聚焦到景观的细节设计上来。

二、实体景物要素的景观空间视觉吸引

在现实区域中，凸显的“景物”更容易被人类视觉所捕捉。无论其形状、位置、大小如何，都是独特的，并且容易记忆和辨识方向及区域等，提供给人们此场所里更多的信息。城市里的标志物，如广告牌、灯箱、旗杆、开放空间中的

构筑物等都容易被视线所吸引。

自然风景区里也有它的标志物。如洛阳龙门石窟风景区里的漫水桥，因形体较大，横跨两岸，明显突兀于其他景物，成为人眼视觉的焦点，它不仅可以作为游线节点，还具有见证此场景历史变迁的功能；在居住区景观中，正对视线的大体量的楼房成为视觉的焦点，其次为池水两岸的亭廊构筑物与直立的景观树，都是景观空间中的实体景物要素。

三、色彩要素的景观空间视觉吸引

与“空间尺度和距离”，实体“景物”相比，人眼更容易被“色彩”所吸引。人们对色彩的感受一方面是基于生理层面，这是人眼的视觉注意机制和生理构造。饱和度、明度高的颜色更容易被用来做标志物，如红灯和很多用黄色、红色做标识牌等，甚至是荧光色，以此引起人们的注意。

另一方面是基于人心理的感受，这与不同人群的年龄、文化背景、审美品位等有很大关系。不同色调的使用可以给景观空间中使用的人群以不同的感受，暖色调较多用于欢快、热闹的气氛中，如城市广场、公园、儿童娱乐场所；冷色调常用于静谧、安宁的康复景观中，如居住社区、休疗养院、医院、老年人社区等。

四、综合要素的景观空间视觉吸引

景观空间的视觉吸引要素往往不是以单一要素出现，通常是三要素并存。三要素在同一空间中所占比重的不同，会给人带来不同的景观空间感受。暖色比冷色更容易吸引人眼的视线，同时，不同层次的景观空间也是吸引人视觉的重要因素；空间尺度和距离、实体景物与颜色的三者组合，其中鲜明的蓝色池水因其颜色和场景中尺度最大的实体成为最先吸引人眼的要素，其次是构筑物实体景物，最后人眼才会感受到远处山峰给人带来的空间距离尺度和距离感。因此，这里认为，在景观空间中，视觉吸引机制的要素及组合得越多，其景观丰富性越强，该景观空间具有的吸引力越强。

第三节 园林景观中的视觉感应规律

同其他自然现象一样，视觉也有自己的规律。将视觉规律应用于环境设计中，使人类视觉得以正常发挥，此时的感觉便是宜人的。此外，还可利用一些规律得到特别的空间效果。由于视觉规律的复杂性及脑科学研究的局限性，目前人们对视觉规律的把握还不十分精确和全面，但对其中一部分规律已有了共识。

一、视觉的选择性

在同一时刻内视觉系统会接收到大量信息，人的视觉绝对不是一种类似机械复制外物的照相机。因为它不像照相机那样仅仅是一种被动的接受活动，外部的形象也不是像照相机那样简单地印在忠实接受一切的感受器上。人们无法以同等程度的优先性对进入视觉系统的所有信息进行加工，只有其中一部分信息可以通过选择性注意被筛选和加工，进入意识。

视觉的核心品质就是具有积极的、主动的选择性倾向，是一种积极的理性活动。美国当代著名审美直觉心理学家，格式塔心理学的后期代表人物鲁道夫·阿恩海姆就明确指出："视觉是一种主动性很强的感觉形式""积极的选择是视觉的一种基本特征。正如它是其他具有理智的东西的基本特征一样""视觉就像一种无形的'手指'，运用这样一种无形的手指，在周围的空间中移动着，哪儿有事物存在，它就进入哪里，一旦发现事物之后，它就触动它们，捕捉它们，扫描它们的表面，寻找它们的边界，探索它们的质地。"因此，视觉完全是一种积极的活动，并由此产生不同的心理作用。

二、视觉的趋简原则

格式塔心理学对视知觉的研究成果表明，人们在感知不完整、不规则的图形时，总是想竭力改变这些图形，使之成为完美简洁的图形，对获得信息总是按照心理追求简单化的原则进行加工处理。这一原则要求景观设计师应当使环境空间重点突出，通过运用“减法”取得视觉上的和谐。格式塔心理学家的试验还表明，有秩序的、有规律的图形（如几何图形、对称图形，有规律的曲线、直线、表面等），易被人们的视觉所接受，易产生视觉“美感”，但它们却十分不耐看，呆板，单调，缺乏活力。

巴甫洛夫有一句话似乎可以对此做出解释，他认为：“任何一个细胞如果受了经常的单调的刺激的影响，那它必定要转入抑制状态。”有秩序的规则图形对人们的视知觉来说的确是一种单调刺激。人们注意此图形时视线是连续的、无阻碍的、流畅的，形成不了视觉注意的兴奋点，即视觉焦点，对此，视觉亦会产生排斥。所以恰到好处的中断、转折、交叉、过渡、对比会形成集中的视觉兴奋点，会更大限度地吸引人们的视觉注意。贡布里希对此解释说：“眼睛在快速扫描环境时并不向大脑提供任何信息，只有当他处于静止状态时才能提供信息。”而这种相对静止的状态只有视觉感知到图形的中断、转折时才更容易形成。所以人的视觉对于过分秩序化的对象又有厌烦的感觉，而对在秩序化过程中有变化的东西感兴趣。视觉在接受刺激之同时，积极进行选择、结构活动，以使信息由杂乱而变得有序，更利于脑意识掌握。即使在生理水平之上，视觉也在它要录制的材料上投射（或加诸）了一种概念性的结构和秩序。

三、视觉注意

视觉注意是心理活动对一定事物的指向和集中，是心理过程的开端。比如看一群人时，可以出于某种原因，只对其中的一个人进行关注，虽然在视网膜中也有其他人的影像存在，但视觉注意压抑了对他们的审视，视而不见。这种视觉注意还可以出自不同的心理需求，发展为以认知注意为目的的观察方式和以情感注意为目的的观照方式，这是两种不同的视觉方式。视觉注意基本上有两种形态。一种是无意注意，这种注意是自然发展的，无自觉的目的，不需要受众意志的参与和主观上的努力，因此无意注意是没有自觉控制的注意；另一种是有意注意，这种注意非自然发生，而是受众有自觉目的和决定要达到某种目的的要求，它需要意志的参与和视觉上的努力，有意注意是自觉控制的注意。很多的视而不见并非是眼睛的原因。

四、视觉趋向中心原则

人类的视觉活动中，在观看某件东西时一定会将视觉的注意力集中在事物的重心上，这个重心就是所说的视觉中心。如果一件东西缺乏这种视觉中心，无主次之分，无重点之别，要产生美的共鸣和联想是不可能的。

“视觉中心”的存在有它特有的生理依据。从生理角度来看，人们的视野可分为主视野、余视野：主视野位于视野之中心，分辨率最高；余视野位于视野的边缘，分辨率较低。日常视觉经验告诉人们，在任何观看过程中，视觉会自我调控，使人们的视觉焦点停留在相对舒适的位置，当人们的眼睛同时面对各种各样的复杂视觉信息符号时，它会成为一个自控的过滤系统，它会有选择地注意自身最感兴趣的信息符号，而其他信息符号则自然而然地成为“背景”。威廉·霍格斯曾经说过，视觉中心区域是有限的，视网膜中央凹是唯一具有敏锐分辨力的地方，但它覆盖的面积不过是一小部分，视域的其他地方则离视网膜中央凹越远越不清晰。因此进入视觉中心区的视觉元素亦是有限的。同时，他以横排列的一组“A”字母的图形来说明这一观点。表现的是，眼睛从平常的认读距离看一排字母“A”，如果把眼睛视线停留在任何一个“A”上，其他字母就会变得模糊，视线停留的部分，被称之为视觉焦点。根据眼睛观察事物的这种特性，任何静态视觉艺术的表现特征，似乎都遵循了这一视觉规律，是设计创作的一个重要规律。

另外，由于视觉的往复性，视野中心位置的感受力最强。但因环境影响，视觉聚集于中心后又被吸引开，视觉空间因常受光影、色彩、线条、体量的干扰，趣味中心往往就可以相对地加强某种视觉刺激，增强其吸引力，以构成暂时的静态，达到加强表现的目的。

五、视觉流程特性

人们都知道，照相机的原理跟人眼成像原理相似。相机能在景深范围内瞬间记录多方面信息，而从人类眼球的生理构造看，人眼却只能看清焦点附近的物体，瞬间只能产生一个焦点，人的视线不可能同时停留两点或两点以上，观赏的过程就是视觉焦点移动的过程。因此，人们在观察物象时，视线总是按照习惯顺序或兴奋点的强弱来移动观察，这一视线流动顺序，是以人的生理与心理习惯的

认知模式来进行的。看事物的先后顺序，人们称之为视觉流程或视线途径。

过去人们书写和阅读都是竖行从右到左，现在改成了横行从左到右，这不仅仅是为了与国际接轨，而且有一定的科学道理，生理学研究成果表明：

由人的双眼出发的视觉神经相汇以后传向大脑的左半部。对绝大多数人来说，大脑的左半球比右半球有着更好的血液供应。而人眼相当于透镜，眼睛右侧的物体成像于血液充足、神经汇聚的左侧视网膜，因而右侧物体的像更清楚。当人的眼睛观察物体时，从左端开始会自动地移到最清晰、最稳定的右端。那些处于视域右方的物体总是更容易被感知一些，而位于右侧物体的视像也比左侧物体的视像更清楚一些。眼睛“扫描”从左边开始，但会自动地移到最清晰、稳定的右方，视觉对象各组成部分的呈现顺序影响着视觉感知的整体性。所以人们看事物一般是先通观全局，然后才将视线停留到局部；视线移动的顺序通常是先上后下，先左后右。在了解了视觉主体人的视觉流程规律的基础上，进行的空间设计中的巧妙安排，顺应人们的视觉习惯，将设计更有效地展现，与观者进行有效的互动。

六、视觉游移

人眼与镜头最大的不同在于人眼的视线不可能像镜头一样被固定化。首先，从人眼的视觉生理要求来讲，目光游移（即眨眼、眼球滚动、扫描等动作）正是人眼的常态。尽管在感觉上人们能意识到整个视野，但人们只能全神贯注于其中的一小部分。为了看清一个主体，眼睛必须持续地进行人们称为“扫描”的小运动。任何人都不可能长期采用一种聚焦方式去观看事物。人的肉眼每隔几秒钟就会眨眨眼，会十分自然地变换焦点，转移注意力。当你与他人进行对视时，你不可能一直盯着对方的眼睛看，而会把视线在对方眼睛周围游移；甚至当你坐在一盘水果面前也不会只盯着一个地方看，你会不断地拉近或拉远视线（睁大或缩小瞳孔），时而看看盘子，时而看看桌子，然后再回转视线关注盘里的水果。也许大脑根本没有意识到这种视角的转换，但它确实发生了。人的生理本能的事实说明，把视角固定在某个位置进行表态分析完全是一种理想状态的做法，在现实生活中却是根本不可能的事情。从人的生理上讲，眼睛长时间注视相同的事物，会引起视觉疲劳，大脑会产生厌倦感。人们的视觉在感知事物时是流动的、跳跃性的。

七、视觉恒常性

所谓恒常现象，是指在各种环境中，即使人的视觉系统中内刺激（网膜影像）有变化，但在一定范围内对外刺激（所看物象）仍感觉不到差异的现象。这不是单纯由客观物理现象所决定，而是取决于人的各种知觉器官综合的反应能力。人们对视觉现象的形状和大小，由于所采用的观看方向、距离不同，所获得的形状和大小也各有差异，但人们通常总有一种共同的倾向性，总认为看到的物体形状和大小均是一定的。知觉的恒常性是人类适应周围环境的一种重要能力。比如人们不会因为一个人把手伸到眼前时就误认为那只手本身突然变大了，不会囿于手的局部现象而忽略人们所知的人的头、四肢各个部分的正常比例这一基本常识。

知觉的恒常性主要有：大小知觉恒常性；明度和颜色恒常性；形状恒常性。比如科学家们通过观察认为，视网膜上物体映像的大小变化，不是被感知为物体大小的变化，而是被感知为物体距离远近的变化。无论你距离一件物体多远，它的大小总是不变的，这种趋向叫视觉的大小恒常性。

八、黄金分割的视觉机制

就人类而言，“黄金分割”与人类的视觉机制有着密不可分的内在联系。所谓“黄金分割”是把一条线段分成两部分，使其中一部分与全长的比，等于另一部分与这部分的比，比值为0.618。

古代建筑师们关于房屋、门窗的长宽比的设计、画家们关于油画的构图、现代书籍、报刊的长宽比例等，几乎在所有与视觉艺术有关的领域，都不约而同地应用了0.618这一分割系数。实验及研究表明，“黄金分割”所构成的线段关系及比例系数（一般以2：3，3：5，5：8，8：13，13：21等比值为近似值），正好与人类个体的“最佳视觉框架”相吻合。要问何为“最佳视觉框架”，得先从“首选视线”入手。如果你试着让左右两眼同时直视自己竖起的一只指头，再慢慢移动这只手指，使之与前方的某一条垂线完全重叠，然后先闭上左眼，再闭上右眼，再同时睁开两眼，随即你会发现：或左或右，只有一只眼睛与先前两只眼睛同时所见的情形完全相同。这一视觉过程中眼睛（或左或右）—手指—前

方垂线之间的假想直线，称之为“首选视线”。当人们“首选左”时，手指与黑粗竖线L1相重叠，闭上左眼、睁开右眼时，该手指便向虚线L1-1方向移动；当“首选右”时手指与黑粗竖线L2相重叠，闭上右眼、睁开左眼时，该手指便向虚线L2-1方向移动，相对于L1-1和L2-1，人们选中L1或L2，并称之为“首选视线”。如果人们仍以竖起的那只手指为参照物，先闭上左眼，再闭上右眼，就会发现两只眼睛各有一个“视框”，左眼的“视框”偏右，而右眼的“视框”偏左，两者之间又有很大一块相互重叠，“首选视线”是每一个人的必然选择，是一种与生俱来的先天特征，有人“首选左”，有人“首选右”，其间差别很大，也它不会因为外在环境的改变而有所改变。

从仿生学的角度看，眼睛的功能就像一台照相机。当人们睁大一只眼睛时，由于瞳孔、眼球都呈圆形，又因为眼球的直径基本上处处相等，所以这台“照相机”的“视框”比例应该是1：1，“最佳视框”的选择应该是一个正方形或者圆形，似乎不会出现象黄金分割那样1:0.618的视框。但是，“最佳视框”的分割过程是人类两台“照相机”在同时工作，两只眼睛同时受制于大脑，而两只眼球之间的相对距离一般在8cm左右。尽管人们的视觉最初确认的仅仅是“首选左”或“首选右”，但是人们真正体验的应该是左眼和右眼的统一，是一个融合起来的整体。所知觉的“首选视线”和潜在的“首选视线”同时决定了“最佳视觉框架”的左右范围，而“首选视线”正是这“最佳视觉框架”的分割线。

“最佳视觉框架”是指在大脑及视觉的作用下，物体影像边框的长与宽基本吻合于黄金分割，从而使人感觉正处于“最佳”的舒适与和谐状态。就像黄金分割的系数一样，“最佳视觉框架”同样是一个恒定的系数。由于它的上、下边框与左、右边框之间的比值为0.618，所以它最易使人类获得了“舒适与和谐”视觉体验，同时也使整个人类获得了感受美、鉴赏美和创造美的生理学基础。“最佳视框”是人类感受“黄金分割”的视觉机制，“首选视线”是人类建构“最佳视框”的分割线。为人类“舒适与和谐”的视觉体验提供了生理学基础。

除上述内容，还有诸如视觉滞留效应、视觉干扰等视觉感应规律，人们都掌握并应用到实践，成为不可或缺的视觉艺术，比如电影、魔术等。

第九章　园林规划中的土地利用与规划

第一节 土地利用与规划的背景

当代人类社会发展中存在资源、人口、粮食、环境四大矛盾，其中资源及其利用，尤其土地资源的利用与保护直接关系到粮食供给和人口生存、环境改善和经济持续发展。

一、土地资源的发展现状

随着全球人口不断增加，土地资源的超量开发，人类生存环境受到了严 重的威胁。土地资源是人类赖以生存和发展的重要资源基础，其利用与覆盖特征，不仅影响社会经济的持续发展，而且还间接影响全球环境的变化。因此，土地利用与土地覆盖研究，已引起世界各国科研和政府部门的关注。

（一）世界土地资源利用现状

1993年，世界有影响的两大项目“全球地圈与生物圈计划”(PIG)和“世界人文项目”(HAP)总结了各自以往的工作之后，共同发起对“土地利用与全球土地覆盖变化”(LUCC)的研究。随后，组织成立了“项目设计核心委员会”(CHOPPY)。中国科学院作为中国及亚太地区代表也进入了“CHOPPY”组织，参与了新的全球科研项目的设计工作。按“PIG”和“HAP”的计划“LUCC”项目设计已于1994年完成，1995年在全球范围内开展。目前，LUCC 项目已受到许多国际组织和国家的关注。

（二）我国土地资源利用现状

中国是个农业大国，有着悠久的土地利用历史，土地利用类型多种多样，地区分布差异显著。历史发展的实践证明，中国土地利用状况及土地覆盖变化都直接或间接地与资源环境的变化和社会经济的发展发生了紧密的联系。在当前中国由计划经济向社会主义市场经济转变、经济增长方式由粗放经营向集约经营的转变过程中，社会经济发展与土地资源开发利用，经济增长与资源状况，生态环境与人类活动之间的联系越来越紧密，其中有些矛盾会越来越突出。

（三）相关法律法规

1984年9月，由全国农业区划委员会颁发的《土地利用现状调查技术规程》对我国的土地利用现状作了比较详尽的分类。依据土地的用途、经营特点、利用方式和覆盖特征等因素，将全国土地分为8个一级类、46个二级类。为全国土地利用现状调查提供了分类依据。为进一步摸清城镇土地的状况，原国家土地管理局于1989年实施，又于1993年6月修改的《城镇地籍调查规程》将城镇土地划分为10个一级类、24个二级类。城镇土地的分类是对土地利用现状分类中“城镇”的进一步划分，从而形成一套我国土地利用的分类体系。这套分类体系为完成我国土地利用现状调查和城镇地籍调查、土地登记发挥了重要作用，为土地管理部门掌握各类土地的面积、土地利用状况提供了依据。

二、我国土地利用现存问题

（一）土地矛盾日益突出

研究“中国土地利用与土地覆盖变化及社会经济协调发展”问题具有全球性意义，更重要的是对中国持续发展具有现实意义。中国人多地少，土地资源十分紧缺。随着人口增加和社会经济发展，耕地逐年减少，人地矛盾日益突出。合理开发利用我国土地资源，协调人地关系，改善生存环境，已成为国家的一项重大决策和行动，并得到国家有关机构的支持。目前，中国科学院正在考虑将这一研究列为重点项目，全面开展研究，为改善我国土地利用状况，适应两个转变的要求，合理、有效、持续地开发利用我国土地资源提供科学依据。

（二）约束力被无视

许多地方无视土地利用总体规划的约束力，在加速发展中盲目建设工业园区、重复建设，大量圈占土地、占用耕地甚至基本农田的现象十分普遍，使得土地利用总体规划的龙头地位变得有名无实。原来的土地利用总体规划的工作 程序是国家的大纲先出来，然后耕地保有量、建设用地总量、用地指标等刚性 指标下到各省，省再下到市，最后市下到县、县下到乡。《土地管理法》还规 定，“省可以授权给设区的市，由市编制乡镇土地规划”，“经批准的土地利 用总体规划的修改，须经原批准机关批准”，于是规划修改的权力下放给了

市级。比如动用基本农田，要报国务院审批。但现在由于市级有修改和批准规划的权力，它往往采用修编规划的手段变相地把基本农田调整为一般农用地，这样再转化为建设用地时就不用报国务院批了，市里可以以修编规划的名义直接批，最多是报到省里去。另外，我国部分省、市的规划修改采用介入市场化交易行为，城市建设用地规划指标、基本农田保护指标、建设用地计划指标等的异地调剂、异地代保，实质上是对规划与计划的否定，变相地调整了规划与计划对于区际间的协调控制，破坏了其严肃性。

（三）先进的科学技术手段应用不够

基期的土地利用现状图和规划图，不少地方还是手工绘制，规划数据不是通过计算机从规划图上量算，图数一致性较差，使规划的真实性、科学性都受到很大影响。从规划编制技术上看，上一轮土地利用总体规划缺乏超前意识和先进规划理论的指导，“千篇一律”，加之指导思想上的偏差以及抢时间、赶速度等原因，致使规划模式、规划方案缺少地方特色，规划的内容。对人口发展的预测、对土地承载力的研究、方法及表现形式都没有创新和突破。对基本农田保护区块的选择、对城镇用地的预测和规模边界的划定等，缺乏科学合理的编制方法，一些安排流于形式，导致有人戏称规划实际就是在做“数字游戏”，必然会出现“纸上画画，墙上挂挂”的现象。

（四）对经济发展速度估计不足

由于上轮规划是在宏观经济形势紧缩和调控的大背景下制定出来的，对此后出现的城乡经济持续快速发展预见不够，大多数经济较为发达的地区普遍存在着规划下达的建设占用耕地指标不足的现象。从协调耕地保护与经济发展关系看，农用地保护面积偏大，城乡建设发展空间受到一定的约束，矛盾突出。如厦门市土地利用总体规划，上轮规划的基本农田保护率达到了88%，真正用于城市基础设施建设、交通建设、工业项目建设的土地空间已经非常有限。

（五）按规划用地意识单薄

目前，不管是地方政府，还是农民按规划用地的意识都比较淡薄。大多数地方政府认为实施土地利用总体规划只是一种形式，想用地，并且想用那块地，假如它不属于圈内土地，只要经过规划修编或者规划调整就可以实现。这就造成项目用地选址的随意性比较大，导致经常出现规划刚批准，就要求调整的现象，致使用地没有按规划实施。从近几年的实践来看，由于认识方面的偏差，一些地方领导对经济发展规律和城市规律认识不足或片面追求政绩，盲目扩大城市规模，甚至把扩大城市规模，建设所谓的“形象工程”作为城市“跨越式发展”的标志。这就使得一些地方在编制城市规划时，不切实际地盲目扩大面积，大量占用耕地，而土地利用总体规划却又难以对其加以约束，造成许多城市土地供应总量失控，城市规划超前的现象严重。特别是近年来各开发区的土地闲置，造成大量土地浪费等问题更引人注目，据调查全国土地开发区闲置土地47万公顷。在农村，有些农民甚至没有土地规划的基本知识，随意建设民用房，违法占用基本农田，荒废田地不去耕作，总之，不管是地方政府，还是农民按规划用地的意识都比较淡薄，这也是土地利用总体规划制度缺陷的一个根本原因。

三、解决方案

（一）土地利用规划中的刚性可增强规划的宏观控制力度，体现规划的权威性与龙头作用

上一轮土地利用总体规划自上而下下达控制指标，从实施效果来看，有利于耕地保护的宏观管理。但由于信息的缺乏和规划的不可预见性，反映出规划的“刚性”太强，缺乏应有的灵活性。一是数量上控制太死，一点没有机动。在一些经济发展迅速的省市，在没有用地指标，而某些项目又确实需要用地的情况下，由于没有机动指标，重新审批又嫌麻烦，结果导致违法、违规占地现象发生。二是规划用地的空间布局缺乏灵活性。原则上第二轮土地利用总体规划已经确定了土地利用未来的利用方式的土地，都不得随意改动。这条措施有 利于土地资源的宏观调控，也有利于土地资源的集约化，提高土地利用效益。 但是各类不可预见的建设项目尤其是省以上不可预见的建设项目太多，不可能 在规划方案中落实；在编制规划时，很多项目还没有进行可行性研究，其选址 根本没有确定，难以把最后的选址地点纳入土地利用总体规划。三是在土地用 途管制中的一些政策不能适应形势发展的要求。如农业结构调整中，农民往往 要根据市场的需要，改变土地利用方式。

（二）经济作物，从事养殖业等将改变传统意义上耕地的用途

如果土地利用总体规划不能满足这种需求，必将挫伤农民的耕种积极性，导致农民对土地投入不足，甚至将土地撂荒等后果，不利于土地的可持续利用。以上几方面说明规划的刚性太强，反而扼杀了市场行为在调配资源过程中的基础性作用。在市场实践活动中，客观事实的发展与事前预测完全相符是非常少有的，而以这种缺乏弹性的规划来指导未来的土地利用显然是不合适的。其结果必然是致使规划的局部调整频率较高，规划管理工作处于被动应付的局面。

四、新型城镇化

（一）新型城镇化概念

研讨新型城镇化背景下的土地利用规划问题，首先要界定清楚什么是新型城镇化。张曙光认为新型城镇化应是人口的城镇化，是土地和人口协调配套的城镇化，这样的城镇化可以解决过去城镇化中出现的一系列问题。

（二）实施方案

冯广京认为新型城镇化是中央十八大确定下来的一个大的战略，是在分析和把握我国当前经济发展和深化改革的大趋势和阶段性主要问题与矛盾下，促进我国社会经济协调、持续健康发展的一种战略选择。意在消除我国长期以来影响我国发展的二元结构。冯长春认为新型城镇化要从四个方面去理解并付诸实施。

1.人口城镇化，即人口向城镇集中的过程。

2.经济城镇化，指由于经济专业化的发展和技术进步，人们离开农业经济向非农业经济活动转移并在城镇中集聚的过程，强调农村经济向城市经济的转化过程和机制。

3.社会城镇化，即伴随着经济、人口、土地的城镇化过程，人们的生产方式、行为习惯、社会组织关系乃至精神与价值观念都会发生转变，城市文化、生活方式、价值观念等向乡村地域扩散的较为抽象的精神上的变化过程。

4.资源城镇化，包括土地、水资源和能源，这些是制约城镇化发展的主要因素，在城市建设过程中要高效、集约利用。

（三）新型城镇化的作用

有利于城乡居民的共同富裕和发展。有利于产业结构的调整。有利于实现可持续的经济发展方式，国家实力增强，人民能够更加富裕。白中科等认为新型城镇化要以人为本，统筹考虑生产问题、生活问题和生态问题。亟待研究制定基于环境容量和资源承载下的我国不同类型区城镇化的标准和发展模式。严金明等认为新型城镇化是综合城镇化，是社会经济、自然资源、生态环境等各个层面的综合协同城镇化过程。具体来说包括三个部分，即人口城镇化、土地城镇化和工业城镇化。蔡继明指出城镇化的本质不是空间的城镇化而是人口的城镇化，现在的新型城镇化强调人口的城镇化，是回归城镇化的本来面目，城镇化的核心就是伴随着工业化农村剩余劳动力向非农业转移，农村人口向城镇人口转变。

五、我国现行土地利用规划方案

（一）新一轮土地利用规划的背景

新一轮土地利用规划修编的背景是经济全球化和入世，修编的动力来源于土地利用总体规划必须适应经济的快速发展和城镇化、现代化水平不断提高的客观要求，需要适应社会经济可持续发展的战略方针。例如，“三农”问题是关系我国大政方针的大问题，而解决“三农”问题的一个重要途径就是农村产业结构的调整问题。入世后，区域经济的发展会注重比较效益，很多国家的优势农产品会进入我国，相应地，我国的这些农产品生产会萎缩，这类土地利用率就会减少。与之相反，我国的一些优势农产品生产会增加，这类土地利用会 增加。这一切主要是根据市场的需求进行调节的。同理，城市用地也存在产业 结构调整引起的土地利用配置问题。改革开放之初，流入我国的资金主要注入 工业项目，而今，入世给第三产业带来越来越多的资本，从而引起城市用地及其他建设用地土地利用结构的变化。另外，国家又出台了西部大开发、扩大内需、加大基础设施投资、东北振兴、生态建设等方面的一些政策，与当时规划制定的背景相比发生了一些变化。

（二）第二轮土地利用

在第二轮土地利用总体规划是在非农建设大量占用耕地的背景下，实施贯彻中央文件，实施两个“冻结”政策前提条件下进行的，因此，第二轮规划的战

略目标是耕地总量不减少，整个规划的部署、规划控制、土地开发与保护等都围绕着耕地数量做文章。在耕地总量动态平衡的单一目标下，土地利用控制指标被简单化为三项刚性很强的指标：建设占用耕地指标、补充耕地指标和净增耕地指标。但规划期内城市化、工业化远远超出预期速度，全国部分县市建设占用耕地指标已严重不足。如宁波市的规划建设占用耕地面积指标共12万亩，到2000年底仅剩2万亩。如此下去，该市很快就将无指标可用。福建省泉州市近年来经济发展迅速，引资项目很多。泉州市下辖的晋江市规划期间安排的7500亩指标到2001年已基本用完，该市2001年就4次打报告要求追加规划指标。这些例子充分说明第二轮土地利用规划已不能适应我国现阶段社会经济飞速发展的需要。

（三）仍存在相应问题

我国土地利用总体规划历经10余年的艰苦探索，上一轮土地利用总体规划无论在理论方法建设还是在实践方面都取得了显著的成效，对于加强我国土地宏观管理，协调各业用地，保护耕地，合理开发利用后备资源发挥了重要的作用。但从当前的形势来看，该轮规划实施不到七年就无法适应社会经济发展的要求，面临着需要进行修编的问题。之所以出现这个问题，其外在原因在于近年来我国的经济发展速度较快，但最主要的原因，也是其内因，还是由于上轮规划编制过程中存在着不完善、不合理的地方。

现行规划在引导如何用地上显得有些欠缺，往往规划修改跟着用地走，调整频繁，走不出“纸上挂挂，不如领导一句话”的怪圈。1998年修订的《土地管理法》尽管提高了土地利用总体规划的法律地位，使其能够制约其他涉及土地开发利用的各种“规划”。

土地利用总体规划仍然属于行政规章，缺乏法律效力，表现为到期可以修改、可以依据经济增长需要，临时报批修改、上届政府制定的土地利用总体规划，新一届政府经常随意更改、规划指标存在市场化交易。

六、土地利用总体规划与城市规划

土地利用总体规划和城市规划是涉及土地利用的两个最重要的规划。《土地管理法》第二十二条规定城市总体规划、村庄和集镇规划，应当与土地利用总体规划相衔接，城市总体规划、村庄和集镇规划中建设用地规模不得超过土地利用总体规划确定的村庄、集镇建设用地规模。至今为止，两者之间的矛盾一直没有得到很好的解决。

（一）两个规划的编制部门不同，规划思路不一致

土地利用总体规划由国土部门编制，强调节约用地，尽量少占用耕地，对建设用地以供给引导需求，对各类用地指标实行严格控制；城市总体规划由规划部门编制，根据社会经济发展预测用地规模，是一种需求决定供给的关系。

（二）编制时间不同步，规划期限存在差异

两者编制的规划基期又不尽相同，加上土地利用总体规划远期一般为8年，而城市总体规划的远期一般为20年，造成了土地利用总体规划中对城市建不同，土地利用总体规划使用土地详查数据，城市总体规划使用统计局统计数据，两者有差异。

第二节 土地利用与规划的主要内容

一、土地利用的概念

土地利用是人们依据土地资源的特殊功能和一定的经济目的，对土地的开发、利用、保护和整治。

（一）土地的合理利用

土地利用是对土地进行充分的使其发挥最佳功能的利用。合理利用标志利用的有效性和永续性。

（二）土地利用与规划的概念

土地利用与规划是指在一定的规划区域内，根据地区的自然、经济、社会、条件、土地自身的适宜性以及国民经济发展需要和市场需求，协调国民经济各部门之间和农业生产各业之间的用地矛盾，寻求最佳土地利用结构和布局，对土地资源的开发、利用、治理保护进行统筹安排的战略性部署和措施。土地利用规划是一种空间规划，它是土地利用规划体系中的重要组成部分，是土地利用管理的“龙头”。编制和实施土地利用与规划是解决各种土地利用矛盾的重要

手段，也是保证国民经济顺利发展的重要措施，对实现我国社会主义现代化建设具有重要意义和作用。土地利用与规划的性质：整体性，规划区域内的全部土地资本。

（三）相关名词的概念

1.土地（Land）一般指表层的陆地部分及其以上、以下一定幅度空间范围内的全部要素，以及人类社会生产生活活动作用于空间的某些结果所组成的自然—经济综合体。

2.土壤一般是指地球陆地表面具有肥力、能够生长植物的疏松表层。国土是指一国主权管辖范围内的领陆、领空、领海等的总称。

3.土地整理指在一定区域内，依据土地利用与规划，采取行政、经济、法律和技术手段，对土地利用状况进行综合整治，增加有效耕地面积，提高土地质量和利用效率，改善生产、生活条件和生态环境的活动。

4.土地开发是指在保护和改善生态环境、防治水土流失和土地荒漠化的前提下，采取工程、生物等措施，将未利用土地资源开发利用与经营的活动。

5.土地复垦：广义的土地复垦是指对被破坏或退化的土地的再生利用及其生态系统恢复的综合性技术过程。狭义的土地复垦是指对工矿业用地的再生利用。

6.土地开发整理规划是指在规划区域内，在土地利用与规划的指导和控制下，对规划区域内未利用、暂时不能利用或已利用但利用不充分的土地，确定实施开发、利用、改造的方向、规模、空间布局和时间顺序。

7.土地开发整理规划包括土地平整工程规划、农田水利工程规划、田间道路工程规划、生态防护工程规划。

8.城市土地的运行程序：选择土地整理单元、进行土地整理规划方案设计、批准城市土地整理方案、组织城市土地整理的实施、检查验收并确权登记。

二、土地利用与规划的内容

（一）土地利用现状分析摸清家底，规划基础

（二）土地供给量预测明确土地利用潜力

（三）土地需求量预测土地利用调整的依据

（四）确定规划目标和任务规划的方向

（五）土地利用结构与布局调整规划的核心内容

（六）土地利用分区土地用途管制的依据

（七）土地利用的宏观调控

土地利用宏观管理体系的重要基础，是土地利用宏观控制的主要依据。

（八）土地利用的合理组织

通过土地利用与规划在时空上对各类用地进行合理布局，制定相应的配套政策引导土地资源的开发、利用、整治和保护，以保证充分、合理、科学、有效地利用有限的土地资源，防止对土地资源的盲目开发。

（九）土地利用的规范监督

土地利用与规划具有法律效力，任何机构和个人不得随意变更规划方案，各项用地必须依据规划，土地利用与规划是监督各部门土地利用的重要依据。

（十）制定实施规划的措施

规划实施的保障。土地利用与规划的编制主体是人民政府。依据是根据《中华人民共和国土地管理法》第十七条规定，各级人民政府应当依据国民经济和社会发展规划、国土整治和资源环境保护的要求、土地供给能力以及各项建设对土地的需求，组织编制土地利用与规划。

三、土地利用与规划的作用

（一）能够有效地解决土地利用中的重大问题

通过规划，划分土地利用区，实行土地用途管制，通过规划引导，明确哪些产业的用地优先供给，哪些产业的用地限制供给。水利、交通、能源、环境综合治理等基础设施和国家重点建设项目用地，重要的生态保护用地和旅游设施用地要给予保证。

（二）是土地利用管理的重要依据

通过规划的引导、调控，实现土地资源集约合理利用，保障社会经济的可持续发展。

（三）是合理利用土地的基础和依据

土地利用与规划是与土地的自然条件、社会经济条件和国民经济、社会发展相适应的土地利用长远规划，因此它是合理利用土地的基础和依据。长期以来，由于种种原因我国土地利用处在无规划的盲目利用状态，以致森林植被破坏，草原退化，水土流失加剧，土地和盐碱化面积扩大，耕地质量下降，非农业建设用地乱占滥用，浪费土地现象严重。土地利用结构和布局不尽合理，土地资源未能充分利用等种种问题。为了解决这些问题，防止土地利用的短期行为继续发生，使土地资源得到优化配置和充分利用，迫切需要编制土地利用与规划，对土地利用的方向、结构、布局做出符合全局利益和长远利益的宏观规划，借以指导各个局部的土地开发、利用、整治、改良和保护，为改善土地利用环境、提高土地利用率和土地利用的综合效益创造良好的条件。

（四）土地利用与规划为国民经济持续、稳定、协调发展创造有利条件

土地是一切生产、建设和人民生活不可缺少的物质条件。我国人口众多，人均土地和人均耕地面积严重低于世界平均水平而且农业后备土地资源不足。在人口持续增长、经济迅速发展、人民生活水平日益提高、城乡建设用地势必进一步扩大的形势下，对数量有限的土地资源如不做出统筹兼顾的长远安排，不加控制，任其自由占用和随意扩展，必将制约国民经济的健康发展和人民生活水平的不断提高。

（五）是政府调节土地资源配置的重要手段

通过编制和实施土地利用与规划，统筹安排各项建设发展用地指标和区域布局。通过规划和年度计划，从三方面调控土地供应。

1.总量调控：从全局角度提出增加或者抑制资源供应的建议。

2.区域调控：制定不同区域的供地政策，引导区域产业布局逐渐优化。

3.分类调控：通过供地政策，促进产业结构调整。

四、土地利用与规划的特征

土地利用与规划要综合各部门对土地的需求，协调各部门的土地利用活动。土地利用与规划，特别是全国、省级和地（市）级土地利用与规划，侧重研究解决一些重大的战略性问题，入国民经济各部门的用地总供给与总需求的平衡问题，基本农田、生态保护用地、城镇发展用地的协调与布局问题。规划的本质是比较长远的分阶段实现的计划，长期性是它的基本特征。土地利用与规划的控制性主要表现在两个方面。从纵向讲，下一级的土地利用与规划要接受上一级土地利用与规划的控制和指导；从横向讲，一个地区的土地利用与规划，对本地区国民经济各部门的土地利用起到宏观控制作用。权威性：土地利用与规划依法由各级人民政府编制，通过国家权利保证其实施，对于违反土地利用与规划的土地利用行为要追究其法律责任，因此它不同于行业或者部门用地规划。

五、土地利用规划的任务

（1）土地供需综合平衡。协调土地的供需矛盾，是首要任务。

（2）土地利用结构优化。土地利用结构是土地利用系统的核心内容，结构决定功能。土地利用规划的核心内容是资源约束条件下寻求最优的土地利用结构。

（3）土地利用宏观布局。最终确定在何时、何地和何种部门使用土地的数量及其分布状态，并结合土地质量和环境条件加以区位选择，最终将各业用地落实在土地之上。

（4）土地利用微观设计。在宏观布局的基础上，合理组织利用土地，以最大限度地提高其产出率和利用率，降低其占有率。

（5）土地利用规划程序。明确任务、组织班子、收集资料、明确问题、明发构想、系统分析、系统综合、系统优化、系统评价、系统运行、系统更新。

（6）土地利用规划的原则。维护社会主义土地公有制原则、因地制宜原则、综合效益原则、逐级控制原则、动态平衡原则。

六、土地利用规划体系

土地利用规划体系指由不同种类、不同类型、不同级别和不同时序的土地利用规划所组成相互交错且相互联系的系统。我国规划总类多，且分属不同部门管理，各部门间存在相互争夺区域规划空间的现象，尽管名目不一，各有侧重，但其内容多大同小异，导致大量工作重复，资源浪费，各搞各的，互不协调，甚至各不认账，严重影响规划的科学性、实用性和权威性。因此，厘清各规划之间的区别与联系对于促进我国各规划的协调衔接有着重要的作用。

（1）全国性土地利用与规划：全国性土地利用与规划应该为国家的宏观经济

调控提供依据，它应该属于战略性、政策性规划。

(2) 省（区）级土地利用与规划：省（区）级行政区在我国的区域范围都比较大，经济结构、产业结构、土地利用结构都比较完整，省级土地利用与规划仍属于政策性规划的范畴，它的规划内容与全国性规划相近，但它的区域差异性更加具体明确。

(3) 地（市）级土地利用与规划：地（市）级土地利用与规划就其深度而言应属于政策性规划范畴，它是由省级规划向县级规划的过渡层次，其基本内容应是在上级规划的控制下，结合区域规划的要求，在分析本地（市）的人口、土地与经济发展的基础上，进一步分析土地的供需情况，提出土地供应的总量控制指标和确定本地（市）区域土地开发、利用、整治和保护的重点地区和范围。

(4) 县（市）级土地利用与规划：县（市）级土地利用与规划属于管理型规划，重在定性、定量、定位的落实，强调规划的可操作性。

(5) 乡（镇）级土地利用与规划：乡（镇）级土地利用与规划属于规划的最低层次，属实施型规划，规划成果以规划图为主，为用地管理提供直接的依据。

七、国土规划

（一）区域规划是国土规划的组织成分

国土是指一个主权国家管辖下的地域空间，包括领土、领海和领空。区域是用某项指标或某几个特定指标的结合，划分出具有一定范围的连续而不分离的单位。因此国土的范围大于区域的范围，区域规范就是在特定区域范围内进行的国土规划。国土规划与区域规划的目标与任务也基本相同，它们的目的和作用都是发挥地区优势。从空间范围上看，区域规划是国土规划的组成部分。

（二）土地利用规划是国土规划的组成部分

土地利用规划是人们根据社会发展要求和当地自然、经济、社会条件，对一定区域范围内的土地利用进行空间上的优化组合和时间上实现该优化组合的安排。这个定义提到的土地是国土的组成部分，因此，从内容上看，土地利用规划是国土规划的组成部分。

（三）土地利用规划是区域规划的子系统

土地利用规划方案的选取应当在区域社会经济发展指导下进行，土地利用规划必须结合其他资源的利用规划，这些规划都属于区域规划的范畴，因此，土地利用规划要以区域规划为指导，土地利用规划是区域规划的一个子系统。

（四）土地利用规划与城市规划的关系

土地利用规划规划的是规划区内包括城市土地在内的全部的土地，因此城市规划应以土地利用规划为依据，土地利用规划与城市规划应当是整体与部分的关系。

1.土地使用规划是城市与规划的核心：土地利用与规划以保护土地资源（特别是耕地）为主要目标，在比较宏观的层面上对土地资源及其使用功能进行划分和控制，而城市规划侧重于城市规划区内土地和空间资源的合理利用。

2.城市与规划为土地利用与规划提供宏观依据：城市与规划除了土地使用规划内容外，还包括城市区域的城镇体系规划、城市经济社会发展战略以及空间布局等内容，这些都为土地利用与规划提供宏观依据。

3.两者相互协调和衔接：土地利用与规划不仅要为城市的发展提供充足的发展空间，以促进城市与区域经济社会的发展，而且还应为合理选择城市建设用地、优化城市空间布局提供灵活性；城市规划范围内的用地布局应主要根据城市空间结构的合理性进行安排。城市与规划应进一步树立合理和集约用地、保护耕地的概念。城市规划中的建设用地标准、总量应和土地利用规划充分协商一致。

八、土地利用与规划的类型

（一）分类方式

土地分类的不同直接导致同一地类有不同的内涵，使相同区域可以统计出不同的地类面积，相同地类无法进行比较、计算等。土地利用与规划编制规程中将城镇村及工矿用地分为城市用地（建成区）、建制镇用地、村庄用地、独立工矿用地、盐田及特殊用地。

（二）相关法律法规

土地利用规划中的城市用地面积要小于城市规划中的城市用地面积。土地规划的宏观控制和约束力未能在法律上充分体现。《土地管理法》及实施条例都简单地讲各级政府应编制土地利用与规划，但规划应对哪些土地利用进行宏观控制，如何保证规划的实施，土地利用与规划有无法律约束力，违反了规划如何处

置等均未能明确。相形之下，城市规划有《城市规划法》作为法律保障，规划的制定、实施和违反规划应负的法律责任等《城市规划法》均做了明确的规定。

（三）土地开发整理项目依据概念

是指依据土地利用与规划和土地开发整理专项规划，在项目区内进行各种基础设施布置，土地利用结构与布局调整、产权调整与利益分配所做的安排。土地开发整理规划实际上属于土地利用详细规划。

九、规划目标

（一）城镇

以国家“积极发展小城市，大力发展小城镇”的原则为指导思想，建立具有合理的职能分工、等级规模和空间布局的县域城镇体系结构。到规划期末，双江县域内将建立以双江县城为第一级中心城镇，勐库、邦丙、大文三个乡（镇）为第二级中心，忙糯、贺六两个乡集镇为第三级中心的城镇体系空间结构。逐步形成以214国道及县道，光缆中继线，输电线(KVETCH、KVETCH 输电线)等区域性基础设施连接的，以双江县城为中心的，相互作用、相互联系的城镇网络。

（二）农村居民点

本轮规划要做好全县2镇4乡的新农村规划，在农村实施“新家园行动”计划，开展旧村旧房改造，以特色民居房建设为重点，配套实施水、电、路等基础设施建设，着力推进村容村貌整治，使建设村基本实现经济支撑产业化、农户住房特色化、乡村道路通畅化、人畜饮水安全化、村寨环境生态化、信息服务网络化、管理决策民主化的“七化”建设目标。要求旧村民居房建设改造达70%以上，道路硬化达95%以上，清洁能源建设达85%以上；基本清除农村脏、乱、差现象，达到“布局合理、设施配套、环境整洁、村（镇）貌美化”的基本标准。

（三）严格保护耕地

从控制耕地流失和加大补充耕地力度两方面强化耕地保护，确保耕地保有量不低于上级规划下达指标。规划期内，全县因建设占用、农业结构调整、自然灾害损毁等原因减少耕地590公顷，开发整理复垦、农业结构调整补充耕地2029

公顷。到2020年，全县耕地保有量为41723公顷。其中至2010年，全县耕地因建设占用、农业结构调整、自然灾害损毁等原因减少170.0公顷，开发复垦整理、农业结构调整补充耕地1776公顷，全县耕地保有量为41900.0公顷。

（四）严格控制耕地减少

1.严格控制非农建设占用耕地。建设发展应积极挖掘存量用地潜力，非农业建设可以用荒地的，不得占用耕地，可以利用劣地的，不得占用好地，尽量不占或少占耕地。到2020年，全县新增建设占用耕地控制在350.0公顷以内。

2.切实落实国家生态退耕政策。除已纳入生态退耕规划的项目外，规划期内原则上不安排新的生态退耕用地。

3.严防耕地灾毁。加强耕地承包责任制度建设，禁止耕地闲置与荒芜，积极改善农业生产条件，合理使用化肥、农药等，严禁耕地重用轻养，提高抵抗自然灾害能力，防止耕地灾毁。

4.适度调整农业结构。合理引导农业内部结构调整，协调各行业发展供给与需求，确保不因农业结构调整降低耕地保有量。规划期内，全县因农业结构调整减少耕地控制在1900公顷以内，且不得破坏耕作层。

（五）加大补充耕地力度

1.严格执行占用耕地补偿制度。非农业建设经批准占用耕地的，按照“先补后占”的原则，在占用耕地前先补充与占用耕地数量和质量相当的耕地。建立土地开发复垦专项基金，加强对开发整理补充耕地的管理，确保补充耕地质量与数量。规划期间，全县通过土地开发整理复垦补充耕地800公顷以上，规划近期，全县通过土地开发整理复垦补充耕地646公顷以上。

2.在此基础上，适度开发土地后备资源。在保护和改善生态环境、防止水土流失和土地荒漠化的前提下，依据土地适宜性条件，有计划有步骤地推进耕地后备资源的开发利用。规划期间，计划对双江县的宜耕荒草地进行开发，补充耕地525公顷。

3.加强对农村居民点的整理。结合新农村建设，推动农村居民点整理，拆并空心村和零星居民点。尽量整理为耕地，不能整理为耕地的要采取多种方式综合利用。加大对废弃地的复垦力度。加大对石材厂及采矿塌陷、占压区的复垦，尽

量复垦为耕地。

4.积极推进农用地整理

因地适宜地推进农用地整理和低丘岗地改造，对田、水、路、林、村等实行综合整治，改善生产生活条件，增加可利用土地面积，提高耕地质量和土地利用率及产出率。规划期间，计划通过农用地整理增加有效耕地面积为1229公顷。加大对废弃地的复垦力度。加大对石材厂及采矿塌陷、占压区的复垦，尽量复垦为耕地。规划期间，计划通过土地复垦补充耕8公顷。

5.优化耕地与基本农田布局

（1）确保基本农田保护面积不减少。基本农田保护以稳定粮食生产能力为目标，以不低于临沧市规划下达指标为基本原则。依法划定基本农田保护区，严格执行基本农田保护制度，确保基本农田保护面积不低于33400公顷，同时在确保33400公顷的基本农田保护面积的前提下，多划定基本农田512公顷，作为基本农田保护，主要解决规划期内不可预见的，确需穿越占用基本农田保护区内耕地的重点工程和重点项目用地，但是不计入基本农田保护面积的考核指标。

（2）合理布局基本农田。适当调整基本农田布局，保证基本农田的稳定性。调出规划城镇发展区域内以及城镇周边未来建设发展范围内的现有基本农田，为城镇发展预留空间；将生产条件较好、集中连片的现有一般农田划为基本农田，保证基本农田的保护面积不减少。根据城镇空间拓展和产业用地布局，适当调减城区及重点乡镇的基本农田保护面积，则在其他乡镇适当调增基本农田保护面积。

（3）稳步提高基本农田质量。以提高农田利用率和产出率为目标，加强基本农田保护和标准农田建设，对田水路林村等实行综合整治，不断提高基本农田质量。

第三节 土地利用与规划的发展历程

一、土地的重要性

（一）土地是人类生存和文明延续的物质条件

它是国民经济各个部门发展的基础。土地利用规划是否科学、合理和可持续，将对人类活动的各个方面产生深刻影响。

（二）土地利用规划是一项涉及国民经济各个产业部分的系统工程

为了提高规划的工作效率和决策的科学性，近年来，国际上土地利用规划中高新技术得到了广泛的应用。土地利用规划的方法逐渐由定性描述、对比分析等传统方法转变为普遍使用系统工程、灰色控制系统、层次分析(AHP)法、系统动力学(SD)模型、多目标决策规划等现代方法。模型技术的大量运用，不仅提高了规划方案的精度，而且为模拟土地利用的动态发展过程提供了可能。地理信息系统技术(GIS)、遥感技术(RS)、全球定位系统(GPS)等现代科技手段的逐步使用，使土地利用规划从野外资料搜集、信息处理、计算模拟、目标决策、规划成图到监督实施全过程逐步向信息化方向发展。

一些国家还将决策支持系统(ASS)技术引入到土地利用规划编制工作中去，这是规划方法手段革新的又一大转折点。在应用三技术基础上建立的以GIS为核心具有现势性的土地利用规划体系数据库及动态的规划管理决策系统，对加强各类空间规划的编制及规划实施管理的科学性、动态性与整体性，加强不同类型、不同层次规划的联系，减少规划之间的矛盾方面都具有不可忽视的作用。

二、土地利用与规划发展历程

（一）城市规划的起源

城市规划是人类为了在城市的发展中维持公共生活的空间秩序而作的未来

空间安排的意志。这种对未来空间发展的安排意图，在更大的范围内，可以扩大到区域规划和国土规划，而在更小的范围内，可以延伸到建筑群体之间的空间设计。因此，从更本质的意义上，城市规划是人居环境各层面上的、以城市层次为主导工作对象的空间规划。在实际工作中，城市规划的工作对象不仅仅是在行政级别意义上的城市，也包括在行政管理设置、在市级以上的地区、区域，也包括够不上城市行政设置的镇、乡和村等人居空间环境。

（二）21世纪70年代以前的土地利用与规划

在英美等发达国家，土地利用规划的主要内容是土地利用分区。即将一定范围内的土地划分成不同使用分区，并以使用分区图来界定分区的范围及区位。在每一分区中，制定不同的土地使用规则或规范。

1.此间土地利用与规划的内容

这一期间，城市土地利用规划的内容相对比较丰富，它包括对未来10～20年间公共建筑物、私有土地、居住用地、商业用地分布的设计；在规划图上要求标明以下元素街道、公园、公共建筑物场地、公共保留地、公共机构设置点等。前苏联的土地利用规划内容与英美国家有所不同，它包括对土地进行“分配”和“设计”。

2.此间土地利用与规划的任务

任务是消除土地利用上的不合理现象，消灭不合理地界，改善水利设施、合理配置各类用地，对企业内的土地利用进行详细设计，绘制土地利用规划“蓝图”。这一时间，我国的土地利用规划内容与前苏联非常相似，主要包括土地区划以及进一步的田块划分、林带配置、居民点安排、道路布局等。70年代以来，随着人口、资源、环境和发展(CRED)问题的日益凸显，土地利用规划的内容有了很大的拓展。前苏联土地利用远景规划图从70年代初开始编制，其内容是根据国民经济各部门的远景发展设想，论证农业和国民经济其他部门对土地的需求。

（三）1992年的土地利用与规划

针对农村土地评价提出的土地利用规划框架性内容、系统地阐述目标估量和调查、规划设计、确定规划、补充、评价。规划设计内容、现状分析和期望目标预测、确定实施方案、确定每个可选方案的实现方法和时间、研究各种实施方案的现状、可能的实现途径和时间；最优和可行方案选择、实施方案的综合；报告70年代，在土地利用规划这株家族树上还产生了两个新枝。

（四）20世纪后半叶的土地利用与规划

1.问题日益显现

进入70年代，随着人口、资源、环境和发展(CRED)问题的日益凸显， 土 地利用规划逐渐从传统的建设性或蓝图规划，发展到以控制土地利用变化和可 持续发展为目的且具有广泛民众基础的公共决策。

2.各种规划理论相继被接受

以现代控制论为理念的规划，即以目标—连续信息—各种有关未来的比较方案的预测和模拟—评价—选择—连续监督为基本模式的规划理论开始被接受。关于土地利用规划的概念、研究对象、任务、理论基础的研究，总体上发展比较缓慢。正如联合国粮农组织(FA)指出的那样土地利用规划方法论并没有像土地评价那样发展成熟，甚至有关土地利用规划所包括的内容、任务还在争议。一些研究者把他们的任务限制在土地利用方式的实体设计和布局；另一些人则认为土地利用规划即为通过立法来控制土地利用。

3.苏联的土地利用与规划

相比较而言，前苏联和我国对土地利用规划的理论研究，具有更为突出的贡献。前苏联的土地利用规划工作的开展已有200多年的历史，历来视土地利用规划为旨在实施国家政策、调整土地关系的国家措施体系，其主要任务在于有效组织土地利用并保护土地，虽然它是在国家所有的土地上进行利用规划，但其结果不是解决土地所有者，而是土地使用者的土地利用组织问题。我国的王万茂、韩桐魁、董德显等都对土地利用规划理论的发展做出了重要贡献，认为土地利用规划是一门对土地利用进行控制、协调、组织和监督的应用性学科。

4.纵观20年代以来土地利用规划理论的发展，以下内容具有一定的标志性意义

（1）出现了以土地评价为基础的土地利用规划模式。

1972年在荷兰瓦格宁根召开的农村土地评价的FA会议上，Brinkman和Myth指出土地资源评价与土地利用规划的结合是非常必要的。

规划包括四个方面：规划过程的一般环境、规划过程题材、规划单元、完成规划的形式。土地评价与土地规划的相互渗透和交换可产生更有效的结果。可预测的土地利用类型的决策尤为如此。

（2）FA于1993年出版了第一本《土地利用规划》指南。

对土地利用规划的本质和目的、规划的尺度和对象等理论问题进行了明确的界定。该书认为，土地利用规划是一个对土地和水资源潜力，以及对土地利用和社会经济条件改变的系统评价过程。其目的是为了选择、采用并实施最佳的土地利用方案，以满足人们对未来土地资源安全的需要，规划的驱动力是变化的需要，改善管理的需要或者是由于条件改变导致选择不同土地利用模块。

（3）理论探讨进入深入期。

1994年，H.N.等正式出版了《可持续土地利用规划》专版，对可持续土地利用规划的概念、动机、内容体系等进行了较深入的理论探讨。

研究者们认为，所谓可持续土地利用规划，是为了正确选择各种土地利用区位，改善农村土地利用的空间条件以及长久保护自然资源而制定的土地利用政策及实施这些政策的操作指南。按照他们的观点，在土地利用规划过程中，土地最佳利用和可持续环境导向下的土地保护是两个最重要的方面。

（4）在城市合理用地规模的理论研究方面取得重要进展。

1960年，前苏联的达维多维奇首先提出了“城市合理规模”的概念；波兰的B.马列土以“门槛”理论作为衡量城市发展规模的合理限度；美国G.戈拉尼提出了用密度、功能、健康、费用四项标准来确定城市的最优规模。莱斯(W.1992)提出了“生态印证”理论来反证人类必须有节制地使用“空间”这种资源。美国和加拿大等国则在用途管制理论的基础上，提出成长管理来指导控制城市用地的无限制蔓延。

（五）新世纪的土地利用与规划

美国、日本、德国、英国、加拿大等国家在规划制定的各个阶段都积极倡导各方人士参与，使规划保持了较高透明度和参与度，我国现在也开始注重规划的公众参与。从理论上讲，在规划过程中只依赖少数人进行决策是很可怕的，不同利益集团都应享有均等的机会和发言权，参与制定政策、编制规划和管理全过程。这种公开透明的规划体系决定了规划部门的任务不单纯是依据政府决定编制蓝图，而且应依靠自己的专业知识对决策具有合法的参与权力和实施规划的权力，并利用权力在各部门的决策者之间进行协调，最终产生有广泛群众基础的民主型规划。国内外关于复杂地理计算模型在土地利用规划空间布局方面的研究还不是很多，但复杂地理计算模型在许多方面已初露端倪。有关地理空间演化的理论和动态模型研究有了长足的发展，地理学家开始应用复杂地理计算理论和方法来研究和分析地理系统的空间复杂性问题。具有三个基本特征土地利用规划是一种建设性规划；设计是土地利用规划 的中心内容；土地利用规划是一幅未来发展的蓝图。以美国芝加哥市规划和发展局(CPD)的规划过程为例，按该局的话来说我们不再制定规划，然后让社区按我们的规划实施。现在是规划局和社区组织、社区发展公司一起工作。对某一地区的规划，主要由当地社区提出，规划部门 提供技术及财政支持，然后由规划部门按区划法规审定批准，引导社区实施由他们自己制定的规划。这种做法直接反映社区的要求，充分体现了规划中的公众参与，规划作为政府的职能之一，不是直接运作，而是起着协调、仲裁、审定的作用。规划主体日益显现出多元化的特征。

三、土地利用与规划的发展模式

（一）美国模式

主要通过法律法规形式制定土地利用目标和规划；其规划形式包括城市和大都市规划、联邦州和区域规划以及农村土地利用规划；从规划体系来看，可以分为三大类（总体规划、专项规划和用地增长管理规划）和六个层次（国家级、区域级、州级、亚区域级、县级和市级）；从规划内容看，一般包括七个要素土地利用形式（公有地、农业用地、林业用地、城市用地和乡村用地）、交通、居住地、空旷地（绿地）、保护地、安全设施和防噪声污染；规划总的规划思想有三种：保护农业用地、控制大城市扩大用地规模、保护森林及生态系统。

（二）日本模式

规划分为全国规划、都道府县规划和市镇村规划三级；在都道府县范围内，还要制定“土地利用基本规划”，主要内容有确定土地利用的基本方向，按照城市、农业、森林、自然公园、自然保护的五种地域类型进行土地利用区划。

除了上述两个规划外，还通过法律和行政手段，使宏观管理和微观管理结合起来，形成一个比较完整的体系。是以土地私有制和自由市场经济为基础，通过土地利用规划和土地利用基本规划对土地资源进行宏观调控，以法律和行政手段实现土地利用的微观调控，着重于宏观的直接调控，间接实行微观调控。

（三）英国模式

规划分为四级国家级规划（规划政策指南）、区域规划（区域规划指南）、郡级规划（结构规划）和区级规划（地方规划）；土地利用规划的实施大多依靠制定专门的法律，主要控制手段为土地用途管制或规划许可。

（四）前苏联模式

国民经济计划和土地规划两个体系共同发生作用，有计划地利用土地；土地规划分为五年计划和年度计划两种；土地规划分为企业间土地规划和企业内土地规划；适宜土地国家所有制和高度集权的计划经济为基础；对土地利用活动的具体组织比较详细，着重为微观管理提供良好的基础，但在宏观的调控上缺乏目标，土地利用结构和方式被详细的规划所固定，难以适应不断变化的社会经济发展的要求。

四、未来土地规划与利用的发展趋势

（一）土地利用规划空间布局问题具有典型的时空特征

经历着复杂的时空转化过程。在宏观上是社会过程、经济过程以及生态过程等在土地利用空间上的动态映射，在微观上是政府、居民、企业等主体之间以及其与土地利用实体之间并行的局部作用的适应过程在空间上的表达。土地利用规划空间布局模型可以作为这种特征的数学映像，从而实现土地利用规划空间布局。

（二）土地利用与规划的主要问题

土地利用规划涉及土地资源的利用问题，涉及土地价值高低的问题，未来我国土地利用发展规划的趋势是如何的？根据土地利用规划所有的内涵、本质、目标等研究和探索，未来土地利用发展规划的趋势主要是以下几个方面。

1.与方法相结合

在经济社会日趋全球化，市场机制难以有效地解决日益突出的人口、资源和环境问题时，土地利用规划已经成为防制市场失灵，对土地配置实行宏观调控，保障社会经济持续协调发展的必要工具。徐惠认为土地利用规划学科的健康发展必须由“理论”与“方法”两大车轮的推动。将规划仅作为一项社会实践活动或政府的政治行为，或者是将规划仅作为一项工程技术都难以发挥其应有的作用。

2.规划绩效

土地利用规划作为自然、社会、经济、人文、工程技术等交叉的边缘性综合学科，与特定国家、地区、时期的社会经济发展阶段、政治经济体制、社会制度以及基本国情、文化背景等因素有着不可分割的紧密联系，具有强烈的社会性、时代性和区域性。这样，不同政治经济体制因素影响下的土地利用规划，具有不同的理论、方法和模式。因此，徐惠认为根据本地的实际，选择什么样的土地利用规划模式，如何运用规划运行机理提高规划绩效等问题，已成为亟待研究的重要课题。

3.与发展相协调

徐惠认为我国土地利用规划学的研究，应在借鉴国内外规划理论、方法和体系研究成果的基础上，面对逐步完善的社会主义市场经济体制，以及城市化和工业化的快速发展，以及经济全球化和信息化的到来的现实，深入开展土地规划与经济社会发展的关系，规划模式研究，以及系统分析理论、有限理性理论、博弈论、利益均衡理论、弹性理论、可持续发展理论、控制理论和制度经济理论在土地利用规划中的应用研究；深入开展多目标决策、灰色系统控制、系统动力学等现代模型技术，以及现代地理信息技术、决策支持系统(ASS)技术等在土地利用规划中的应用研究，逐步形成土地利用规划自己特有的理论与方法。

4.理论的复合化

自二战以来，土地利用的理论发展既有相互补充完善的，也有相互对立矛盾的，各种不同派别的规划理论之间展开了长达半个多世纪的大辩论，主要体现在理性的科学规划理论、倡导性规划理论、渐近主义规划理论、新马克思主义规

划理论、新人文主义规划理论和实用主义规划理论等不同观点和理念，各家争论的主要焦点就是公众利益、合理性和政治的理解迥然不同，到底要制定什么样的规划，由谁参与，为谁服务以及怎样制定，均是各学派无法圆满回答的问题，如以人为本是各种理论都一致同意的观点，但到底以什么人为本，以普通百姓为本还是以富豪、官贵为本，以年轻人为本还是以老年人为本等，各派观点却完全不同。然而，我们认为，随着人们对理论指导规划实践重要性的认识，以整体性和动态性为特征，应用系统分析的理论，充分重视经济、社会、文化、生态多元复合的土地利用规划理论和理念将不断得到深化。

5.内容的综合化

土地利用规划研究是一项综合性很强的研究工作，它不仅涉及土地的自然属性，还必须考虑经济、技术和人类活动的影响，并注重它的生态效益、经济效益和社会效益。第一，研究土地利用规划必须从其土地利用组成、结构、功能演化过程等方向进行综合研究，这样才能把握住土地的总体特征；第二，要进行充分的经济分析和计算，例如成本、产值、毛利、收益水平等，使研究成果既反映土地的自然特征，又反映不同土地利用规划的收益水平；第三，要考虑社会因素，使其能发挥社会作用。

6.主体的多元化

以往所做的土地利用规划大多是政治直接参与的产物，很少考虑公众参与过程，规划部门作为管理部门，主要任务是执行政府的意图，对资源分配有着极小的控制权，常常被动地向权力讲授真理，这大概就是以往的规划方案难以实现原因之一。总之，土地利用规划研究日益表现出经济化和社会化。另外，综合化亦表现在针对人口增长、资源短缺、环境变化和区域发展问题，开展全球性的协同研究，以确定人口增长对土地资源的需求和土地资源系统可支持或必须支持的程度。土地利用规划的发展需要在现有的发展前提下，利用与高科技的结合，更快、更好地制定出完善的土地利用规划，我国土地利用规划发展空间很大，节约土地资源，缓解人地矛盾在未来将会成为重点工作。

第四节 土地资源的合理运用和环境影响

土地资源是经济社会发展的基础，随着社会经济的快速发展，积极探索土地资源的科学管理和合理利用的重要性就日益凸显出来。我国土地面积广阔，但土地形势严峻，正确认识了解我国土地资源的基本特征，更好地对土地资源进行开发、利用、整治和保护，具有重大意义。

一、我国土地资源特性及现状

我国土地总量大，人均土地少；地貌类型多样，山地、丘陵多，平地少；土地资源区域分布不平衡；土地生态环境脆弱。在土地实际利用过程中存在诸多问题，如城镇建设占地加剧、土地闲置浪费严重、工地利用结构不合理、土地供需矛盾尖锐、人均耕地面积不断下降、生态环境恶化等。

（一）城市建筑向高层发展

借助钢筋水泥减少城市土地用量，增加土地使用效率。目前，我国许多城市，特别是中小城市，普遍存在着建筑楼层较低的情况，致使土地利用率低。据测算，如果武汉用地合理布局，适当增加楼层，可节约耕地60%。如果拿北京同日本东京相比，两个城市的辖地面积基本相等，但东京人口容量为2600多万，是北京人口的二倍多。相比之下，我国在这方面还有很大的潜力可挖。同时，为了节省土地，还应向地下发展，着眼开发地下空间。由于受经济等因素的影响，我国在这方面搞得还很不够，与国外的一些发达国家相比有很大的差距。国外的地下空间开发往往是多功能的、综合性的，如地铁站和商业设施、娱乐设施相结合，并有地下停车场等其他服务业，综合利用率较高。1997年12月1日，我国第一部《城市地下空间开发利用管理规定》正式实施，意味着地下空间开发将在我国得到应有的重视，预示着地下空间开发有着很大的发展潜力和利用前景。

（二）工业用地闲置土地多

同样是年产800万吨钢的钢铁企业，我国鞍钢的用地指标为68米/吨，而德国的敦刻尔克钢铁厂仅为0.57米/吨。目前发达国家城市用地中，工业用地一般不超15%，而我国则为26%～28%。就是说，只要工业用地达到发达国家水平，我国现有城市土地中至少有10%以上可用于发展第三产业。另外，1995年土地管理部门曾对全国城市(包括开发区)的土地进行清理检查，按当时最保守的统计，城市闲置未利用的土地近200万亩。实际情况远远超过这个数字。近年有专家研究认为，城市土地闲置率为20%～30%。即使按15%计算，我国现有城镇(不含独立工矿区)的闲置土地约为500万亩。

（三）“房地产热”“开发区热”占用了大量的耕地

据了解，仅1993年，全国清理的2800多个多种多样的开发区中，有78%的属于乱设，涉及耕地面积多达1143万亩。据有关资料，全国房地产开发企业已达33000多家，但多数房地产开发商经营状况不佳，全国房地产企业半数出现了亏损。我国大中小城市(包括小城镇)现有的工业企业，无论国有大中型企业还是众多的乡镇企业，有许多经济效益较差，这样就降低了土地的产出效益。所以，通过加强管理、兼并联合、重新改组等手段，搞好城镇现有企业，就是对土地资源的有效利用。企业经济效益越高，土地资源的利用率也就越高。

（四）城市交通主要应发展公共交通

1.公共汽车

目前，国内的公共汽车噪声大，舒适性差，超载拥挤，速度较慢，在质量和数量方面都不能满足公众需求。今后应着重于向快捷、方便、舒适方面发展。

2.有轨电车

有轨电车速度快、运量大，投资只有地铁的四分之一，建设周期约为地铁的二分之一，设备寿命是公共汽车的三倍，无污染，又节约能源，在经济及社会效益方面均具有优势。

3.地铁

地铁建设投资大，发展速度受到了限制。在我国，不宜鼓励汽车家庭化，从而进一步拓宽道路，修建更多的停车场。这是由我国人多地少的国情决定的。

现代化的城市也并非一定要提倡发展私车，荷兰首都阿姆斯特丹市很发达，但自行车仍是人们的第一交通工具。我国香港也没有提倡汽车家庭化。即使家庭之外，小汽车、“面的”也不应成为城市交通的主流。

另外，在城市与城市之间应发展高速铁路。现在世界各国都在竞相发展高速铁路，日本的新干线的时速是280公里/小时，已在向360公里/小时进军。发展高速铁路比高速公路节省路面、节约能源、运量大、速度快、安全性能好。以上种种存在的问题也就是挖掘的潜力之所在，我们一定要从多方面着眼，从多方面努力，尽量节省、充分利用土地面积，走集约化发展的城市化道路。在这方面，我国香港可以说是一个典型的例子，以弹丸之地创造了经济上的奇迹。

二、制定正确的农村城市化道路的策略

选择什么样的城市化道路对于合理利用土地资源具有重要意义。我国城市化道路研究中一种最为流行的观点是大力发展乡镇企业，重点发展小城镇，以小城镇为中心来实现我国的城市化。

（一）小城镇兴起

十多年来，以乡镇企业为主的小城镇，在我国地上如雨后春笋般地发展起来，吸纳了全国各地农村的数百万剩余劳动力，使农民就近转移到第二、三产业就业，减轻了大中城市劳动力市场的压力，为繁荣农村经济，增加农民收入，积累现代化建设所需的资金起到了重要作用。但是，小城镇在城市化体系中应有一个合理比例。因为从合理利用土地资源，从规模效益这个角度来看，大量地、盲目地发展小城镇是不经济的。首先，小城镇中以乡镇企业为主体的工业规模小、分散、技术水平低、设备较为落后，科技、管理人才缺乏，职工文化素质普遍偏低。小城镇交通运输、邮电通信、能源、供水等基础设施落后，缺乏发展工业化和商品化的起码条件，无法大规模地实行生产的专业化、协作和联合化。难以形成大中城市所具有的聚集效应和规模效益等。这种种不利条 件使小城镇的经济效益不如大中城市。

（二）小城镇的特点

据统计，小城镇单位土地面积提供的国内生产总值仅相当于全国城市平均水平的1/3，相当于200万人口以上大城市的3%；从容纳人口数量来说，大城市的

占地面积为11万平方公里，占全国总面积的16%，其中特大城市占0.56%，是大城市总面积的423%，不到一半面积，而人口占67%，即占2/3，大城市的占地面积只是中小城市的33%，人口是其331%。这说明城市规模越小，吸纳人口就越少，占地面积很不经济。其次，小城镇中大量劳动者亦工亦农，家在农村。这种农村剩余劳动力转移方式没有使农民割断与土地的传统纽带。在小城镇做工经商的劳动者，仍在农村占有小块土地，由其家庭其他成员耕种管理。随着乡镇企业和商品经济的发展，出现两种情况，一是忙于做工经商，土地抛荒，粗放经营，降低了土地的产出效益。二是农民收入多了，便在农村的家里盖房修院，占地面积大，利于节约土地。凡此种种，大量的小城镇降低了土地使用效率，不利于节约使用土地。小城市也同样在规模效益和土地使用效率方面不如大中城市。因此，尽管现阶段我国特殊的国情决定了我们必须积极发展小城镇，但是我们也应当遵循世界城市化发展的一般规律，积极发展大中城市。

（三）解决的具体措施

今后应当在工业化发展的基础上，不失时机地把一些条件好的小城镇发展为小城市，把一些条件好的小城市发展为中等城市，同样地把一些条件好的中等城市发展为大城市，各方面条件较好的大城市也可以进一步发展为特大城市。但是，城市发展到一定规模会出现效益递减。因此，对于特大城市，应该控制其人口数量和占地规模。因为城市过大，会给城市管理带来一些困难，并且引发生态失衡等弊病。因此，特大城市应该着眼于高精尖技术，走内涵扩大再生产的道路。同时大力发展科学文化教育事业，大力发展金融、贸易、信贷、服务等第三产业，增强对周围地区的辐射功能，充分发挥其在某一区域的经济文化中心作用，带动周围地区经济文化的发展。这可视为另一种意义上的“发展”。对于一些水源、能源、交通运输等条件欠缺，且不好解决的大城市，也不应再扩大人口数量、用地规模，新建、扩建工业项目及企业。

（四）如特大城市一样，从粗放型向集约型发展

从理论上说，农村人口城市化应该能使耕地面积保持动态平衡，并且较前增加。因为城市本身应该说就是集约化的空间组织形式，是政治、经济、文化、人口高度密集的中心。但是，我国改革开放以来，城镇数量多了，城镇面积扩展了，耕地数量下降了，农村人口在城镇就业数量增加了，但没有引起农村土地承载人口的空置。因为我国人口数量过多，农村至今仍有剩余劳动力6 亿个，每年还要新增劳动力1000多万。城市工业及第三产业不能提供大量的稳定的就业机会，使大批农民举家迁入城市。这也就使得我国城市化的发展与土地资源有限性的矛盾更为突出。更需要我们精打细算、合理规划，提高土地利用的集约化程度，把推进城市化与土地资源的合理利用很好地结合起来。

（五）优化土地利用结构，调整布局

在土地利用结构和布局方面亟待进行的工作有城市建设用地结构调整，乡镇企业用地清理，农业生产的区域专业化。

（六）保护耕地，控制建设用地，加强农田基本建设，提高耕地生产力

实行世界上最严格的耕地保护措施，具体的有以下几个方面：加强耕地保护立法；划定耕地保护区；强化全民保护耕地意识。

（七）控制人口增长，缓解人地矛盾

在土地资源难以增加的情况下，控制人口增长是实现人地平衡的根本措施。

开展土地整治，改善生态环境。荒山、荒坡、荒滩和荒沙是最具开发价值的后备土地资源，我们要根据其具体特征，因地制宜地加以开发利用；大力开展大江大河及小流域的综合治理工作，启动各项防护林工程和绿化工程，最大限度地消除由于洪水、风暴和人为破坏带来的各种水土流失对土地资源的危害；土地污染的防治要贯彻以防为主、防治结合的原则。

（八）改革土地制度，加强土地管理

强化中央和地方政府对国有土地所有权的主体地位；根据市场经济基本原则加快土地市场化建设步伐，建立土地权属有条件的市场流通机制；政府管理土地的职能主要是制定和实施土地利用规划，对土地供求平衡实行宏观调控；确立法律在土地管理中的权威地位，在土地立法、司法和监督等环节上加大改革力度，早日健全和完善我国的土地法律制度。

三、土地利用规划的环境影响

土地是人类赖以生存的环境，是一切生产生活活动的载体，土地利用过程中对环境产生的影响越来越大，在构建和谐社会过程中对环境的保护管理和评价也越来越重要，人类逐渐认识到了环境对生产生活的作用，也更重视环境对人类活动的影响，由于人口的快速增长，生态环境恶化的趋势逐渐加快，在对环境管理过程中环境的土地利用规划作为配置和合理利用土地资源的重要手段，与生态环境保护与建设息息相关。

（一）土地利用环境影响的重要性

我国在经济飞速发展的同时却面临着水土流失、土地荒漠化、盐碱化、贫瘠化加剧的生态环境问题。我国生态环境总体上呈恶化趋势是由于我国过去没有一个完整的、系统的、科学的土地资源可持续利用规划，人们的生态环境意识淡薄。土地利用总体规划作为土地资源保护和利用的统领，是对一定区域未来土地利用超前的计划和安排；是依据区域社会经济发展和土地的自然历史特性，在时空进行土地资源分配和组织的综合技术经济措施；是实现国家和各级政府对区域土地利用进行总体规划、引导、调控和管理的重要手段。进行环境影响评价是确保土地利用总体规划的生态环境导向性的最有效的方法之一。开展土地利用总体规划环境评价的一个基本原则就是评价与规划过程的紧密结合，即两者要同步进行、滚动发展、互为反馈。这样在土地利用总体规划设计过程中，通过研究规划对环境的有利和不利影响，研究环境的自净能力和环境容量，从环境保护的角度提出土地利用的规模、空间布局等方面的战略关系；并分析预测规划实施后产生的生态效益、社会效益、经济效益及规划实施后会产生的不良环境后果。可见，在编制土地利用规划时，应将规划对象看成是一个完整的环境生态系统，进行土地利用总体规划环境影响评价，从而提高土地利用总体规划对土地利用和生态环境协调的统领能力，保证自然、经济、社会的和谐发展。

土地利用规划是对土地资源及其利用方式的再组织和再优化过程。土地利用规划方案的实施，必然会打破区域内土地资源的原位状态，对区域内的水资源、土壤、植被、生物等环境要素产生许多直接或间接、有利或有害的影响，从而使得土地生态系统对人类的生产、生活条件产生正向的或负面的环境效应。为了预防有缺陷的土地利用规划的出台和实施对环境造成不良影响，迫切需要在编制土地利用规划时对规划区与土地利用有关的环境影响进行科学研究，为土地利用方式选择和土地利用分区布局提供科学的依据，同时为环境保护和经济发展综合决策提供有效的技术支持，促进地区土地资源持续、协调地利用。

（二）土地利用规划对生态环境有着深远的影响

土地利用规划是一种综合性的用地规划，涵盖各业用地，是合理配置和利用土地资源的重要手段，与生态环境保护与建设息息相关。不合理地开发利用土地资源可能会引发消极的环境影响，如陡坡地开垦可引发或加剧水土流失，从而引发泥石流、滑坡等地质灾害；围湖造田缩小湖面面积会增加洪涝灾害发生概率和程度；对某些水面、荒草地的开垦会破坏湿地或野生动物栖息地，对保护生物多样性造成负面影响；在水资源紧缺的地区，城镇用地、耕地和园地面积的增加，导致生活用水、工业用水和农业用水的激增，加速了水资源的耗竭；非农建设会导致高质量农地的损失；大面积的城市化可能会降低景观的异质化程度，降低景观的抗干扰能力。而合理的土地利用规划会对环境产生积极的影响，如土地整理复垦可以增加农地数量，提高植被覆盖率，从而改善生态环境；增加生态建设用地的供应，可以促进生态系统的保护与建设等。

1.中国严峻生态环境问题多与土地利用有关

多年以来，国家和政府为改善生态环境做出了巨大努力，取得了很大成绩。但是，中国的生态环境保护的形势依然严峻，生态建设的任务依然繁重。主要表现在水土流失面积仍在不断扩大；土地荒漠化面积继续呈扩展趋势；水资源紧缺且开发利用不合理；湿地保护力度不够；生物多样性受到严重威胁，区域生态能值下降；不合理开发利用导致耕地质量退化，数量减少，等等。这些问题与我国的土地利用有着十分密切的关系。规划中做环境影响评价的重视程度不足，同时缺少规划实施过程中的环境跟踪影响评价，在一些重要工程中环境问题最突出的阶段就是在实施过程中，如土地平整过程中对优质表层土壤的保护，对区域内原生态环境的破坏能否恢复的问题；对绿化破坏的问题，对空气环境和水环境的影响的科学合理的跟踪评价。

2.土地利用规划对生态环境的保护与建设考虑不够

近几十年中国的经济发展实践证明，相对于具体的建设项目来说，政府及有关部门制定的政策和规划实施后对环境的影响更加巨大和持久，范围更加广泛。土地作为一切人类活动的载体，在整个生态系统中起着举足轻重的作用。土地利用在很大程度上决定了施加于环境的压力。它与环境的脆弱程度一道，决定了环境的质量。

3.土地利用结构与布局调整、土地整理复垦开发等土地利用活动对环境的影响是长期性的，累积性的，有时是不可逆转的。合理的土地资源开发利用可能会引发消极环境影响。

（1）陡坡地开垦为耕地可能会引发或加剧水土流失，或引发泥石流、滑坡等地质灾害。

（2）围湖造田缩小湖面面积可能会增加洪涝灾害发生概率和程度。

（3）对某些水面、荒草地的开垦可能会破坏湿地或野生动物栖息地，进而对保护生物多样性造成负面影响。

（4）在水资源紧缺的地区，增加城镇用地(生活用水和工业用水增加)、扩大耕地和园地面积(农业用水增加)可能加速水资源的耗竭。

（5）非农建设可能会导致高质量农地的损失。

（6）土地利用的空间布局不当可能会导致生物群落生境的破碎化和岛屿化。

（7）大面积的城市化可能会降低景观的异质化程度，从而降低景观的抗干扰能力和稳定性，等等。当然，合理的土地利用规划也会对环境产生积极的影响，例如土地整理复垦可以增加农地数量和植被覆盖，改善生态环境；生态建设用地的供应可以促进生态系统的保护与建设，等等。开展土地利用规划环境影响评价的意义在于为国家和各级人民政府的环境保护和经济发展综合决策提供技术支持，提高土地利用规划的科学性和合理性，使之成为真正的为可持续发展服务的规划。

4.我国土地利用环境影响评价中存在的问题

（1）土地利用变化对环境效应的研究需要加强。

土地利用变化对环境效应的研究主要集中在微观和小流域尺度上，考虑较多的是土地利用、土地覆盖变化对气候、土壤、水量和水质等不同尺度生态系统的影响。但这些成果较难应用于大尺度区域。

（2）现行的土地规划环境影响评价有待完善。

5.现行的土地规划环境影响评价存在很多问题亟须改善

（1）土地利用规划的环境影响评价及其经济学分析研究的内容、范围、程度和体系有待廓清。

（2）土地利用规划的环境影响机理，环境影响主体、环境影响资源、环境影响受体，规划内容及其控制系统与环境之间的作用机制等基础性问题需要做深入的研究和阐释，否则，土地利用规划与其他规划、其他战略的环境影响评价就会没有区别，因而也就失去独特的内涵、失去评价的意义。

（四）土地规划设计发展趋势

1.水土流失严重

当前我国环境问题大多与土地利用规划密切相关近年来我国政府为了建设和谐社会，对生态环境建设和土地利用规划投入了巨大的财力物力，取得了前所未有的成绩。但是，我国依然面临着严峻的生态问题，生态建设仍然任重道远。目前的较为严重的问题有土地干旱严重并且沙漠化呈扩展趋势；水土流失仍在不断继续；生态环境严重恶化；不合理的土地利用规划导致土地质量下降，耕地面积迅速减少，适合人类居住的环境急剧减小等。

2.土地利用规划环境影响深远

土地利用规划对自然环境所产生的影响是累积性的、长期性的，甚至不可逆转的。如果不合理地对土地资源进行开发利用就很可能会引发水土流失、滑坡，威胁生物多样性，加速水资源枯竭等。如非农业建设可导致高质量农田的土质下降；陡坡地开垦可加剧水土流失，引发泥石流等地质灾害；扩大城市化面积可降缩小野生动物的生存空间对环境的生态稳定造成负面的影响。总之，不科学地开发利用土地资源往往会引发消极的环境影响，对于基础的建设项目来说，政

府及相关部门所制定的规划措施实施后对环境所产生的影响持久，涉及面更加广泛。而合理的土地利用规划往往对环境产生积极的影响，如退耕还林可以增加绿化带，进而改善人类和野生动物的生存环境；在城市化进程中合理地规划建筑用地可以提高人们的生活质量等。

第十章　园林建筑景观的空间设计

第一节 园林建筑景观的空间概述

园林景观空间环境，主要是依赖感觉器官来感知和体验。园林景观中的景物高低错落、进退变化，存在着一种和谐美的关系，这主要是园林的空间之美。空间的界面、空间的形态、空间的尺度以及空间系统等有机地组织在一起，才有园林令人赏心悦目的感觉。

一、空间的基本概念

老子在《道德经》里有言："埏埴以为器，当其无，有器之用。凿户牖用以为室，当其无，有室之用。故有之以为利，无之以为用。"这说明不管是器皿还是房子，人们用的都是它的空间。人们会有这些心理感受：空间是容积，和实体相对存在；空间的封闭与开场也是相对的。在园林景观中，空间的构成分为空间单元与空间系统。任何一个丰富多样的场所都可以分解为不同的空间单元，这些单元之间的相互联系建立起一个空间系统。生机勃勃的空间是园林景观的内涵，园林景观期望创造空间。

二、空间界面

园林景观中是通过塑造界面来塑造我们要的空间。按照界面的位置分为三种：底界面（地）顶界面（顶）侧界面（墙），园林景观中底界面是空间的起点、基础，形式多样化，不仅仅表现在材质和质感上，还会结合地形产生变化。侧界面因地而立，是空间的边界，能划分空间、围合空间，具有限定视觉空间的作用。顶界面是为了遮挡而设，一般是乔木的树冠、建筑的顶、构筑物的顶，天空是自然存在的顶界面。

以平地和天空构成的空间，有旷达感，心旷神怡；以峭壁或高树夹持，高宽比大约在6：1～8：1的空间有峡谷或夹景感；由六面山石围合的空间，有洞府感；以树丛和草坪构成的大于1：3的空间，有明亮亲切的感受。

以大片高乔木和矮地被组成的空间，给人以荫浓景深的感觉。中国古典园林的咫尺山林，给人以小见大的空间感。大环境中的园中园，给人以大见小（巧）的感觉。巧妙地运用不同的界面，会给园林景观空间造景形成多种魅力。

三、空间形态

（一）空间首先是个有方向性的概念

它是我们漫步世界的自始至终的追随者，它帮我们确定自己的位置。没有人就不存在空间，我们创造它又“演绎它”。空间的形态塑造是设计的重要内容之一，空间形态的塑造依赖于围合空间的界面，界面的形状、材质、肌理、尺度决定空间的特征，在空间布局时应当注意不同空间形态的结合，避免单调或结构散乱。

“纯净”的空间是自足的，有内在结构的，由均匀、连续闭合的侧界面墙围合而成，还有一个均衡、水平的底界面。景观意味着设计边界、面和体在空间中的位置，改变或变形“纯净”空间闭合的侧界面，是为“内部空间”和外部环境寻找及提供更广泛联系的方法。“纯净”空间的边界打破得越彻底，它与环境的联系越密切，空间的整体感和独立感越弱。

（二）图底理论

对“形”的认识是依赖于其周围环境的关系而产生的。人们在观察一定范围时，会把部分要素突出作为图形，而把其余部分作为背景。“图”就是我们看到的“形”，“底”就是“图”的背景。分辨形是图还是底，主要看形所占面积的大小。画面中所占面积大的形容易成为底，反之，面积小的容易成为图。另外，颜色浅的如白色，容易成为底，反之，颜色深的容易成为图。图底关系对于强调主体、重点有重要意义。在做设计图中，通常颜色较深的部分表示的是实体，可能是建筑或构筑物或植物等实体，而外部空间就是“空空的部分”，这样有利于我们对实体要素的把握，但往往忽略了外部空间。那么我们把实体要素留白，而将外部空间填色，看作图形，空间就成了积极的图形，就可以更好地设计空间。

四、空间尺度

尺度的处理关键是以人的感受为标尺看空间的尺度。当围合物界面高度与人与界面的距离比不同时，人的感受不同。

（一）最宜视距

正常人的清晰视距为25～30m，明确看到景物细部的视野为30～50m，能识别景物类型的视距为150～270m，能辨认景物轮廓的视距为500m，能明确发现物体的视距为1200～2000m，但这已经没有最佳的观赏效果。

（二）最佳视阈

人的正常静观视场，垂直视角为130度，水平视角为160度。但按照人的视网膜鉴别率，最佳垂直视角小于30度，水平视角小于45度，也就是人们观察事物的最佳视距为景物高度的2倍或宽度的1.2倍，按照这样设计效果最佳。可是，即使在静态的空间中，也要让游人在不同的位置观景，对景物观赏的最佳视点有三个位置，即垂直视角为18度（景物高的三倍距离）、27度（景物高的2倍距离）、45度（景物高的1倍距离）。尤其是雕塑类，可以在这三个视点位置上设置平坦的休息欣赏的场地。

五、空间系统

对于区域范围较大、内容多样的场所，只靠对环境元素的认识是不能清楚地描述环境的总体特点的。任何一个功能多样的场所都要有不同的空间单元，空间单元和它们之间的相互关系构成空间系统。

（一）相邻空间的相互关系

相邻的两个空间之间的基本关系主要有包含关系、穿插关系、邻接关系、公共空间连接的关系。

（二）空间组合

多个空间按照一定的逻辑顺序结合起来，共同构成一块场地的空间系统。《建筑：形式、空间和秩序》中把建筑空间组合方式分为集中式、线式、辐射式、组团式和网格式。这些同样可用于园林景观的设计。

城市园林景观的数量和质量都在不断提高，园林景观是由多样的空间组成，用于人们观赏和活动的场所。空间塑造是园林景观设计的基础，设计应从人的需要和感受出发，以人的尺度为参考系数。对空间进行巧妙、合理、协调、系统的设计，构成一个完整和丰富的美好环境。

第二节 园林建筑景观的空间类型

园林景观空间的风格类型关系到园林城市整体风格的形成。首先阐明园林空间的概念及功能，然后具体分析园林景观空间的几种类型，随着人们生活水平的不断提高，全国许多地方都在致力于人类宜居园林城市的设计和修建。打造何种类型的园林空间，直接关系到今后园林城市整体风格的形成。

一、园林景观空间的概念及功能

园林景观空间是一种相对于建筑物的外部存在，是园林艺术的一个基本概念，指在人目距范围内各种植物、水体、地貌、建筑、山石、道路等各园林景观单体组成的立体空间。在园林中具体表现为植物（草坪、树木）空间、道路空间、园林建筑空间、水体空间等。

园林景观空间的设计目的在于为人民提供集一个休闲、锻炼、欣赏、游玩等多种功能于一身的舒适而美好的外部场所，使人们在忙碌的生活和工作间隙，能够有一个放松的空间。如平顶山市的鹰城广场、河滨公园广场等，每至清晨和傍晚，休闲或锻炼的人就在广场上熙熙攘攘。

二、园林景观空间的类型

园林景观空间依据单个景物的占比大小可以分为：以植物为主组成的空间，以道路为主组成的空间，以建筑为主组成的空间，以水体为主组成的空间和以多种景物组合而成的立体交叉空间。

（一）以植物为主组成的空间

以植物为主组成的空间，主要指园林空间的景物以草坪和树木为主。它们在园林中除了生态和观赏等功能外，还有一项重要的功能，就是可以充当和建筑物的天花板、幕墙、地板、门窗一样的隔断、连通室内外空间的作用。它可以形

成顶平面、垂直面和地平面单独或共同组成的具有实在或暗示性的范围组合。如我市河滨公园广场，草坪、低矮的地被植物和灌木构成了绿色地表空间，北面成排的古松与草坪形成了一个垂直的夹角，远远望去，古松如一面深绿色的屏障将草坪的绿意从中截断，但仔细审视，古松间树干、叶丛的间隙又将古松后面的世界的信息朦朦胧胧地传递过来，加之树干、叶丛间隙的疏密不均，分枝的高度高低不一，这样，有的地方色彩浓黑，有的地方色泽淡绿，从而为人们呈现了一个隐隐约约、似断非断、将通未通的空间，虚虚实实的景象引起了人们无限丰富的遐想。

（二）以园林建筑为主组成的空间

园林建筑主要指园林中人工修建的亭台楼阁、画廊假山等。这些建筑组成的园林空间可形成封闭、半开敞、开敞、垂直、覆盖等不同空间形式。在这方面的代表典范应该属我国的苏州园林。园内庭台楼榭、游廊小径蜿蜒其间，内外空间相互渗透。透过格子窗，广阔的自然风光被浓缩成微型景观。涓涓清流脚下而过，倒映出园中的景物，虚实交错，把观赏者从可触摸的真实世界带入无限的梦幻空间。在拙政园“倚虹亭”中能看到园外的北寺塔；沧浪亭的花窗中，能欣赏到屋外的竹林。正如叶圣陶先生在苏州园林中所说：“他们讲究亭台轩榭的布局，讲究假山池沼的配合，讲究花草树木的映衬，讲究近景远景的层次。”“务必使游览者无论站在哪个点上，眼前总是一幅完美的图画。”

（三）以水体为主组成的空间

从古至今的大部分著名园林，水都是不可缺少的组成部分，有的园林中，水甚至占到整个园林面积的一半以上。如我国著名的皇家园林——颐和园，是移植的南方园林，水的面积占到了整个园林的四分之三。而南方的大部分园林都是依水而建：在水流回旋处，或凸起一块陆地，上修一座小亭；或两岸之间，砌起一座拱桥；或大片陆地之上，修起竹篱楼舍、茅草小屋。

以水为主的园林空间，当然最著名的莫过于素有“中国第一水乡”之称的古镇周庄。古镇四面环水，犹如浮在水上的一朵睡莲。保存完好的明清建筑依水而立，错落有致。八大名桥各具姿态，与周庄的水一起共同组成了一个美丽的园林空间。

第三节 园林建筑景观的空间处理手法

一个好的园林设计作品，在数量、质量、空间构图、环境的协调、艺术布局等方面，对园林空间与时间序列进行巧妙的、精而体宜的苦心经营，达到兼具功能、艺术效果。此类成功的空间，我们称之为积极空间；而失败的园林空间设计，就是消极空间。中国园林空间的组成要素包括山石、水体、建筑、植物和道路等，这些要素是营造园林空间的物质基础，其装饰作用在园林景观中具有重要意义。根据周围的环境、地形，以及比例尺度创造出协调的园林环境，构成了生动的意境，组成了多样性主题内容，形成一种空间艺术。在构筑空间时，往往运用各种手法。

园林设计是一种环境设计，也可说是“空间设计”，目的在于提供给人们一个舒适而美好的外部休闲憩息场所。园林是由地形、地貌、水体、园林小品、道路和植物等造园要素组成。空间的本质在于其可用性，即空间的功能作用。空间需要人们的认和感，在人们的视觉感受中，一个空间给他带来的感受是不同的，这就需要在空间的设计中以优美的景色、幽静的境界为主，而更重要的是意境的设想，能够寓意于境、寓意于景，从而达到情景交融，使人触景生情，把思绪扩展到比园景更广阔、更久远的境界中去。园林空间是一种相对于建筑的外部空间，由组成要素所组成的景观区域，既包括平面的布局，又包括立面的构图，是一个综合平、立面艺术处理的立体概念。简言之，人观赏事物的视野范围，园林之中，围合是形成空间的最直接手段，一个围合的空间是视觉的重点，给人以场所感、归属感。空间的垂直面能表现出组成要素的内在构成规律，这个规律符合人们的审美观念以及精神文化水平，人们在这个空间中能找到场所感、归属感，给人以愉悦的感觉，那么这就是个积极的空间；反之，人们一进入这个空间，感觉到这里的景色杂乱不堪，人们有逃离的感觉，那么这就是一个消极空间。

一、积极空间

所谓的积极空间，简言之，人观赏事物的视野范围，园林之中，围合是形成空间的最直接手段，一个围合的空间是视觉的重点，给人以场所感、归属感。目的在于提供给人们一个舒适而美好的外部休闲憩息场所。人们喜欢在这个空间中停留，这就是一个成功的积极空间。从这点上来看，中国古典园林艺术“尽错综之美，穷技巧之变”，构思奇妙，设计精巧，达到了设计上的至高境界。最常用的空间处理手法有：

（一）突出重点

主景突出，通过所用的动静、曲直、大小、隐显、开合、聚散等艺术手法，可突出主题，强化立意，也可使相互对比的景物相得益彰，相互衬托。这就是空间处理中最常用的对比的手法。如苏州的留园，它在处理入口空间时也用到类似的手法，当游人走进入口时，会感到异常的曲折、狭长、封闭，游人的视线也被压缩，甚至有一种压抑的感觉，但当走进了主空间的时候，便顿时有一种豁然开朗的感觉。

（二）景观布置的原则性

1. 均衡感，在中国讲究不对称的平衡，比如曲线运用要比直线多，以大小黑白虚实共用做平衡。2. 突出主题，主景的布置体现了一个空间的主题。3. 视觉的统一，可以用植物的重复来表现。

（三）空间节奏韵律的把握，要注意事物之间的联系性

比如植物之间联系与变化、植物与建筑之间的过渡、建筑与建筑之间不同材质的变化构成一个节奏韵律的起伏与平静，使这个空间有极大的趣味性。

（四）运用含蓄的手法

让幽深的意境半露半含，或是把美好的意境隐藏在一组或一个景色的背后，让人去联想，去领会其深邃。“春色满园关不住，一枝红杏出墙来”的诗句是园景藏露的典型例子。“露”是一枝红杏出墙，“藏”则是那满园春色，万紫千红。

（五）对景与借景手法的使用

借景，通常是通过漏窗或其他手法将景色借到自己园中。借景可以扩大造园空间，突破自身基地范围的局限，使园内外，或远或近的景观有机地结合起来，充分利用周围的自然美景，给有限的空间以无限的延伸，扩大景观视野的深度与广度，使人感到心旷神怡，扩大了园林空间，丰富了园林景色。借景则只借不对，有意识地把园外的景物“借”到园内视景范围中来，因地借景，选择合适的观赏位置，使园内外的风景成为一体，是园林布局结构的关键之一。使人工创造的园林融在自然景色中，增添园林的自然野趣，借景对景，相辅而相成。对景所谓“对”，就是相对之意。我把你作为景，你也把我作为景。

（六）植物、地形、建筑在景观中通常相互配合，共同构成空间轮廓

植物和地形结合，建筑与植物相互配合，更能丰富和改变空间感，形成多变的空间轮廓。三者共同配合，既可软化建筑的硬直轮廓，又能提供更丰富的视域空间，园林中的山顶建亭、阁，山脚建廊、榭，就是很好的结合。

（七）要与当地的文化传统相适应

景观园林的设计离不开当地的文化因素，在空间的布置设计中，要从当地的景观人文视角来观察，突出景观隐性感觉，同时要有自己的园林思想在里面。

（八）比例与尺寸

和谐的比例与尺度是园林形态美的必要条件。对主景的安排得有合适的视距。如要设置孤植一株观赏性的乔木为主景时，其周围草坪的最小宽度就要有合适的视距，才能观赏到该树的最佳效果。在园林空间中，应该遵循空间的比例与尺度的控制，空间的界面的处理。园林空间尺度主要依据人们在建筑外部空间的行为，人们的空间行为是确定空间尺度的主要依据。无论是广场、花园或绿地，都应该依据其功能和使用对象确定其尺度和比例。总之，不同品种的乔灌木都经过刻意的安排，使它们的形式、色彩、姿态能得到最好的显示，同时生长也能得到较好的发展，各种园林建筑合适的尺度和比例会给人以美的感受，以人的活动为目的，确定尺度和比例才能让人感到舒适、亲切。

二、消极空间

对于消极空间，就是园林设计者对于一个空间的布置使人们不但不愿意接近，还要刻意地避开。比如植物布置杂乱无章，没有主景，颜色没有循序变化且单一，没有季节性体现等；园林建筑没有正确合适的规划，空间尺度、比例，布局的设计与空间无法契合，不了解人与空间、空间与空间的相互关系，设计出的空间给人们的生活带来影响和不便，让人感觉不协调，特别别扭。消极空间的影响在此不再详述。

创造空间是园林设计的根本目的。一个好的园林设计作品，在数量、质量、空间构图、环境的协调、艺术布局等方面，巧妙地、精而体宜地对园林空间与时间序列进行苦心经营，达到兼具功能、艺术效果。每个空间都有其特定的形状、大小、构成材料、色彩、质感等构成要素，它们综合地表达了空间的质量和空间的功能作用。但对于现代城市土地紧张，规划出的绿地较小的情况下，有些人认为随便种几棵树，铺上草坪就有绿，就是园林了；有的甚至称“虽由人作，宛自天开”；有的为了提高档次，建园林时不惜金钱搞假山、亭廊、挖湖堆山、大兴土木，这种片面领会乃至套用，使很多新园林风格上似古非古、不伦不类，想设计成积极空间，但是事与愿违，成了消极空间。设计中既要考虑空间本身的这些质量和特征，又要注意整体环境中诸空间之间的关系。把园林空间的构成和组合这一形式构成规律用来提高园林艺术水平。

城市园林景观的数量和质量都在不断提高，园林景观是由多样的空间组成，用于人们观赏和活动的场所。空间塑造是园林景观设计的基础，设计应从人的需要和感受出发，以人的尺度为参考系数。对空间进行巧妙、合理、协调、系统的设计，构成一个完整和丰富的美好环境。

第十一章 城市设计管理要素研究

第一节 关于城市设计管理的理论准备

一、现代城市设计的概念及其内涵

（一）现代城市设计的概念和内涵

“城市设计”，英文术语译作“Urban Design”。从字面意义上简单地理解就是对城市的设计，即作为某种特定的目标而对城市空间形体环境所做的组织和设计，从而使城市的外部空间环境适应和满足人们行为活动、生理及心理等方面的综合需求。它作为人类能动地改造生存环境的手段之一，其历史与城市的发展进程一样源远流长。

在历史上，古代的城市设计与城市规划是同一概念，而城市设计逐渐作为一个独立的概念出现，渐与城市规划的概念分野，发生在工业革命之后。现代城市规划学科的产生与发展，让城市设计逐渐承担起了城市规划中空间形体规划的内容，以弥补现代城市规划越来越注重城市本质问题，而相对较少关注城市空间与景观的不足。1893年起源于美国的城市美化运动（City Beautiful Movement）就被认为是最早的近现代市设计的实践。第二次世界大战之后的五六十年代，西方城市的社会经济逐渐进入良性的发展时期，追求人文和传统的回归使现代城市设计开始产生，并呈现出理论和方法多元化的格局。

当今，随着城市和人类文明发展进程的深入，城市设计的内涵仍在不断地变化扩大之中，涉及内容也多种多样。对其的理解，仍有种种的解释，至今难有统一的定义。搜集相关的解说并加以简要归纳，有以下几种：

（1）《中国大百科全书》——建筑·园林·城市规划卷第 72页对城市设计做出如下定义：“城市设计是对城市体型环境所进行的设计”。作者陈占祥先生对这一条目的解释为：“城市设计的任务是为人们各种活动创造出具有一定空间形式的物质环境，内容包括各种建筑、市政公用设施、园林绿化等方面，必须综合体现社会、经济、城市功能、审美等各方面的要求，因此也称综合环境设计。”

（2）《简明大不列颠百科全书》第二卷 273页对“城市设计 Urban Design”的定义为：“对城市环境形态所做的各种合理处理和艺术安捧。”随后指出城市设计的任务和类型是：“按区域范畴由小到大分类，可分为工程设计、系统设计和城市地区设计。”

另外，在该条目中，作者以百科全书集大成的方式提出城市设计的六个原则，内容涵盖城市设计要素、城市设计评价标准、价值观及社会、人文目标等方面，体现了城市设计内容的广泛性和综合性。

（3）城市设计在我国现阶段是指“对城市体型和空间环境所作的整体构思和安排，贯穿于城市规划的全过程”（引自《城市规划基本术语标准》）。这一定义，反映了城市设计本土化（城市设计与中国规划体制相结合）后的内涵和特点。同样，我国《城市规划编制办法》中将城市设计的规定为：“在编制城市规划的各个阶段，都应当运用城市设计的方法，综合考虑自然环境、人文因素和居民生产、生活的需要，对城市空间环境做出统一规划，提高城市的环境质量，生活质量和城市景观的艺术水平。”

（4）日本的《都市问题事典》中，丹下健三认为：“城市设计是当建筑进一步城市化，城市空间更加丰富多样化时对人类新的空间秩序的一种创造。”并且作者从历史的角度，在城市、地区、建筑三个层次范围，详细论述城市设计如何为人类空间创造一个有秩序的物质和社会环境。（朱自煊，1990）

（5）1943年伊利尔·沙里宁（Eliel·Saarinen）发表了《城市：它的发展、衰败与未来》一书。作者从建筑的角度审视城市，在总结了中世纪城市设训经验后，指出：“城镇设计基本上是一个建筑问题”。倡导用建筑的方式恢复城镇建筑秩序，提出了形式表现和相互协调及空间有机秩序的城市设计原则。

（6）在1953年出版的《镇设计》一书中，英国作者F.吉伯德（Fredderik·Cribberd）指出：“城市是由街道、交通和公共工程等设施以及劳动、居住、游憩和集会等活动系统所组成。把这些内容按功能和美学原则组织在起，就是城市设计的实质。”

（7）20世纪 60年代，简 · 雅各布斯（Jane · Jacobs）在著作《美国大城市的生与死》中指出：城市设计原则应是一种图示说明的策略和对生活的澄清，要帮助人们解释城市的含义和使用的规划秩序。”

（8）“第十小组”（Team 10）则认为城市设计涉及空间的环境个性、场所感和可识别性，城市社会中存在人类结合的不同层次。（王建国，1999）

（9）20世纪 70年代，美国著名学者巴奈特（J · Barnet）曾指出“城市设计是一种显示现实生活的问题”。他认为城市形体必须通过个连续的决策过程来塑造，城市设计应该被视作“公共政策”。这一观点在其 1974年的著作《作为公共政策的城市设计》中得到了集中体现。

（10）另一位美国著名学者埃德蒙 .N.培根（Edmund.N.Bacon）于 1978发表著作《城市设计》，提出城市是一种意愿行动的观点，指出“同时运动诸系统”，即步行和车行交通、共与私人交通的路径，是具有支配性的组织力量，强调城市设计是满足市民的城市体验。

（11）美国著名城市设计理论家凯文 · 林奇（Kevin · Lynch）继 20世纪60年代提出城市意象论之后，于 1981年出版又一理论巨著《城市形态》。在基于城市形态理论的基础上，对城市设计做出如下解释：“真正的城市设计不会是在一块白地上开始的，也不能预见要完成的作品。更恰当的概念是，把城市设计看成一个过程、原则、准则、动机、控制的综合，并试图用广泛的、可变的步骤达到具体的、详细的目标。”本书对以上的城市设计概念加以分析和归纳，可得到以下结论：

第一，它们共同反映了城市设计的主体对象是“人”，即城市设计对环境的组织的根本目的是满足人对城市环境的需要，同时共同指出了城市设计的客体主要为“城市空间形体环境”。

第二，反映了城市设计的综合性特点。城市设计要综合考虑自然环境、人文因素和居民生产、生活的需要，利用多样的方法，来创造复合的环境，以满足多元的需求。

第三，随着时代的发展，对于城市设计的认识论和方法论，开始注重城市设计的动态和过程性。体现为把城市设计看成个过程、原则、准则、动机、控制的综合，并试图用广泛的、可变的步骤达到具体的、详细的目标（凯文·林奇，1975）。

第四，因为国家的差异，以及各国城市规划体制的差异，城市设计的概念、方法多元化的状态将会长期存在下去。我们需要的是探讨适合我国自身特色，与实践机制相适应的城市设计理论和方法。

（二）本书遵循的城市设计概念："二次订单"

20世纪 90年代，美国学者乔治（R.V.George）从更接近于现代城市设计师工作方法与过程的角度，提出"城市设计是一种二次订单设计（Second-Order Design）"。在二次订单设计的意义表征中，城市设计师与设计对象——城市物质环境之间没有直接的创构关系，他们对设计对象的控制是通过向直接涉及物质环境的一次订单设计者施加影响而间接实现的。即由城市设计师先行立足于地域整体发展的构架，对城市物质环境开发作出合理的预期，为片断性实施的单体项目建设提供设计决策环境，其后再由物质环境的直接创构人员，以确立的设计决策环境作为再次创作的初始条件对城市进行直接塑造。

当然，二次订单设计的研究视角并不适用于所有的城市设计实践类型。在一些规模较小或周期较短的项目实践中，开发业主与具体设计人员（建筑设计师、环境设计师等）数量有限且人员确定，甚至在某些情况下设计人员本身就由城市设计师担任。在这种情况下，城市设计师进行的二次订单设计与建筑（环境）设计师进行的一次订单设计之间几乎没有明确的分界，而呈现出彼此交融、渗透的一体化特征。正是在这一意义上，《大不列颠百科全书》将城市设计可能的工作范围归结为大至整个城市，小至一座广场、一盏街灯的内容范畴。但不可否认的是，对于中等规模及中等规模以上的城市设计而言，二次订单设计的理解角度具有更加积极的促进意义。空间层面的广袤度与时间层面的长久性迫使较大规模的项目实践趋于复杂，其中涉及诸多的不确定因素，如分散化的开发业主、决策人、建筑师，变动的社会政治、经济、文化背景等，都有可能对设计对象的最终形成造成难以预料的影响。因此，在具有较多不确定性的大规模环境背景中，城市设计意图对设计对象进行直接塑造的想法并不现实，二次订单的设计模式相对合理，即由城市设计师先提供合理化的决策环境，再通过具体的建筑设计

人员，以决策环境为约束框架，并结合当时当地的环境因素对设计对象进行深入的再度创作。

因此，立足二次订单设计的意义诠释，本书将主要从城市设计不直接创造物质城市，而创造一个使他人能够进行直接创作的决策环境的角度进行研究。基于此，本书探讨的城市设计类型并非是以建筑、广场、公园等具体对象的形体塑造为主题的、小范围、短周期的终极型城市设计项目，而主要指具备一定设计规模、实践周期相对较长、在操作上具有间接管控特征的设计类别。

二、城市设计的目标

目标，指人类活动的动机和意志。城市设计的目标，也即是城市设计主体预期的城市空间环境状态。对于现代城市设计而言，其目标已经超越了城市环境的形成、改善与更新，而是从城市建设的多元参与决策的角度，在社会各种建设需求之间建立一个有层次的、具有广泛代表性的目标框架，表明公众的期望和社会价值取向，并在此基础上，指导具有创造性的城市设计实践（陈纪凯，2002）。

现代城市设计的发展从传统的对美学目标的关注转化为对多元目标和价值的追求，其中既有美学因素，也包含许多非美学、非视觉的因素。20世纪 90年代初，美国学者 M.索斯沃斯（M.Sourhworth）和 Reiko · Habe分别对美国的城市设计实践进行了调查研究，其研究成果揭示了现代城市设计的发展状况及未来的趋势。

M.索斯沃斯的研究表明，现代城市已将城市设计作为振兴、发展城市经济的一个重要策略。许多城市认为城市设计有利于商业繁荣，将城市设计与经济发展相联系，各城市希望通过设计控制，改进它们的形象，提高环境的品质，以此吸引人们在此投资、购物、工作或生活。这种对经济利益的关注成为现代城市设计的一个基本特征。城市设计的另一个目标就是通过设计控制，保持城市和社区的整体环境质量，并通过塑造高品质的城市意象来创造宜人的城市性格，避免不适当的开发建设对城市个性和适居性的威胁和破坏。此外，还希望通过城市设计促进与公众和其他城市环境经营主体的交流，改善安全、健康和舒适状况以及解决交通问题等。Reiko · Habe则通过具体的数据对比，对现代城市设计的目标进行了归纳与整合。在调查了66个城市的城市设计文件后，归纳出 14种不同的设计控制目标。其中提及最多的是美学目标（64.9%），其次是经济利益（32.6%）和社会福利（47.4%）等。在调查中，大多数的城市规划师（66.1%）认为尽管美学目标毫无疑问是非常重要的，但它不是设计控制的唯一目的，城市设计还有更多的目标与美学无关，这些非美学目标常包括历史文化、城市生态、心理健康、避免城市问题、推动社区生活、满足使用者需求等（陈纪凯，2002）。

城市设计目标和功能作用的变化，使设计师和城市管理人员不得不思考比传统意义上的美学控制更多的内容：既要实现对城市环境的美学控制，又要调整城市设计控制策略，研究那些非美学因素的实现方法。

《大不列颠百科全书》指出："城市设计的主要目的是改进人的空间环境品质，从而提高人的生活质量。"一个理想的城市空间至少应该是具有清晰易辨的城市空间结构、便利的交通系统，完整而高效的公共设施服务的实质环境。同时，一个良好的城市实质环境必须要有能反映出城市文化历史的意义以及社会意识，实现城市的经济价值与市民的公共利益。因此，城市设计控制的目标与价值取向必然是多元的，以下从功能、美学、人文、经济和生态四个方面分别加以讨论。

（一）功能目标

对城市功能的关注是城市规划的基本内容，也是城市设计研究的重点内容。城市设计对城市功能的关照，在于为人们创造一个布局合理、舒适宜人、方便高效、丰富多样的城市生活空间，建立和谐的、具有认同感和个性特征的邻里环境，以满足居民生产、生活的需要，提高生活质量。

（二）美学目标

注重美学目标，是城市设计兴起的根源。F.吉伯德（F.Gibberd）1953年的《市镇设计》较早提出了城市设计的美学目标，"城市设计的目的不仅是考虑这个构图有恰当的功能，而且要考虑它有令人愉悦的外貌。"

实际上，城市设计应该是视觉环境和空间组织并重的，城市设计的目标应该是高质量的视觉环境中组织完善的空间功能，把城市设计仅仅看作提高城市视

觉环境的手段并不全面，设计的主要任务是提高空间质量，而视觉质量只是空间质量的要素之一，单纯强调视觉是舍本逐末的做法。但是正因为视觉质量是空间质量的要素，它也是不容忽视的一个重要方面，如果把城市设计等同于空间管理，就忽略了设计中的美学质量而过于极端。城市设计的最终目的是为使用者提高环境的功能和美学质量，因此它必须把功用寓于艺术中，在政治、经济和行政的平衡中同时体现公共和私人利益。

城市设计应赋予城市空间美感，增进城市的认同感和可识别性、可欣赏性、可意象性，塑造整体有序、富有特色的城市景观。在现代都市空间中，建筑物等构成要素往往由不同的“业主”所有，建筑物的外观与设计常理所当然地归为“私人事务”。然而，事实上，城市与建筑的景观（如体量、位置、风格等）具有强烈的外部效应，一幢与周边环境格格不入的建筑物产生的视觉冲击就属于一种“负效应”，对于城市景观会造成难以弥补的损害。所以，对于开发活动可能对城市空间秩序产生的影响有必要采取有效的控制和引导，只有这样，才能维护城市空间的品质。城市空间秩序体现于城市空间形态的各个方面，包括结构清晰的路网格局、界面明确的开放空间、收放自如的景观轴线、和谐有序的天际轮廓线以及造型优美的标志建筑等。这些内容要素应有机地组织为一个城市空间景观的整体框架，并建立约束个体开发行为的设计准则，最终通过引导个体开发行为达成整体的发展目标（戴晓晖，2000）。

（三）人文目标

作为对二维向度的土地利用规划的在空间补充，城市设计的主要目标在于创造宜人的或具有特定景观及文化内涵的城市空间。“以人为本”，满足多样化的人性需求，体现丰富的人文内涵，是设计控制的根本目标。

城市空间是人类生活的物质载体，应该反映人的价值观，满足多样化的人性需求。现代城市的发展，过分关注于“功利性”和“时效性”，巨大的建筑体量，被小汽车主宰的城市街道，造成枯燥乏味，冷漠疏离的空间。在城市空间的设计控制中，应强调城市空间的“公共性”和“市民性”，注重公共空间的人性尺度，满足市民的认知、使用和活动需要，将空间塑造为城市公共生活的场所。城市空间不仅是现代都市生活的容器，同时还传承着城市历史的人文脉络。城市历史文脉是城市空间的精华与灵魂所在。延续城市空间的历史文化内涵，是城市设计控制和引导的要义之一。城市空间的历史文化内涵不仅存在于单体文物建筑之中，更多地蕴藏于城市的整体特色、空润格局之中。所以，在城市设计管控中，除了对于单体文物建筑的保护外，如何在城市空间的格局与景观中承袭城市发展的文脉有着更为重要的意义。

（四）经济目标

城市设计应具备促进城市经济发展的能力，通过改善城市形象和空间品质，促进投资、购物、旅游、就业等活动的发生。M.索斯沃斯总结美国200多个城市设计方案后，指出有三分之二的方案目标是直接有助于经济的复苏和发展。城市设计控制作为城市空间开发的“公共政策”，其目的是通过规范城市开发活动，避免私人开发的外部“负”效应对于公众利益的侵害，维护不动产价值（陈纪凯，2002）。同时，城市设计控制引导城市开发满足城市设计的要求，发挥外部“正效应”，提升城市空间的综合品质，创造城市经济发展的良好环境。

（五）生态目标

建立人与自然和谐共生、生态可持续发展的城市空间，是城市设计必须考虑的重要方面。20世纪的世界城市面临着环境严重污染，人口膨胀、生活环境质量下降等一系列问题，针对这些难题，在城市研究领域，提出了“生态城市”的主张。这种观点是把城市看作一个社会、经济和自然复合的人工生态系统。生态城市观点的本质是追求人与自然的和谐，并以此来达到人、社会、经济、自然的共生共荣，实现人类社会的可持续发展（戴晓晖，2000）。

综合起来，我们认为城市设计实践是多重目标综合协调的。城市设计实践的根本目标就是创造和管理城市空间，促成和维护城市健康的发展，这个健康除了物质空间在功能、美学和文化上的基本要求外，还包括了社会的健康运转，经济的繁荣发展和环境的可持续性。城市设计实践立足于现实，并以建立更高层次的控制为目标寻求控制城市空间发展的政策框架，最终促进城市整体环境的提高。

三、作为一种管理手段的城市设计

（一）兼具控制和引导双重特征的管束行为

我们提出“城市设计管理”的概念，即传达了城市设计的作为一种管理手段，是通过对城市建设的具体内容进行“约束”而发生作用的，这里的“约束”有两层含义，其一，要通过法定程序对具体的工程设计加以“控制”，保证可能发生的城市建设行为在一个预设的合理框架内运行，规避可能的不良后果；其二，通过清晰易辨的语言，“引导”后续的工程设计和建设行为导向一个理想的目标。它在城市建设相关的领域内发挥的是一种“桥”的作用。一方面，它编制的是一个“看不见的网”，一个设计管理的“决策环境框架”，也是指导后续设计的控制性文件；另一方面，强调引导手段的作用，而非代替，为后续工程设计和建设创造性地执行城市设计成果，实现城市设计目标留出发挥集体智慧的空间。

（二）城市设计作为一种管理手段的实施特征

城市设计不同于一般意义上的设计活动，它是一种对其他具体设计的控制和引导，也就是前文所述的“二次订单”。城市设计的实施是间接的，并非通过城市设计本身直接产生作用，而是通过后续的开发设计，包括建筑设计、景观环境设计、市政工程设计等专业设计活动来体现的。因此，城市设计的实践特征具有作用的间接性。

城市开发过程是市场机制和公共干预共同作用的结果，是一个多主体相互作用的动态过程。即使是开发控制活动本身，“一书两证”以及设计审查也是一系列程序构成的过程，城市设计对后续的开发设计也要经历拟定开发控制指标、设计审查和设计许可的执行过程，因此，城市设计的实施必然具有过程性的特征，实际上也是相关各方获得最终协调的必然要求。正如乔纳森·巴奈特所说：“日常的决策过程，才是城市设计真正的媒介。”

在技术内容上，城市设计是对城市／街区概貌中结构性的相互作用关系的处理。对于新建街区，城市设计的任务就是建立这种相互作用关系；而对于现有街区，它的任务就是维护这种相互作用关系。但形式上的相互作用关系却是社会系统利益关系的视觉反映，因此，城市设计所创造的反映城市特征的视觉符号系统，具有深刻的社会意义和政治意义。对于新开发街区，城市设计预设一个大家（建筑单体所代表的各个利益主体）共同遵守的整体空间形态关系准则，这一游戏规则设置就是以“集体行动”形成具有公共利益的群体。对于已建成环境（尤其是历史街区）来说，城市设计则是对任何新建设所产生改变的制约。建成环境中自身已存在空间逻辑与风貌特征，此乃公共价值领域。城市设计挖掘并彰显这一空间逻辑与风貌特征，而后为任何新建设提供遵守规则，防止其不良影响效果破坏该片区建成环境的整体利益。已建成环境的城市设计主要是维护建成环境公共利益，而新开发区域城市设计则是为了促进形成建设环境的公共利益，二者本质相同，这是城市设计实践的正当性所在。

第二节 对城市设计管理要素的梳理

城市设计干预城市空间的形成，本质上是对城市的物质空间要素作用的过程，因此，两者之间的有关物质空间要素及由此衍生的空间活动要素是城市设计发挥管理城市开发建设作用的媒介。城市设计的要素指的是城市设计所关注的设计对象的构成元素，也就是城市空间的成分和内容。哈米德·胥瓦尼在（都市设计程序作者）《城市设计过程》中将城市设计的要素归纳为：土地利用、建筑形态及组合、开放空间、步行街区、交通与停车、支持活动、标志、保存与维护（Hamid Shirvani，1979）。

而城市设计的管理要素是在这些空间要素的基础上，进一步提升其可操作、可控制性，于是，各种空间要素演变为城市设计的管理要素，主要包括土地使用功能与强度、空间结构与布局、开放空间、建筑形态、城市绿地、交通组织及活动组织等。

一、城市设计管理要素提取的来源：公共价值领域

城市设计由于代表公共利益而获得公共权利，在市场体制下同时处于一定的法律环境之中，因此其执行必须有坚实的法理基础，否则就难起到应该起到的作用。

如同城市规划一样，城市设计也是政府对于城市建设环境的公共干预，它所关注的是城市形态和景观的公共部分，国内有学者将其定义为“公共价值领域”（public realm）。如王世福（教授，博士生导师，2001）认为，从政府的法理基础来看，城市设计的作用对象不是全部的城市空间，而只是其中的一部分，即有关公共利益的那部分受到政府的控制，将其定义为“公共价值领域”。王世福指出公共价值域的内涵是“城市的物质空间形态因被公众无偿使用和感受而具有公共价值的领域”（王世福，教授，博士生导师，2001），表现为“物质空间形态”。

尽管城市公共空间在城市建成环境中起着主导作用，但就建成环境的空间构成而言，建筑物占了绝大部分，并在很大程度上影响到城市公共空间的形态和景观品质（如街道、广场和公园的周边建筑物所形成的界面，城市的天际轮廓）。因此，城市的公共价值领域不仅包括各种公共空间本身，而且涵盖对其品质具有影响的各种建筑物。

“公共价值领域”的概念内涵和外延都超出了经济学中公共物品（publicgoods）的范畴。公共物品具有消费上的无偿性、非排他性，占有上的不可分割性等主要特征，一经形成，其利益就自动扩散给社会全体成员。公共价值领域则主要从满足需求角度出发，强调其价值属性，其内涵是：城市的物质空间形态因被公众无偿使用和感受而具有公共价值的领域。同时，公共价值域的概念避开了作用对象的权属（所有权）的、复杂性，因为从外延上看，公共价值域不仅包括公共所有的领域，如城市街道、广场、公园等，还包括许多私有产权的领域，因被公共使用和感受而具有了公共价值（王世福，2001）。这里存在两种情况：一种是所有者自愿提供给公众的，如大楼的入口广场、沿街柱廊等；另一种是遵循契约的结果，如建筑中的过街人行天桥和得到开发补偿的开放空间等，实际上是通过政府的公共干预得到的。

市场经济条件下的城市开发使公共价值领域具有显著的私有化倾向，不仅仅通过契约式的政府公共干预来获得，私人开发也日益意识到对公众提供有价值的城市空间是双赢的做法。因为，日益城市的房地产业也愈来愈关注如何提供高品质的公共价值域而成为卖点，摒弃一味追求高容积率的做法。这种以追求商业利益为主要目的而形成的公共空间，如宾馆、购物中心的中庭，往往富丽堂皇极尽精致，且一般对公众的进入、使用不作限制。当然，这种建筑内部空间中公共价值领域的形成不是城市设计的直接干预对象，但其中表现出来的自下而上的倾向与通过公共干预自上而下获得的公共价值域在结果上具有相似性，这种相似性使公共利益和私人利益的协调获得了机会。

二、城市设计管理要素的空间层次

城市设计是以城市空间为主要研究范畴的，对于城市空间的尺度，早在19世纪的C.西特，就认识到建筑物本身已不能解决城市问题。他提到城市空间发展过程中，变化的是空间的“骨架”，而不是个体建筑本身，城市设计处理的重点正是这种“骨架”，城市空间形态因尺度的不同可划分为宏观、中观、微观三个层次。

宏观层次主要指城市空闻形态的格局，其组成要素有：一是城市自然景观，构成城市特色、形成使人易于感知的空间逻辑的重要手段就是充分利用自然的地形、地貌来组织城市的空间布局；二是城市人工景观，它与自然景观一起构成人们感受城市的知觉框架，优秀的城市格局中，人工景现应起到强化城市特色和空间逻辑、丰富城市美感的作用。在宏观层次上，人工景观中的四个要素极为重要：路网、广场、地标和天际轮廓线（刘宛，2000）。

中观层次主要指城市空间形态的肌理，主导因素是建筑群的布局。在中观层次上，建筑是以片和群的形态出现的，建筑只有组成有机的群体时才能创造城市的和谐环境，在此，建筑风格、体量、高度、间距、色彩的协调是研究的要点。

城市公共空间则是城市中“空”的部分，它是城市中最有活力的部分，是城市生活和城市记忆的重要发生器。

微观层次主要指城市空间形态的质感，主要指近人尺度范围内，人们可直接感受到的空间环境。比如，某一广场的界面、铺砌及小品，某一街道的空间比例和立面意象，两栋建筑之间的边角空间等都是这一层次的研究内容。

对于城市设计实践所应针对的城市空间尺度，理论界一般有两类认识。一类意见沿袭传统的城市设计，认为城市设计主要涉及微观尺度上的城市空间，城市的局部地区，考虑建筑的公共立面、城市中的公共空间等。如E.D.培根提出“城市设计主要考虑建筑周围或建筑之间，包括相应的要素，如风景或地形所形成的三维空间的规划布局和设计”。另一类意见则认为城市设计涉及范围很广的物质环境，从整个城市的空间和功能组织的大问题上设计城市。A.卡塔内塞称“城市设计与建筑学籍城市规划有密切关系，工作对象可以是一栋房子的立面，一条街的设计，或者是整个城市或地区的规划”。权威的《大不列颠百科全书》实际上也是持这种观点的，认为城市设计包括三个层次的内容：“一是工程项目的设计，是指在某一特定地段上的形体创造，城市设计对这种形体相关的主要方面完全可以做到有效的控制；二是系统设计，即考虑一系列在功能上有联系的项目的形体，如公路网、照明系统、标准化的路标系统等；三是城市或区域设计，如区域土地利用政策、新城建设、旧区更新改造保护等设计”。这里面包括了从特定地段的具体工程项目到整个区域的策略研究。

三、对城市设计管理要素的归纳整理

控制性详细规划是我国城市规划管理中最主要的依据，因此，我们在研究城市设计管理要素内容时，有必要对控制性详细规划的相关管理内容进行研究和归纳，一方面总结控规在城市空间要素中管理内容的欠缺，另一方面也可避免城市设计纳入过多控规的管理内容，由于发生职权的交叉而难于实施。

国家《城市规划法》（1990）对详细规划的内容作了概括性规定，1991年颁布实施的《城市规划编制办法》具体规定了控制性详细规划的内容和成果表达要求。1995年，国家建设部在《城市规划编制办法实施细则》中进一步详细规定了控制性详细规划的具体内容要求。为适应地方经济发展和规划管理的需要，各省、自治区和直辖市根据《城市规划法》《办法》《细则》的规定，制定了相应的地方法规，如《上海市详细规划的编制审批办法》，对控制性详细规划的具体内容和深度、控制体系和成果等作了具体的规定。近年来，深圳市法定图则的出现，则具有更多创新的意味。

受《城市规划编制办法实施细则》影响，现有的控制内容基本分为土地使用与建筑管理规定、控制指标、交通与工程管线五个方面。其中控制指标又细分为规定性指标和引导性指标两类。该分类中的土地使用与建筑管理规定实际上又综合了土地使用、建筑形态、公共空间和设施配套等方面的内容。上述控制内容又可分为一般控制要求和地块控制指标两部分。

在此，本书将规划法规规定的控制内容分为五大类：地块划分、土地使用、环境容量、城市形态、设施配置。其中城市形态的内容分为建筑形态和公共空间要求两方面，设施配置分为市政设施、公共设施和交通设施三方面。上述五类控制内容从不同侧面反映出具体公共空间的品质。对“《城市规划法》解说”，《城市规划编制办法》《城市规划编制办法实施细则》《上海市城市详细规划编制审批办法》以及《深圳市法定图则编制技术规定》（试行稿）的控制内容的比较分析。从《办法》到《细则》，再到地方法规规定的控制内容已逐步趋于完善且具有可操作性，但还未能全面反映城市公共价值领域的控制目标。相对而言，对城市公共空间要求的控制内容较为欠缺，一些控制内容还不够具体（上袠中控制要素中灰色的内容，除了《上海市城市详细规划编制审批办法》外，其余各项规定均未涉及）。因此，要想实现对城市公共价值领域的理想控制目标，结合城市设计管理手段来充实控制内容是十分必要的。而城市设计管理手段介入城市空间管理，又必须与控制性详细规划有较清晰的权责划分。

控制性详细规划更注重对土地使用的控制，以土地的使用性质和使用强度为主要控制内容，并具体到每一地块在开发利用时的控制要求，例如确定每个地块在开发使用时的用地性质、用地面积、容积率、建筑密度、建筑后退、建筑高度限制等；同时确定地块内的服务设施的分布和规模，包括城市公共服务设施和基础设施等。

既然要和控制详细规划同时发挥管理作用，城市设计应重点控制和引导城市空间环境体系，并主要通过控制建筑的风格形式、后退红线、建筑高度、建筑色彩等具体手段来实现，重点地段还会控制建筑基底线、裙房控制线、主体建筑控制线、建筑架空控制线等。遗憾的是，城市设计发展到现在，还未能形成一个与法定规划类似的清晰且较为固定的研究内容架构。作为本书的研究目的之一，我们一直在谋求建构一个清晰的城市设计管理要素体系。在缺少法定规定的前提下，我们有必要对以往研究和实践涉及的要素作具体的归纳和分析，以期从中探求一些规律，引以为用。

第三节 管理的方法和运行机制

一、绩效性管制与规定性管制

随着城市建设管理由供给驱动模式下的目标指令型转向市场模式下的趋势引导型，规划设计目标的界定也变得更为复杂和难以把握，规划设计的合理性与现实可行性之间的冲突比过去更为频繁地出现在设计者面前，如何把握控制指标的合理尺度，成为控制成败的关键。换言之，要从技术上解决好控制和引导的“度”。控制太弱、引导太强将使城市设计的调控作用失效；控制太强、引导太弱又会限制城市空间的多样性和活力。

对于这种刚性和弹性之间的“度”，美国城市设计实践主要通过绩效性（performance）管制和规定性（prescription）管制两种方式对管控的刚度加以调节。绩效性管制主要采用过程描述的形式，按照作用的方式刻域事物，提供产生具有希望特征的事物的方法。遵循这一思路，绩效性导则并不限定设计采用的手段，而提供设计必须达到的特征与效果，鼓励达到设计效果的多种可能途径，如建筑物的形体、风格和色彩应与周边环境保持和谐，而不是规定某一特定的形体、风格和色彩；规定性管制以状态描述为基本特征，“按照意识到的情形和事件，提供了鉴别事物的方法，常常是通过建立事物本身模型的方式发挥作用（Simon H.A.，1985）”，强调达到设计目标所应采取的具体设计手段，如建筑物的高度、体量、比例的具体尺寸、立面的特定材质、色彩和细部等。

绩效性导则限定设计效果而不制约具体途径的控制思路，为项目开发提供了一定的设计灵活性，建筑创作呈现出合理的范围取向。现代管理学认为，“合理性决定行为，在合理范围内，行为是灵活多变的，能适应能力、目的和知识。相反的，行为是由制约和理性范围内的不合理因素和无理因素决定的”。所以，如果能够为导则确定适当的绩效标准，把握好合理化范围的量度，不仅不会过多地禁锢设计思路，导致单调同一的风格，相反还能为设计提供指示与引导。

如著名的旧金山住宅设计导则就以其良好的引导效果成为当地建筑师创作时必读之作。二者的区别，关键在于对确定性（certainty）与灵活性（flexibility）的不同侧重。绩效性导则具有灵活性的优点，一方面对于城市发展的变化有较强的适应性，另一方面为建筑师预留了更大的发挥创造力的空间，也使城市空间更有可能保持多样性的特征。不足之处是确定性不够，往往对特定地块针对性不强，有的设计导则甚至可以在不同的地区、城市之间套用，这导致在管理过程中，使用绩效性导则较为复杂，对于管理人员的专业素质要求也更高。规定性导则的优点在于较大的确定性，易于管理操作；缺点是灵活性差，尤其是涉及尺度、比例、色彩等美学品质的要求时，如果简单地加以限制，难以达到理想的效果。此外，当城市发展出现难以预见的变化时，规定性导则适应性不强。

不可否认，规定性导则相对苛刻的管制方式在相当程度上影响到建筑师的发挥——一位纽约建筑师在依照某导则设计办公楼时，发现竟然无法将建筑按照自己的构思配置在基地中央，这种对自身职业尊严的干扰令其感到沮丧，而且尤其当发现只有规划委员会才有权修改这些规定时，受到的打击更为严重。但必须指出的是，这种制约的目的不在于抑制建筑师的思维，而是要消除那些仅从自身角度出发，做出对整体环境品质最为不利的结果。

如果将建筑开发需要关注的所有内容看作一个球面，则城市设计导则管制模型可以比拟为一个由弹性材料与刚性节点共同编制而成的网状镂空球体。其中，有材料包覆的部分是总项目整体出发确立的需要进行城市设计管制的主要内容（结构性要素），镂空部分属于一般要素性质（非结构性要素），无须特别限定而由设计人员自由发挥，在需要管制的内容中，弹性材料的包覆犹如绩效性导则的管制为项目提供并非僵死的约束框架，设计可以在框架许可的合理弹性范围内任意伸缩与变形；弹性材料彼此网状交叉的位置形成一个硬性的节点，不跟随材料的伸缩而变化，其功效如同规定想导则将管制确定在固定的唯一位置，强化与制约弹性范围内重要因素，对设计品质做出有力保障（高源，2004）。

理论上，导则多采用绩效管制形式，将给建筑师更多选择权力，因此也受到美国建筑师的偏爱。目前普遍认同的观点是：尽可能多地采用绩效性设计导

则，确保达到设计目标而不限制具体手段，除非地区特征（如历史保护地区）表明采取规定性设计导则是必要的、合理的和可行的。

但是从使用角度来看，过多采用绩效性导则往往会给后期操作管理工作带来诸多不便，具体表现为管理人员在核定建筑设计是否符合导则规定的问题上由于缺乏定量标准与明确依据而产生分歧，增加工作难度；同时，绩效性导则以及“推荐”类文字的过多使用也给一些别有用心的设计人员以可乘之机。琼·朗教授特别指出，多年来设计控制在法律上的实践表明，“设计控制越详细，依据越坚实，就越能经得起严格检查。如果涉及条例含糊随便，使公众无所适从，即使出现了违反设计意愿的情况，这一条例也将在法律上失败”。因此，如何使导则条例一方面不过多限制建筑人员的设计思路，同时又不致降低后期操作工作的效率与质量，成为目前美国各大城市制定导则是面临的普遍问题，也给我国刚刚起步的城市设计实践提供了一些启示。

二、城市设计管理的具体方法归类

城市设计管理是一项专门的技术，它通过一系列指导综合设计的要求、建议甚至具体的形体空间设计，为开发控制提供准则、方法。然而根据已有的实践经验，这些控制、引导往往不是用确定的数与形来进行规划管理就能够完成的，施控主体需要多种方法结合的方法体系来进行综合的管控，才能实现特定的管理目标。

事实上，“规定性”的控制方法还有不同弹性层级的区分，“绩效性”的控制方法同样可能包含有刚度较大和刚度较小的具体方法，我们有必要为这些控制方法建构一个层级明确的刚度等级体系，便于实践中直观地为所针对的管理要素选择特定的控制方法，例如，结构性要素对应刚度较高的管理方法，一般性要素对应刚度较低的管理方法，也可能同一种要素需要不同的管理方法结合运用。

我们对已经在实践中运用的各种城市设计管理方法进行汇总，并将其从控制力度上可分为 4个层次：原则控制、规则控制、标准控制和定位控制，这四种管理方式在控制刚度上依次递增，即控制的弹性依次降低。

（一）原则控制

原则控制是指城市设计对城市建设在一定框架内进行的约束，属于定性控制，条文中通常使用“应该”“不应该”“宜”“不宜”等词语，具体的执行中仍有很大弹性，因此往往针对城市设计要素中较为宏观和抽象、不宜直接实施具体控制，或者不易量化的那部分要素，通过避免建设中可能最坏的结果及预设最根本的目标来约束开发建设行为。基于控制对象的空间层次，这一方法又可细分为外部和内部两个层面，外部的原则控制是从整体城市设计角度对建设项目进行约束，内部的原则控制是从局部城市设计的角度对项目内部各要素进行相互约束，建构一种内部的协调关系。因此，原则控制方式不仅涉及建设项目本身，还涉及项目与城市整体空间、文化背景的关系。

外部关系的城市设计原则控制往往是一个城市设定的对所有开发项目均适用的普遍性导则，要求所有的开发项目都必须遵循，以此来共同形成城市的整体特色。如美国波特兰关于“城市特色”的城市设计导则就属于这种原则控制类型，针对具体项目比照“应考虑”“应遵守”或“不必遵守”的条款进行控制，例如：①沿河岸开发的工程项目应重点考虑与河流的协调关系；②在工程项目设计中强调反映城市主题；③尊重城市街区结构，保护和发展传统的街坊模式；④采用统一的设计元素，增强协调性和连续性；⑤加强特色区的建设；⑥以适当的方式改造、保护和再利用原有建筑物和建筑元素；⑦通过提供活动场所活跃城市景观；⑧加强对城市入口形象的处理（黄雯，2005）。如香港城市规划署制定的《城市设计指引》，“为了改善香港建设环境中未如人意的部分及保存和巩固香港的特色”，其中“主要城市设计课题”的设计指引也是一种面向所有开发项目的高层次的原则控制。

内部关系的城市设计原则控制是针对特定类型的开发项目甚至某单个开发项目制定的导则，具有较强的类型或个体针对性，在层次结构上是城市整体性原则控制与其他刚性较大的控制方式间的过渡纽带。如针对类型特征比较明显的“TOD”（Transit Oriented Development）站点开发，为了发挥公共交通对城市开发和城市空阉发展的双重效应，美国的 Peter Calthorpe提出了七条设计原则，包括：①在区域的层面上控制城市增长，以形成紧凑的、有公共交通支承的空间模式；②在公共交通站点周围可步行范围内布置商业、居住、就业、停车及公用设施；③创造宜人的步行街道网络，以提高地区内的直接步行可达性；④提供类型、密度和价格多样化的住宅；⑤维护生态敏感区、滨水区及高品质的开放空间；⑥使公共空间成为凝聚建筑向心力和进行社区活动的中心；⑦鼓励在已有社区内沿公共交通走廊进行新开发和再开发。（Peter Calthorpe，1998）

这实际上就是指导 TOD站点开发的普遍性城市设计原则控制。因此可以说，原则控制以定性控制为主要特征，其控制刚性较弱，实际操作时容易受到主观判断的影响，因此，要对具体开发项目进行有效的控制还需要有刚性更强的方式作为补充和支持。

（二）规则控制

规则控制是指城市设计对项目开发在一定程序下的约束。与原则控制相比，规则控制有更加明确的界限，控制与开发之间有着类似于函数公式的对应变化关系，即通过设定一定的程序规则，城市设计控制开发的空间变化便被限定在这个规则产生的界限之下。规则控制是在原则控制基础上的深化，规则的设定使原则的操作性增强。在美国的《区划法》中就有很多对开发富有成效的规则控制措施，如奖励区划、空中开发权转让、天空曝光面等。其中，奖励区划通过一定的规则，鼓励开发商在项目中多提供公共开放空间，作为补偿，开发商可得到高于原来规定的建筑面积。

在城市管理中，我国城市也逐渐接受和运用了这种规则控制。空中开发权转让也是通过一定的规则，达到获取对特殊城市空间资源进行保护的资金和控制开发建筑高度的双重目的的。天空曝光面是通过设定一个斜面来控制临街建筑的高度，以使街道获得充足的阳光和良好的视觉景观效果。又如多伦多城市设计导则关于建筑高度的控制方法中规定，在与较低高度限制相连的地块，不管是街区内或还是跨越街道，新开发项目的形体都应该逐步降低到相邻的控高。在这个高度形成一个裙房。高层部分应从低层部分退后以提供一个不同密度的转换。

在街角地块，建筑形体应当尊重两条街的现有的建筑高度，但是街角建筑的高度应该按照相对重要些的那条街道的限高，以给予建筑显著性。

国内一些城市也采用了类似的临街建筑高度控制方法。尽管规则控制由于界限的限制具有较大的刚性，但它仍保留了相当的弹性。如在临街建筑高度的控制中，控制斜线可以使建筑的上部退台式地上升；而奖励区划是在保证总体空间容量不受大的冲击的前提下，在开放空间和建筑面积之间取得弹性平衡。可见，规则控制是一种刚性和弹性兼具的控制措施，值得在实际开发控制管理中大力推行，特别是对比较直观的空间形态可以尽量设定一定的规则来对其进行规则控制，使开发控制易于操作而不失空间的灵活性。当然，规则的设定具有相当的难度，需要经过长时期的实践验证并逐渐进行调整适应，以尽量减少主观性，否则，虚假的理性规则对项目开发具有非常大的危害，有可能使开发的经济利益和公众利益都遭受损害。另外，由于大部分比较抽象的原则控制措施难以转换为容易把握的规则，因此，规则控制的适用范围仍比较有限。

第十二章　城市设计的整合性思维

第一节 整合性城市设计的理论基础研究

一、国内外城市设计概念分析

城市设计（Urban Design）概念，早在20世纪50年代就被介绍到国内，随着现代城市设计理论与实践的不断发展，对于城市设计的概念和含义，不同的历史时期、不同的时代背景、不同的文化传统形成了对城市设计不同的理解和诠释，各个国家、不同学科的专家学者从不同的视角对城市设计有着不同的解释和定义，在此对众多的城市设计概念进行梳理和总结。

《中国大百科全书》“城市设计”的目称：“城市设计是对城市体形环境所行的设计，也称为综合环境设计。城市设计的任务是为人们各种活动创造出具有一定空间形式的物质环境。内容包括各种建筑、市政公共设施、园林绿化等方面，必须综合体现社会、经济、城市功能、审美等各方面的要求。”

《大不列颠百科全书》中对城市设计的解释是：城市设计是对城市环境形态所做的各种合理处理和艺术安排。其为达到人类社会、经济、审美、技术等目标在形体方面所做出的构思，它涉及城市环境所采取的形式。日本著名建筑师丹下健三对城市设计的解释是：城市设计是当代建筑进一步城市化，城市空间更加丰富多样化时，对人类新空间秩序的一种创造。英国城市设计家弗·吉伯特（F.Gibberd）在《市镇设计》一书中指出：“城市是由街道、交通和公共工程等设施，以及劳动、居住、游憩和集会等活动系统所组成，把这些内容按功能和美学原则组织在一起就是城市设计的本质。”

芬兰著名建筑师沙里宁在《论城市》一书中对城市设计含义归纳为：“城市设计是三维空间，而城市规划是二维空间，两者都是为居民创造一个良好的有秩序的生活环境。”

《大英百科全书（第18卷）》中就城市设计指出：城市设计的主要目的是

改进人的空间环境质量，从而改进人的生活质量。英国的“城市设计小组”提出：城市设计是一种为了人民的工作、生活、游憩而随之受到大家关心和爱护的那些场所的三维空间设计。

我国《城市规划基本术语标准》中对城市设计的定义为：对城市体型和空间环境所作的整体构思和安排，贯穿于城市规划的全过程。城市设计所涉及的城市体型和空间环境，是城市设计要考虑的基本要素，即由建筑物、道路、自然地形等构成的基本物质要素，以及由基本物质要素所组成的相互联系的、有序的城市空间和城市整体形象，如从小尺度的亲切的庭院空间、宏伟的城市广场，直到整个城市存在于自然空间的形象。城市设计的目的，是创造和谐宜人的生活环境。城市设计应该贯穿于城市规划的全过程。

1990年4月1日开始实施《中华人民共和国城市规划法》，以此制定并于1991年10月1日起施行的。《城市规划编制办法》第8条规定，“在编制城市规划的各个阶段，都应当运用城市设计的方法，综合考虑自然环境、人文因素和居民生产、生活的需要，对城市空间环境做出统一规划，提高城市的环境质量、生活质量和城市景观的艺术水平。”

齐康认为：城市设计是一种思维方式，是一种意义通过图形付诸实施的手段，是一种对城市时空结构中结节点的分析。在城市设计中需要着重探讨结构关系、流线活动、形象符号和层次空间四个方面。

阮仪三对城市设计的解释为：城市设计是整体城市规划中的一部分；城市设计主要涉及物质环境设计问题，但物质环境不但建立在经济基础上，受到经济、政策的影响，也是建立在人的心理、生理行为规律的基础上，并影响人的心理、生理行为；建筑群体及其周围的边角空间的处理是城市设计的核心问题。

二、现代城市设计概念

综上而言，尽管中外专家学者对城市设计的理解、解释和论述有着不同的表述，但是归纳起来包括以下几类观点：

（1）环境设计论：认为城市设计就是综合环境设计，更深入地解释是对城市体形环境进行设计。

（2）系统设计论：把城市设计分为三个不同层次的设计范畴：①项目设

计；②系统设计；③区域设计。就是涵盖了从微观、中观到宏观等层次的城市设计内容。

（3）过程设计控制论：把城市设计分解为不同的设计阶段，包括调查、分析、评判、设计、实施和管理等阶段，并且这个阶段具有循环的特征。

（4）决策论：认为城市设计是一系列的公共决策的制定及实施过程。

（5）要素组织论：认为城市设计是对城市中形形色色的活动要素及其相互关系的组织与协调。

（6）融贯学科论：把城市设计看成是社会、人文艺术等学科与工程、技术学科的融合的知识体系。

综上所述，城市设计的概念可以理解如下：

城市设计是从整体出发，综合考虑城市功能和形态的城市三维空间设计，城市设计的目标是为城镇人民创造高品质的公共生活活动空间环境，城市设计是塑造城市形象风貌的过程，是一项长期的、综合多学科领域的、反复渐进的城市运作管理过程，城市设计和城市规划需要进一步整合，城市设计是提高城市规划工作水平的手段和工作内容。

第二节 整合性城市设计的基础研究

一、城市设计发展历史的整合性认识

城市设计是一个古老而又新兴的话题。城市设计几乎与城市文明的历史同样悠久。自从人类建造城市开始，城市设计思想就已出现了。“一部城市建设史，也可以从城市的角度写，即写成一部城市设计史。”

（一）西方城市设计历史中的整合性因素

1.古希腊的城市设计——城市设计和环境的整合

在从古希腊到文艺复兴的历史阶段，城市设计和城市规划基本集中体现出了希腊时期有限的城市设计思想。将大自然作为组成城市的要素，赋予自然风景以人情味；将人体作为标准，赋予建筑空间以人的尺度。

随着古希腊社会、经济、文化思想和政治等的发展，对自然和世界的理解认识也在不断地深入。人民开始寻找自然万物的基点和秩序，从对世界的直观幻想转向思维的综合整合。公元前 5世纪，被誉为"城市规划之父"的希波丹姆提出了城市规划设计思想，比较全面地体现了在古希腊特定的社会、经济、政治、思想等条件下对城市模式的追求：采用正交的街道系统，形成十字格网，建筑物都布置在网格内，具有严格的秩序性。圣地、公共建筑和住宅区各据一方，在空间布局上体现了一种平等的关系，而在住宅区的形态上，则是各种阶层的混合居住，表现出一种几何状、均质化的城市肌理。城市广场往往处于道路交叉点上，在几何上具有控制和中心地位。广场的敞廊有时与相接的街旁柱廊组成长距离的柱廊序列，形成气势壮观的轴线布局和透视景象广场是市民集聚的中心，有司法、行政、商业、娱乐、宗教和社会交往等功能。"政治生活成了公共集会广场上人民功课辩论的内容，参加辩论的是被定义为平等人的公民，国家是他们的共同事物。"

以希波丹姆为代表的古希腊城市规划设计既体现了对整体、秩序、功能的追求，也反映出平等、和谐和民主的时代精神。

2.文艺复兴的城市设计——城市设计同理性思想的整合

到文艺复兴时期，地理、数学等自然学科的知识对城市的发展变化起到了重要作用，同时思想解放运动对城市设计思想的发展也起到了巨大的推动作用，在城市的发展和布局形态方面，人的主观能动性得到了充分展现。阿尔伯蒂的理想城市理论和罗马的改造，标志着西方城市设计的最高水准。在文艺复兴时期城市设计最重要的事件——罗马改造中，阿尔伯蒂主张从实际需要出发进行城市设计，从城市的自然环境要素（如地形、气候等）和社会要素（军事防卫需要等）合理地考虑城市的选址和布局。

他的城市设计理念——便利和美观集中反映了文艺复兴时期注重实际和合乎理性原则的思想特征，这些都为后世的城市设计奠定了正确的思想基础。在罗马改造中，建筑师封丹纳提出的街道系统使设计进入了艺术的王国，他用高耸的方尖碑标示出城市的关键地点，使所有的人都能够看到，并用它作为城市的路标，为以后的设计者提供了可以参考的尺度。同时，他还强调在城市中建立一

个强烈的视觉系统，认为街道不仅要连接一些中心地点，而且在视觉上应予以加强。

（二）我国城市设计历史中的整合

城市发展初期，人与自然的关系还比较简单，城市主要作为寺庙神灵的庇护所而存在，并由对神灵的代表——君主王权的崇拜而沿袭下来。其内部的组织关系也比较单纯，城市更接近大型“聚落”。这时的城市设计基本表现为人类活动对自然环境的被动接受和主动适应，城市内部的空间组织关系一般以家族、氏族的等级制度体现为核心，以中国“风水”学说为其杰出代表。“风水”学说可以说是一整套城市（聚落）及建筑空间组织设计和评价的方法体系。其中心思想之一是在把建城活动对自然环境的破坏减到最小的情况下，最大限度地利用自然环境所能提供给人群的遮护、安全、联通等内在功能，并利用这种关系而构成对建城基址某种“气”“脉”的分析方法；另一个思想是力求创造最优的城市空间布局，保证生活在其中的个体同群体均能保持一种持久稳定的平衡关系。

随着人类征服自然能力的增强，城市内部社会组织关系日趋复杂，城市从宇宙自然崇拜，自我中心思想为基础的社群关系过渡到以崇尚君权、宗法制度为核心的组织社会，这一时期城市设计的基本特征不再是简单地顺应自然，而是力图表达某种神权、君权意志力理念，表达人对自然在精神上的抗争，或者服务于王权、教权及群体凝聚力的一种手段。例如：周礼《考工记·匠人》就有对周王城设计的详细记载：“匠人营国，方九里，旁三门，国中九经九纬，经涂九轨，左祖右社，面朝后市，市朝一夫”，这集中体现我国奴隶制时期社会的宗法礼教与等级制度。同时，这一城市设计思想也对我国后继的城市建设制度形成巨大影响。隋唐长安及明、清北京城都延袭了周王城的建造模式，采用中轴对称的布局方法，体现出王权的威严与至高无上。

我国三千年前的周王城中就对城市中的功能区有了简单的划分：城中心为皇城，“左祖右社，面朝后市”，其他为集中的居住区。其中“市”的概念，表现了商业空间在城市规划设计中的重要地位。唐代长安改变“面朝后市”为“面市后朝”，宫城和皇城（政府机构所在她）居中偏北，东西两市分列两厢，面积各为 90公顷。居民区采用类似闾里的“里坊制”集中布置，城市的功能分区异常明确。至北宋，随着手工业分工日益细密，商品经济也不断发展起来，“里坊制”被“街巷制”取代，用于满足商业市场开放扩大的要求。同时，城市中出现“瓦子”，即娱乐区，城市功能日趋完善。从上述演进过程中不难看出：功能区划的设计思想始终贯穿于我国城市建设发展过程之中。这种二维城市设计手法体现出我国古人朴素的“功能主义”城市设计思想。

二、发达国家城市设计发展的整合性因素

现代城市设计在美、日、欧等发达国家现代城市的发展过程中积累了大量经验和教训。城市设计受到社会、经济、政治、文化、技术等要素的共同影响，具有较强的区域特性。因此，以下主要研究在不同时代背景下的各国城市设计的发展，旨在借他山之石，为城市设计的整合性思维打下研究的基础。

（一）美国

美国城市设计作为公共政策颁布以来，至今已有一千多个城市实施了城市设计制度与审查许可制度。美国是联邦制国家，联邦政府一般只对国家公园、国家纪念馆、历史古迹、自然保护区等实施土地使用和建筑管制，严格控制和管理建筑的高度、体量、材料颜色等，而没有一个全国城市规划的概念。城市规划基本是由州和自治市负责，各城市并没有城市设计的专门法规，土地使用和开发控制主要由州议会授权地方政府主导实施，主要以土地使用分区管制（区划）为主，土地细分以及场地布置审查为辅。有关城市设计的法令大多包括在“土地利用区划管理规则”以及“土地细分规则”。

“土地利用区划管理规则”是美国城市设计控制的一大特色，它见证了美国城市设计发展的历史，体现了自下而上的地方自治型模式。

城市设计技术性地介入区划是美国城市设计的最显著的特征，一方面，区划从最初的保障城市环境的基本要求：日照、通风、采光等发展到现在的引导和塑造城市环境特色和空间品质，经历了从僵化到弹性的完善过程；另一方面，城市设计的思想需要区划这一法定管理手段来实现，空间研究和设计必须转译为管理策略，才有可能实现目标。

同时也必须看到，由于区划法所造成的社会分化，对经济发展的影响和对弱势群体的漠视等负面问题也慢慢暴露出来。在城市的郊区，区划比中心区严格

得多，如只允许建设独立式住宅，不允许建设联立式或多层公寓等的规定，使得某些郊区成为中高收入者的聚居区，低收入家庭很难进入。

（二）日本

日本在第二次世界大战以后受美国影响很大，大约在 20世纪 50年代中期引入“城市设计”概念，几十年来，城市设计在日本经历了“借鉴—实施—总结—本土化”的“城市创造”理论的产生和实践。60年代后期开始，城市设计方案在实施上暴露出很多问题。

日本的城市设计没有独立的法律基础，只是在如依据城市规划法的“地区规划制度”、依据建筑基准法的“综合设计制度”和“建筑协定制度”中包含了城市设计的概念与内容，这点和我国十分相似。而且日本的国情特点是：土地的绝对私有和城市开发多以民间小规模开发为主，建成区内是大量的独户式的土地产权，为城市设计更增加了许多不利因素。但正是由于“城市创造”理论创造性地把西方理论和本国实际相结合，才使日本依靠非正式的审议制度、民间组织形式将城市设计真正实施到位。

城市设计除了少数的概念融入到城市建设法规中外，大部分的城市设计成果没有法律保证，因此城市设计在有计划的城市建设实施过程中缺乏法律支持；城市设计的目标是以市民为主，市民参与城市设计，采用非正式的审议制度施行；城市设计受到土地私有化的限制，除了少数几个新区获得大规模开发实施成功外，大量城市设计的实践活动是以小尺度环境设计为主。城市设计实践由对最终结果的设计逐渐转变为更加注重过程的创造。

（三）欧洲

第二次世界大战以后，西欧发达国家面临着城市重建和历史保护的问题，传统的平面城市规划已经无法解决日益复杂的三维城市空间的现实问题，于是城市设计伴随着历史保护开发控制成为欧洲城市建设的主流。

虽然各国情况不同，但是以上一层次规划指导下一层次规划，保证城市设计与城市规划从上而下的整体性的整合原则，通过必要的审查程序，既有严格的控制性，又不失灵活的弹性，附之以公众的参与决策，并依靠社会多因素的支持，构成城市设计的主要内容，这些国外城市设计的共同特点，成为我国城市设计可以借鉴的宝贵经验。

在西方，20世纪 60年代以后城市设计的发展也并不是废弃了城市规划，而恰恰是城市规划发展的进一步深化。城市规划工作的重点向两个方向转移：一个是以北美地区实施的分区规划法（Zoning）为代表的法规文本体系的制定和执行，另一个就是在欧美城市倡导的以人为中心，通过城市空间环境塑造提高人们生活空间的环境质量和生活质量的城市设计。只有在这样的背景下，城市设计才有可能获得全面的发展。因此可以说，城市设计与城市规划是一个完整的城市规划过程中紧密结合的两个方面，两者互为条件、相互依存、相辅相成，共同为城市建设服务。只有不断地在理论、技术、实践及管理等层次去寻求城市设计和城市规划两者叠合与协同，整合其各自的优势要素，乃至走入一体化道路，才能兼顾各方面的效益，使城市建设大系统达到最优化。

第三节 西方现代城市设计理论思潮及综合模型分析

一、当代城市设计理论发展的演变

（一）两次城市规划思想转型对城市设计理论的影响

第一次转型发生在19世纪末、20世纪初，从传统的形态主义之上——以象征性构图、艺术化的空间与建筑创作活动为主导的古典城市规划（设计）运动（欧洲）——包括城市美化运动（北美），转变为面对现实社会、以解决城市诸多问题为导向的科学意义上的城市规划，或称这一过程为“一种跃迁式的过程”。

城市设计在传统的形态主义之上的模式表现为“景观一视觉”领域的分析工具，以文艺复兴后到 19世纪为发展盛期。第一次转型发生的阶段也出现了“类型——形态”领域的分析工具。这两类分析模型大部分研究方向的研究对象都是单一的城市设计的客体，即城市环境；比较注重人的视觉感官知觉为基础的认知特征。“一种跃迁式的过程”发生产生于战后欧洲大规模的重建带来的城市空间的整合和新一轮的工业化带动的“现代主义”运动过程。现代主义盛极一时的后果出现了空间质量衰退的“城市病”，也重新导致了对形态主义、绝对主义的反思。城市设计理论的逐步发展以及与其他理论研究领域的交融，特别是受到当代社会科学发展的影响，其研究对象逐步扩展到了城市设计的主体，人与群体。这体现在始于20世纪五六十年代的“认知－意象”领域和“环境－行为”领域的分析工具。以凯文林奇和亚历山大。克里斯托弗等为代表的学者提出的认知—意象理论和环境分析“模式语言”打破了传统的城市设计理论分析法则的垄断，也成为理论的第一次转型向第二次转型的重要的转折点。

这些问题和困境的深化也酝酿了城市规划的思想另一次转型：发生在20世纪60年代末至70年代初，强调从功能理性为基础的现代城市规划转变为注重社会文化考虑的“后现代城市规划”，人本主义成为后现代城市规划思想的核心。

伴随着城市规划的思想第二次转型，从20世纪70年代开始，城市设计理论的研究对象又扩展到了城市设计的主体和客体之间的相互关系和相互作用（过程）。这体现在社会领域、功能领域和“程序—过程”分析工具被引用到城市设计理论的方法论中。

（二）20世纪新生哲学理论流派对现代城市设计理论的影响

当代城市设计思想的产生基础要溯源于后现代主义产生前后的20世纪七八十年代，这一时期西方社会呈现出转折、动荡和文化多元的特征。西方的城市研究领域产生了对城市规划与城市设计思想体系有较大后继影响的流派，主要包括：

1.人文生态学派

人文学派的重要分支，曾在20世纪30年代美国创立了著名的“芝加哥学派”，其创始人认为：城市空间的秩序最终是生态秩序的产物，人类社会在两个层次上被组织（一个是生物学层面，一个是文化层面），从而在类似生物界的竞争、淘汰、演替等过程中进化。后现代主义的思想则在这一思想中继续融入了社会文化意识，发展了人文生态学派，其思想是：（1）把城市化看成生活的方式；（2）城市的社会结构和空间组织之间存在联系（如城市空间分异现象）；（3）城市也是一种生态系统。

2.新古典主义学派

新古典主义学派源自新古典经济学，强调把社会看作一个由个体组成的集合，个体偏好的形式性形成了不同的经济形式和社会的性质。新古典主义认为，商品交换是社会关系的唯一准则，而人的个性偏好是可以被事先假定的。这种对城市中人们空间行为过程的假设偏于简单、唯一，如该学派提出的房租—区位模型，交通—地租模型等，释义过于狭隘，在20世纪70年代后，这些假设才在城市对认识、研究中有所放宽。

3.结构主义学派

结构主义学派强调通过综合的方法（如性别特征、社会制度特征、机构特征等在时空上的相互作用）来研究日益激化的社会问题，用结构性的、相互作用的视角来解释人、人群在城市活动中的作用以及广泛的因果关系，同时也用于解释人们的社会和空间经历。

二、西方现代城市设计的理论思潮

（一）功能主义

功能主义又称机能主义，其起源于包豪斯和柯布西耶的作品主派，其信条则来自1933年国际现代建筑会议的《雅典宪章》。它强调的目标是可行性与能力，即城市设计的目的是满足个人和社会的各种功能需要，同时还包括了对个人和社会功能需求的理性推理和分析。功能主义认为城市是一个容纳多种用途的聚集体，居住、工作和休闲等活动是分离和独立的元素，这些活动不应该被混合，因此其将城市分区化为：居住、工作、游憩、交通。在一个分区化的环境中进行的活动，几乎可以不受其他活动的干扰。虽然功能主义认为应分离各式活动，但在城市的核心，这些活动却必须是混合的。因为一个理想的城市核心是“人们可以在此会合并交换心得”的场所。它对城市核心的集聚功能充分肯定，对可能的问题应采用相关技术手段予以解决，从而使城市核心在现代化进程中发挥更大的作用。

功能主义注重历史建筑的价值，认为应该被妥善保护，但是这些历史古迹不应成为规划现代城镇的基础，那些因为特殊的历史原因所产生的城市开发多是不适宜人类居住的，例如中世纪由于工业化发展和城市发展所出现的贫民窟就是使用不适合的方法进行城市开发的最好的例证。

功能主义对城市空间的影响包括：以线形和点状建筑物等大尺度城市元素界定城市中的区域街道；以垂直分离交通系统构想未来城市：使景观、阳光、空

气能自由流通形成开放性城市空间。

（二）人文主义

20世纪五六十年代，针对功能主义的诸多局限性，以及现代技术（例如建材和建筑架构等）的广泛应用，而使城市丧失了人性的尺度，自然环境受到破坏，视觉趣味和都市特性的逐渐消失，英国的城镇景观学校中几个原来的成员组成了十人小组，对机能主义思想和设计结果的不满而做出了回应，强调城市设计必须以人的行为方式及需求为基础，城市形态必须从生活本身的结构发展而来，形成了人文主义。

人文主义提倡城市环境的混合使用，认为一个城市的特色来自丰富的混合使用，杰布克所说的“有组织的复杂性”，例如机能主义的街道主要是为汽车使用的，而人文主义的街道则是为了适合人们居住而开发的，当这样的街道缓和了交通的危险、噪声和污染时，步行道就成为邻里生活的舞台。

人文主义强调场所感的塑造，认为城市塑造不仅是空间和形式，而且是组合包含社会因素在内的各种元素而形成的一个整体环境场所，同时要考虑文脉和使用者的需求，并将其对社会和自然环境的影响降到最低。

第四节 整合性城市设计的生态观

一、城市设计的生态观

（一）生态城市

20世纪70年代初，在联合国教科文组织“人与生物圈”计划（MAB）研究中提出了“生态城市”的概念。由于20世纪50年代以来世界工业的大发展和城市化进程的加速，使许多城市的污染达到了非常严重的地步，灾难性事件频繁发生。使得城市环境问题成为当今世界各国关注的重点问题之一，并促使各国政府和相关的专家学者逐步以生态学的观点综合地衡量城市的结构、功能和发展等。城市生态学就是以生态学的理论为基础，研究作为生态系统的城市系统组成要素之间，以及该系统与周围其他系统之间的相互作用的规律，从而解决城市环境、资源和人，也就是人与周围环境之间的关系问题。

当今的城市是以人为主体，生态城市中的生态不仅仅是指自然生态，还包括人类生态；而生态城市中的城市是一个具有自组织和自我调节的共生系统。现代的生态城市内涵已经远远超越了仅仅是保护环境，即城市建设与环境保持协调发展的层次，而更进一步整合了社会、文化、历史、经济等因素，向更加全面的方向发展，体现的是一种广义的生态观。生态城市通过调节自然环境和人类的社会与经济环境的关系，实现社会、经济、人类与自然的协调发展，物质能力、信息的高效利用，技术与自然的充分融合，人的个性和能量的完美展现，从而达到人—自然的和谐（包含人与人和谐、人与自然和谐、自然系统和谐三方面内容），其中追求自然系统和谐、人与自然和谐，是基础、条件，实现人与人和谐才是生态城市的目的和根本所在，即生态城市不仅能“供养”自然，而且满足人类自身进化、发展的需求，达到最终的“人和”国。

因此，从广义上讲，生态城市是建立在人类对人和自然关系更深刻认识基础上的新的文化观，是按照生态学原则建立起来的社会、经济、自然协调发展的新型社会关系，是有效地利用环境资源实现可持续发展的新的生产和生活方式。从狭义上讲，生态城市就是按照生态学原理进行城市设计，建立高效、和谐、健康、可持续发展的人类聚居环境。每一个城市设计者都要充分理解每一个地方的自然特点、性质和质量，在设计过程中将其或发扬，或抑制，或改造，将美好的自然环境结合进城市中。

（二）生态城市的特点

通过比较分析，可以发现生态城市与传统城市有本质的不同。主要表现在：

1.和谐性

生态城市的和谐性，不仅反映在人与自然的关系上，自然、人共生，人回归自然、贴近自然，自然融于城市，更重要的是体现在人与人关系上。现在人类活动促进了经济增长，却没能实现人类自身的同步发展，生态城市是营造满足人类自身进化需求的环境，它应充满人情味，文化气息浓郁，拥有强有力的互帮互助的群体，富有生机与活力。生态城市不是一个用自然绿色点缀而僵死的人居环

境，而是关心人、陶冶人的“爱的容器”，文化是生态城市最重要的功能，文化个性和文化魅力是生态城市的灵魂。这种和谐性是生态城市的核心内容。

2.高效性

生态城市改变了现代城市“高能耗”“非循环”的运行机制，提高一切资源的利用效率，使之物尽其用，地尽其利，人尽其才，各施其能，各得其所。物质、能量得到多层次分级利用，废弃物循环再生，各个行业、各个部门之间具有协调的共生关系。

3.持续性

生态城市是以可持续发展思想为指导的，兼顾不同时间、空间，合理配置资源，公平地满足现代与后代在发展和环境方面的需要，不因眼前的利益而用“掠夺”的方式促进城市暂时的“繁荣”，保证其发展的健康、持续、和谐。

4.整体性

生态城市不是单单追求环境优美，或自身的繁荣，而是兼顾社会、经济和环境三者的整体效益，不仅重视经济发展与生态环境协调，更注重对人类生活质量的提高，是在整体协调的新秩序下寻求发展。

5.区域性

生态城市作为城乡统一体，其本身即为区域概念，是建立在区域衡基础之上的，而且城市之间是相互联系、相互制约的，只有平衡协调的区域才有平衡协调的生态城市。生态城市是以人–自然和谐为价值取向的，就广义而言，要实现这一目标，全球必须加强合作，共享技术与资源，形成互惠共生的网络系统，建立全球生态平衡。广义的区域观念就是全球观念。

二、整合性城市设计的生态目标

整合性城市设计的生态观是：应把作为整体的宏观环境（地球生态系统），与作为个体的中观环境（城市生态系统）和微观环境（人文建筑生态系统）进行综合考虑，并从其内在的系统联系性上进行进一步整合设计。一方面城市的发展必须有助于保持和完善城市的自然生态环境，另一方面城市的发展应以不破坏城市人文环境的延续为发展前提。城市的生态化设计必然是使人工系统与自然生态系统形成共生关系，从整体性考虑外部生态的自然文脉系统，寻求人工环境与自然环境的生态平衡，在自然环境、人文环境、物质和精神等各个方面都达到和谐共生。

1993年，可持续发展工商理事会（BCSD）提出，可以通过生态效率的提高来减少生态影响和将资源消耗控制在自然承载容量范围内。提高生态效率可以从最小限度地使用资源和能源、最小限度地排放有害气体、最大限度地使用可再生资源、提高资源的循环利用水平、延长使用周期等方面体现。

整合性城市设计的生态目标体系包括：

（一）资源优化目标

城市是资源利用的主要人居环境，城市利用资源的方式和效率，对城市生态环境质量和经济社会的发展有着关键性的制约作用。在城市发展中，以最小的生态和资源代价，获取最大的效应。资源环境的保护和有效的优化利用在整合性生态城市设计中体现为：

1.生态保护

城市的建设和发展不可避免地会对自然生态系统产生干扰和破坏，为了尽可能地保持原生环境和生态系统的平衡关系，设计时要从对自然陆地和水体、植被、动植物等的影响出发，对基地的选择、对原生环境的维护、对绿化的恢复补偿等都需要制定具体的措施方法，并严格实施，以使对自然生态环境的干扰和破坏减少到最小限度。城市的发展要有利于保持生态系统的完整性，实施紧凑型城市设计，保持城市、田园和具有完整功能的自然生态系统共同存在，形成一个巨大的体系，包括保留地或专用地、缓冲区和连通性的野生动植物走廊，通过允许各种物种自由地进出这个生物区域，来维持该地区的生物多样性，使城市与自然和谐共生。完善城市绿化系统的生态功能，从而实现城市的生态平衡。

2.资源利用

城市的发展和建设必然要占有和消耗大量的自然资源，同时也关系到能源消耗、原材料的使用、水资源的使用、耕地的丧失、破坏臭氧层的化学品的使用等。对城市发展中能源消耗和资源占有的控制是人类获得可持续发展环境的重要一环，主要包括节地、节能、节水、节材、设计尽可能就地取材并加强减少材料运输的资源消耗等具体措施。

（二）经济高效目标

生态危机在本质上是由人类经济活动方式、内容、规模和价值取向与自然环境和资源稀缺的矛盾造成的，生态运动的主要目的就是要改变人类的经济活动和价值观，因此，可以把城市生态化看作是一种发展战略，生态的就是经济的。将整体性原则作为自然界各种物质构成的基本原则，在这种原则下的城市设计才有可能达到生态效益。经济高效体现为：

1.循环再生

生态经济的开放式闭合循环是生态经济对立统一的理论基础。开放指的是循环在任何时候、任何环节都可能进行输入和输出；闭合指的是整个循环过程所有的物资都能通过“废物—原料”的方式参加到循环中去。生态型城市应该能促使各种物质形成循环系统：水循环系统、空气循环系统、资源循环系统、清洁能源利用系统等。从节能减排的角度考虑现存建筑的改造与利用，如上海世博会在建造中已充分考虑将已有的厂房改造成世博会的新场馆，尽量减少因拆建带来的危害。

2.低耗高效

城市设计中应充分考虑对阳光、水、风等自然因素的合理有效的利用。提高太阳能的利用率；更多地采用自然采光，减少不必要的人工照明使用量；多种树，减少需要大量人力、物力管理维护的草坪景观；建筑的保温层和合理设置可节约大量能源等。交通系统应高效便捷，确立对环境影响最小化和资源消耗最小化原则，按照步行、自行车、铁路、轨道公共交通、小轿车、卡车的优先顺序发展。

（三）人文和谐目标

整合性城市设计生态观中的人文和谐包括对人的关注和对文化的关注，是城市社会功能的集中体现。具体表现为：满足人的生理需求和心理需求，包括住所和活动场所的卫生、健康、舒适、审美等需求；满足现实需求和未来需求，居民不仅需要一个良好的居住空间，还需要一个与社会交流、不断接收新的文化信息，并能适应未来持续发展的空间；满足人类自身进化的需求，即需要一个能使人类天性得到充分表现的环境，与自然结合、有多样化的人工建筑物，使城市成为有助于“进化的环境”。

1.健康原则

城市的健康原则是维特鲁威首先提出的，“首先是选择最有益于健康的土地”“在周围筑起城墙，接着便在城里划分建筑用地，按照天空的各个方向定出大街小巷。如果谨慎地由小巷挡风，那就会是正确的设计。风如果冷便有害，热会感到懒惰，含有湿气则要致病。因此这些弊害必须避免”“卧室和书房从东方采光，浴室和冬季用房从西方采光，画廊需要一定光线的房间从北方采光，那么这也属于自然的适合性。因为从北方采光，天空的方向由于太阳的运行就不会忽明忽暗，在一日之中常是不变的”。

2.文化价值

文化是人类社会历史发展过程中所创造的物质财富和精神财富的总和，是一定社会政治和经济的反映。生态学家认为，人类面临的生态危机本质上是文化危机，其根源在于人们的价值观、行为方式、社会政治和文化机制的不合理方面。人类只有建立与自然和谐的新的文化价值观念、消费模式、生活方式和社会机制，才能使生态问题得到根本改变。城市生态化正是这种文化价值取向的现实行动。城市的发展和设计受到自然环境和人文环境的制约，表现出生态与文化的一致性。城市生态化就是要树立生态文化价值观，生态文化是朝着全球综合的、更积极的进化，并以区域和国际文化作为补充，它标志着走向文化多样、和平等有积极意义的运动。

第十三章　城市色彩景观规划研究

第一节 城市色彩景观规划的基本原理

一、城市总体色彩

城市总体色彩是城市色彩识别系统的重要组成部分之一，和城市标志色、城市界面色彩一起构成完整的城市色彩景观，使城市色彩规划在完成对城市色彩的控制与引导的同时还具有城市形象的视觉识别意义。城市总体色彩是城市所有色彩感知的综合反映，具有宏观性和概括性的特点。航拍和卫星遥感技术的发展使我们可以在大尺度空间影像的判读中完成对城市总体色彩的景观度量，并且现代城市越来越多的高层建筑也提供了更多的制高点，使城市色彩的总体面貌有更多的完全的视野，因此，对城市总体色彩的感知已延伸到了城市的日常生活中。

城市景观中不少概念源自对大尺度空间影像的判读，城市肌理、大地干扰、景观异质性、基质等概念均属如此。对城市色彩的大尺度空间影像的概括，可用“城市总体色彩”来表述。城市总体色彩是城市缤纷的色彩经视觉在空气中调和后呈现出的色彩景观特征，是人们对城市色彩的宏观感受。这种色彩反映出城市的历史积淀、城市时代属性的综合，并展示出明显的城市色彩空间结构。

城市总体色彩与一定时期的材料及其加工与制造技术的发展密切相关。如从中国建筑的“木结构—砖木混合结构—砖与混凝土”变化过程即可解读出色彩的变化历程。而现代随着黏土砖退出历史舞台，建筑外表面均需粉刷贴饰，色彩装饰成为必然。这其中又牵出了材料与资源、材料与社会经济之间的千丝万缕的联系。色彩专家通过考察区域内独特的建筑材料与色彩，选取那些区域本身固有的色彩，与适宜材料相结合，来传递出有创造力的优美。

城市总体色彩因城市不同时期的发展，在文化、时代、自然环境的作用下呈现出明显的色彩分布规律，从而构成城市色彩的空间结构。假若现代城市是一个文化“堆积”，城市总体色彩则以文化“剖面”的形态来展示城市文脉、体现色彩结构。

我国的城市规划与建设对建筑单体的色彩较为重视，对整个城市环境中的色彩主题并未给予较多关注，现代主义的建筑学，以其清教徒式的狂热，反对城市的美化与装饰。色彩常常只被看作事后添加的东西，体现在：某些现代城区中出现的单体建筑之间色彩的争奇斗艳使城市色彩局部产生不和谐；某些有地标意义的建筑在其外观更新过程中“喜新厌日”，忽视色彩所产生的识别意义，忽视人们对城市地标的心理依赖，也忽视城市地标的景观面貌对延续城市文脉的作用；在旧城改造中，新的建筑往往以异质性的“斑块”对老街区不同时代所呈现的色彩与“肌理”形成干扰，也有因城市更新而导致历史色彩“剖面”边缘的识别模糊等问题。所有这些均表明城市色彩有很多可以进行控制与引导的方面，这需要通过规划进行色彩干预以使城市总体色彩朝有利于整体识别个性的方向发展。

二、城市界面色彩

城市界面是城市中的廊道、节点、可视边界的总称，这是与人有接触媒介作用的公共领域，其色彩具有可为人直接感知的特点。城市界面色彩与上文所述的城市总体色彩反映了人们对不同空间距离城市色彩的感知，前者属微观尺度的感受，后者为宏观尺度的体会，两者构成城市色彩的两个层次，如称后者为第一层次色彩，前者则为第二层次色彩。城市色彩规划主要是对这两个层次的色彩做控制与引导。

城市界面色彩与城市总体色彩既有区别又有联系，具体表现在界面色彩的主要载体——建筑墙面的色彩对城市总体色彩有直接影响；其近人尺度的景观元素，如广告、标示、商业门面、道路铺装等的色彩在宏观尺度的空间判读中呈现出“彩带”特征；城市界面色彩较之于城市总体色彩更富有人文情感，色域要宽广得多，两者一起构成城市色彩“多”与“少”的辩证。

城市界面色彩在规划中需从两个方面加以控制。一是尺度，即控制色彩载体的高度或面积，使彩带呈现出有组织的变化或规律；二是色彩联系，即在缤纷繁杂的色彩中强调某种与城市理念有关的色彩成分，色彩是连接城市的“黏结剂”，同时也是分离各形状的“刺激剂”，通过色彩的应用，让色彩在每一个城

市的局部都能揭示城市整体的特性，从而使整体的每一个部分都具有其完美的特性。

三、城市标志色

国旗是一个国家的象征和标志，因此国旗所蕴含的寓意与这个国家的政治、历史、民族、信仰、理想、环境等有密切关系，而色彩在其中之作用更是举足轻重。如我国的五星红旗，其红色不仅代表革命先烈付出的鲜血，还是红色中国的象征，而五颗星星之“黄”色则是中华民族历史上的色彩至尊，法国的国旗为蓝、白、红竖条组成的三色旗，三种颜色分别代表法兰西民族“自由、平等、博爱”的崇高理想与社会目标。

国家的人文目标、环境理想、历史发展、民族特色在此通过色彩及其形式语言被高度抽象与概括，这些色彩或色彩组合即为国家标志色。城市因其独特的地理环境与发展历程同样可为色彩所抽象、延伸甚至发挥，能反映城市更多的特定内涵的色彩及其色彩组台就可称为城市标志色。由此可知，城市的标志色与所谓的“城市主色调”“城市主导色”等概念完全不同。城市标志色可为一种到三种色彩的组合。色彩太多则会造成识别性紊乱而使标志意义丧失，太少则可能造成对城市丰富的历史文化表现乏力。如前文所述的有国家标志色寓意的国旗色彩构成即为明证。

城市标志色有宽广的色彩谱系（色域），不少色彩甚至纯度很高，这使城市标志色不一定能普遍地在城市总体色彩中发挥作用。如楚文化地域的城市，若以楚文化的标志色——红与黑的色彩组合来作为城市标志色，就可发现在现代城市的总体色彩中这两种色彩均很难被广泛使用。这就产生一个问题，即城市标志色到底应在何处进行表现？事实上城市标志色正是非普遍意义的色彩，城市标志色若大面积地在城市建筑上实施，其结果是因色彩的泛化而使标志性作用降低，因此该色彩的主要使用范畴便是城市中结构要害（如有城市文化、交通、经济、政治等中心作用的地区），其作用便是城市形象的画龙点睛。

城市标志色是对城市的环境形象、人格形象与文化形象的高度抽象与概括，它不仅可以体现出城市及社区的个性与风貌，还寄寓了居民的人居环境理想，直接反映了城市的历史文脉、文化底蕴和整体风貌，是城市特色与品位的重要标志，是城市魅力的重要构成。

第二节 城市色彩景观规划的理论框架研究

一、色彩学理论

色彩学是研究与人的视觉发生色彩关系的自然现象的一门学科，其运用在我们的日常生活中无所不在，比比皆是。将色彩学用于指导整个城市建设规划的层面也是色彩学的不断发展，运用越来越广的体现。在色彩景观规划的过程，正是从视觉美学的角度对城市色彩进行研究，做出规划和设计，达到创造一个美观、和谐的城市色彩景观的目的，因此，色彩学是城市色彩景观相关的部分，并明确的在美学层面上作为城市色彩景观规划设计的理论框架和方法论建立的重要依据，而色彩学下的色度学也为城市色彩景观规划的定量处理提供了技术手段。

（一）色彩基本概念

色彩不仅是不同波长光线的物理作用，而且是人类的感知系统对视觉刺激所做出的复杂反应的结果。整个视觉感知过程是视觉对色彩的感知和归纳，并将此种信息传送给大脑以及大脑对此种信息进行解码的过程。视觉所感知的一切色彩现象，都具有明度、色相和纯度三种性质，即色彩的三要素。

色相指的是色彩的相貌。在可见光谱中，红、橙、黄、绿、蓝、紫每一种色相都有自己的波长和频率，人们在给这些可以相互区别的色定出特定的名称。将色相按照波长依圆周的色相差环列，就形成色相环（色环）。

彩度（纯度）是指色彩的鲜浊程度，它取决于一种颜色的波长单一程度，纯度体现了色彩的内在品格。

明度即明亮的程度，也称为色深度。一个彩色物体表面的光反射率越大，对视觉刺激的程度越大。看上去就越亮，那么这一要素的明度就越高，明度在三要素中具有较强的独立性，它可以不带任何色相的特征而通过黑白灰的关系单独呈现出来。色相与纯度则必须依赖一定的明暗才能显现。色彩一旦发生，明暗关系就会同时出现。

（二）色彩的生理效应

人眼对色彩产生感觉是光源发出的光或经物体反射的光刺激人眼视网膜中的感光细胞产生脉冲信号经视神经传给大脑，通过大脑解释、分析和判断而产生的一种生理过程，因此，视觉的生理效应对色彩研究是必不可少的，视觉的生理效应有很多种，这里仅分析当城市作为表现色彩的载体时视觉的相关特性，以期对城市色彩景观研究提供色彩美学的理论依据。

视觉的色适应：当人们从一个照明色温低的房间（如白炽灯）走到一个色温高的房间（如日光灯）时，开始会觉得两个房间的灯光色彩有所不同。可是一会便会觉得没什么区别。这就是视觉的色适应。一天中日光的色温也是在不断变化着的，相对正午，清晨和黄昏的日光色温较低，光色偏黄红，但由于视觉的色适应性，人眼不会因为在不同光色下而对同一观测对象的色彩感知发生偏差，而且日光的变化是相对缓慢而连续的。因此，虽然我们对城市色彩的调研和色彩标定工作都是争取在标准光源下进行，但由于人眼对色彩感知的色适应性，我们可以认为这样的色彩标定是可以适用于一天当中任何时刻的日照条件。

色的恒常：当对一张白纸投射红光，对一张红纸投射白光（全色光）时，虽然两张纸都成红色，但人眼仍能分辨前者是红光下的白纸，后者是红纸。这种把物体的固有色和照明光区别开的能力叫色的恒常。因此色感觉的恒常条件：一是在全色光照明下，二是不能抛开目标所在的环境单独进行观察。在城市色彩的观察中符合这两个条件，因此人眼能维持色的恒常。

视觉阈值：色彩的辨别能力有一定的辨别范围值，这个范围值称为色彩的视觉阈值。人眼具有一定的视觉阈值，无法区别面积过小、距离过远、速度过快的物体。

视觉混色：如果将很多小面积色彩块放置在一起，当视觉距离增大到一定范围时，人眼所感知的色彩将是这些不同色彩的混合色，而非原来其中任一色彩，这就是视觉混色。这是因为人眼视觉存在阈值，空间距离和视觉生理限制，使眼睛分辨不出过小和过远的细节，而把不同色块感受成一个新的色彩，这种现象成为空间混合或者并置混合。视觉混色色相发生了改变，色彩的明度和彩度仍然保持，接近观察时，则发现每个色块都向相邻的色块产生色移，这个现象叫作同化。在建筑色彩设计中需要注意建筑物不同色彩施色面积的大小以及位置所引起的视觉效果。

总之，在城市色彩景观规划中，如果能合理选择适当的色彩美化我们的城市环境，充分运用色彩对人体的生理效应，将对人们的生活、工作带来积极的作用。

二、色彩地理学理论

（一）让·菲力普·朗科罗与色彩地理学

让·菲力普·朗科罗教授是法国著名的色彩学家。今天，在巴黎、在法国，在欧洲各国远至美国、日本，朗科罗教授设计的作品或者受到朗科罗影响的设计风格到处可见。他把色彩渗透到人眼所至的每个角落：建筑交通工具、工业产品、商品包装、企业标识、织物、化妆品，大到都市环境、小到钢笔的外壳直至园林花卉栽种的搭配。在色彩相关领域里，只要有求者，他总是必应者，让色彩歌唱是朗科罗教授工作的核心。

色彩地理学是郎科罗教授的一个创举。它是一门介于自然学和社会人文既有前瞻性又有现实性的跨界学科。郎科罗教授认为一个地区或城市的建筑色彩会因为其在地球上所处地理位置的不同而大相径庭。这既包括了自然地理条件的因素，也包括了不同种类文化所造成的影响，即自然地理和人文历史两方面因素共同决定了一个地区或城市的建筑色彩，而独特的地方或城市色彩又将反过来成为地区或城市地方文化的重要组成部分。

正如朗科罗所说："每一个国家，每一座城市或乡村都有自己的色彩，而这些色彩对一个国家和文化本体的建立做出了强有力的贡献。"城市色彩景观研究所要做的除了分析研究当地特有色彩规律和构成，在视觉美学意义上做总结，另一个重要目的就是挖掘和研究城市的传统地方色彩，并在新的城市建设中以适当的方式体现出来，成为地方人文环境保护的重要手段。从另一个角度，自然地理和人文地理因素也可归纳为：客观物质条件和主观因素。主观因素中，既包括文化因素，也包含人类的共性因素。因为色彩既然是人眼的主观感受，就始终离不开"人"这个因素。国际色彩顾问协会（IAAC）主席法兰克·马汉克先生在他的《色彩、环境和人的反应》（Color，Environment&Human Response）一书中

提出“色彩体验金字塔”（*The Color Experience Pyramid*）的概念，强调“看见”色彩的过程不是一个简单的视觉过程，而是一个复杂的多层次的“体验”过程，即对色彩刺激的生理反应潜在无意识集—有意识的象征和联想—文化影响和独特风格—时尚、潮流和风格的影响—个人体验。从这个由初级到高级的金字塔系列我们可清晰地把握人们色彩心理的脉络，即经过生理反应到心理反应，再到文化影响。同时我们也可以看出，在体验过程中存在一个大的从“有意识的象征和联想”到“文化形象和独特风格”的飞跃，台阶之前应该说是人类对色彩这个刺激共同性的反应，而台阶之后则是更高一层次的文化性的作用。因此概括而论，“色彩地理学”的概念提出了影响城市（或地区）色彩景观形成的两大重要制约因素：自然地理环境和人文地理环境，而人类复杂的体验过程又决定了人文历史环境。

（二）自然地理环境因素

自然地理环境对城市或者区域色彩的客观影响主要表现在气候条件和地方材料两个方面。从人类居住环境的角度说，色彩偏爱倾向会受到自然环境的影响，居住在不同地理位置和气候环境的人们对色彩的倾向会因此而存在差别。人类生存和发展的历史就是同大自然既和谐共处又对立抗衡的历史。在人类发展的初级阶段，自然条件极大地影响甚至决定了人类的生存状态，原始的生产力水平使人们只能就地取材建造遮风避雨的场所。在大自然漫长的优化选择中特定的地方材料和建筑形式逐渐产生，这种客观条件影响着主观认识，在历史前进的脚步中，又逐渐演变成当地的文化和传统，成为意识形态的组成部分。

气候条件不但决定一个地区的自然景观，也是决定建筑形式和材料的重要因素，材料作为色彩的载体，使得城市中人工元素的色彩也受到气候条件的制约和影响。从色彩的视觉意义上说，一方面不同气候条件形成了不同的自然色彩景观，带给人们不同的心理感受，另一方面，气候条件和自然色彩景观也将影响城市人工元素的决定，后一方面在技术水平发达的今天，更上升为主要的因素。对一个地区或者城市的色彩景观产生影响的气候条件有三个大的方面：一是气温，二是温度和降水，三是日照和云量。当我们了解了一个地区或城市这三方面的质量时，对该地的气候状况对城市色彩的影响和制约便也具有了基本的掌握。另一个需要说明的是大气透明度，大气透明度城市的色彩景观有着极为重要的作用，除了湿度、降水等气象因素会影响一地的大气透明度外，当地的大气污染程度也会参与产生一定程度的影响。

正如前面分析，自然地理环境因素里面地方材料也是形成地方色彩的根本原因之一。城市是居住人群长期营建的生存环境，具有历史性。在早期的城市建设中，生产力和技术水平低下，自然环境条件的影响力巨大。人们只能依靠现有的自然环境和技术条件去获取尽量好的建筑材料，建造尽可能舒适的生存环境。而不同地区的自然条件所能提供的建造材料是不同的，技术和工艺也各具特色，且多是世代相传。由此形成的地区性的材料品谱和色谱便自然而然地使城市环境具有了清晰的地方特色。这种自然条件对城市环境特色的影响性和控制力在人类社会发展初期是强大而具有决定性的，正是人类在各种自然环境中求得生存的努力，用尽可能的平段营造尽量舒适的生活环境，使得城市或地区逐渐诞生了自己的特色，进而形成了自己的文化。因此在全球经济一体化趋势下可避免地日益强化的今天，城市不断发展，建设活动不断发生，如何在使用新技术和新材料的情况下，维护和发扬地方色彩景观，使城市和建筑的地区性得以持续和发展，就需要建立在对地方材料和色彩的深刻了解和认识的基础上，使研究和使用地区性色彩成为城市建设决策过程中一个重要的环节和课题。正如朗科罗所希望的那样：“希望人们带着对建筑色彩品质问题更高度的敏感性，创造出新的景观。”

（三）人文历史环境因素

除了自然地理环境的影响作用外，人文历史环境因素在地方色彩景观的形成中也起到了主导作用。物质景观体现时间推移的象征方式可知，朗科罗的色彩地理学概念在肯定自然地理条件作用的同时也强调了人文地理因素的影响，两者缺一不可。“作为建筑的构成要素，不同类型住房的色彩是就地取材于当地传统惯用色彩，二者紧密作用的结果，这就是我们所说的地理色彩学。”朗科罗生长在法国北部，那里满眼是浓绿的树丛映衬着明亮的橘黄色瓦顶和红色砖墙的景象，而当他 22岁时到了日本东京的时候，发现了截然不同的色彩景观，灰色屋顶和深色漆木配着白色的纸糊窗，从地理位置上来说，法国纬度稍高于日本，气候条件也类似，然而两个国家的环境景象却是如此不同。这个发现导致朗科罗将

毕生精力投入研究不同地理位置及文化的差异和城市色彩之间的关系。

人文历史环境包括很多因素，由自然地理条件和技术工艺所局限而逐渐形成的地方建筑材料和传统用色习惯是人文环境中重要的组成部分之一，还有诸如社会制度、思想意识、社会风尚、传统习俗、宗教观念、文化艺术、经济技术等因素共同作用参与城市的色彩传统。因此，作为文化环境因素之一的色彩传统的形成是极为复杂的。

对于城市色彩景观规划来说，重要的是要对研究对象使用色彩的文化传统进行调查和研究，并将其作为进一步规划设计的重要依据。

总之，当我们深入细致地考察了解一个地方或国家的地方传统建筑时，必可发现与其民族性文化密切相关的独特的色彩图谱。在城市现代发展建设中，重视、研究这种传统人文色彩的挖掘，并将之在新技术和材料手段中合理地展现，是保护和发展一个国家和民族地区文化的重要环节。

三、城市形象识别系统（CIS）理论

城市的总体形象，是人们对城市的综合印象和观感，是人们对城市价值评判标准中各类要素，如自然、人文、经济等形成的综合性的特定共识。

“应该说，任何人所感受的城市形象都不可能是城市的全部，只能是对城市局部产生印象与认知，但这种局部认知却是在人们心中留下最深刻的印象部分，是人们对城市力量的认识，从外在意义上讲，也是城市存在价值的集中体现。”但是，任何人对城市的局部感受往往都自以为是对整个城市的感受。著名的城市建筑学家凯文·林奇说：“通常我们对城市的理解并不是固定不变的，而是与其他一些相关事物混杂在一起形成的，部分的、片面的印象，在城市中每一个感官都会产生反应，综合之后就成为印象。”人们心中的城市印象与自我融入城市的程度有关。城市形象在一定意义上强调城市文化的个性要素，个性要素既可以在经济关系中寻找，又可以在文化关系中寻找，还可以在历史的存在价值上寻找。差异性即是特色，创造形象办即创造城市差异，才能真正塑造城市独有的形象。建立城市的差异化体系，这个差异包括历史人文景观的差异、形象要素的差异、城市理念的差异、城市信息系统的差异、城市市民行为文化的差异和城市视觉系统的差异等。

城市形象识别系统（城市 CIS）是将企业形象识别系统的一整套方法与理论嫁接于城市景观规划与设计中，可称为城市形象识别系统（City IdentitySystem）。城市 CIS所涉及的内容基本为城市规划、城市设计涵盖内容分散于城市规划、城市设计的各专业之中。城市 CIS却将分散于各处的影响形象的因素提取、整理并作统一的设计组织。因此城市 CIS提出的整合城市形象组件的思想对城市规划中塑造城市总体形象具有方法论意义。

第三节 城市色彩景观规划的方法论研究

一、规划原则

（一）以人为本的基本原则

长期生活在大都市的人们，除了受到噪声、空气的污染外，还受到色彩的视觉污染。它使人们的感官神经，特别是视觉神经长期处于一个紧张与疲劳状态。由此可见，环境色与人的心理、身心健康有着密切的关系。人是社会活动的主体，关爱人性、以人为本的社会基调在全世界中已形成，城市色彩也不例外。我们知道，音乐是通过音的长短高低的不同旋律，经过指挥家的精心组合而形成美妙动听的乐章。一场大的音乐会，如果没有指挥家的指挥，或没有一个音乐主题，即使个人演技水平很高也不可能形成动听的乐章，相反会导致人们精神上的颓废，有甚者还会引起精神疾病。同样美好的色彩能调节人的心理，令人愉快，而过多的、艳丽的、高彩度色彩会感到头晕目眩情绪烦躁，构成一种新的城市污染 ——视觉污染。它给人的精神、心理、生理反映造成的损伤将是不言而喻的。这种色彩视觉污染能造成人们心理烦躁，不安、癫狂或痴呆，引起精神疲劳而丧失精力集中，最终甚至引发交通事故。因此，城市色彩科学地运用和掌握色彩调节，以人为本应是设计师重要的设计原则和最终的追求宗旨。

（二）突出城市中自然美和人类美原则

人类的色彩美感来自其“自然向人生成”历史进程中，来自大自然对人的陶冶。对人类来说，自然的原生色总是易于接受的，甚至是最美的。因此，城市的色彩永远不能与大自然争美，而要尽量保护突出其自然色，特别是树木、草地、河流、大海、岩石的自然色。青岛新修的滨海步行道，用黄褐色原木架构，既体现了对自然的尊重，又使其溶于海滨景色之中，便是非常成功的案例。青岛香港路和东海路人行道上，保留了许多天然礁石，构成了城市中一道独特的风景，这也是值得肯定的明智之举。青岛老城在规划时，所有通向海的道路都敞开着，既向自然借景，又将海的色彩融入城市，而东部新区，许多通海的道路被堵死了，城市便缺少了一块最美的色彩，这是令人遗憾的。西方先哲说，最美的猴子对人类来说也是丑的，人总是以人为第一审美对象。因此，在城市色彩设计中，要尽量使大面积的色彩不张扬、不艳丽，以突出人的美。巴黎街头最美的风景就是时装女郎了，而巴黎的地面、墙壁都是素雅的灰色、米色，这便突出了流动人群的色彩美。

（三）延续地方历史文脉原则

进入21世纪，各个城市都在城市形象上力求突出自己的独特风格与地方特色，以扩大自己在区域上，甚至在国际上的影响。这背后实际上隐藏着抢占城市发展制高点的无形竞争，地方特色的城市色彩在城市形象中有着举足轻重的地位。特别是发展中的年轻城市，协调、个性、地方特色的城市色彩能在时间和空间上赋予城市一种有组织的形式。个性地方特色成了城市色彩的代名词，如红房顶的是海滨城市青岛，大部分使用兰色，象征粗犷浩瀚的草原风光呼和浩特；黑屋顶白墙体的江南水乡；深绿颜色蒜头屋顶的伊斯兰风情等。自然的、人文的都可以体现在城市色彩的地方特色上。由于每个城市所处的自然环境不同，居住的民族不同，这就为塑造城市的个性化、地方特色化提供了奠定性的基础。生活在一个特定城市的人群，经过长时间的共同生活会形成独特的地域、民族人文性格，这又为城市创造个性化、地方色彩提供了人文色彩的基础。好的地方特色的城市色彩，是城市形象“不出声”的代言人，具有强烈的广告效应。必将拉动经济的大发展，城市个性得到体现与张扬、城市文化得以宣现与延续，城市知名度、城市吸引力也随之攀升，“天更蓝，草更绿，水更清，花更美，风更正，气更顺，命更长”人与自然相协调发展。因地制宜、扬长避短，发挥优势，风格和特色就在其中。“越是民族传统的越是世界的”，缺乏个性，地方特色的城市色彩在人们的记忆中是不会留有痕迹的，因此城市色彩的地方特色，也是设计师们设计不可缺少的重要原则之一。

（四）服从城市功能分区原则

如同人的服饰要服从人的身份一样，城市色彩也要服从城市的功能。这之中包含两层意思：一层指城市的整体功能，另一层指城市的分区功能。一座商业城市与一座文化或旅游城市，其色彩自然应该有所区别，一座大城市与一座小城市，其色彩原则也应有区别。对于像香港这样的商业大都市来讲，城市色彩服从于商业目的，即便色彩有些混乱，人们也能容忍。但对于像巴黎、维也纳这样的文化名城，假如其城市色彩混乱，便对城市形象形成极大损害。米兰作为意大利最早的金融中心，其老城色调非常凝重，而威尼斯作为旅游城市，其老城色彩则活泼得多，这两者是不能置换的。

相对说来，欧洲一些旅游小城，其建筑色彩都比较艳丽，给游客留下鲜活的印象，而欧洲的大城市，其建筑色彩都比较淡雅，追求一种宁静的感觉，避免色彩火爆而形成“噪声”。从城市区域划分来说，市行政中心或广场的色彩，一般应凝重一些；商业区的色彩，可以活跃一些；居住区的色彩，应素雅一些；旅游区的色彩，则要强调和谐悦目。

二、规划方法

（一）朗科罗色彩调查法

国际上目前均采用法国巴黎“三度空间色彩设计事务所”的色彩大师朗科罗和日本CPC机构共同确立的调查方法，并结合各国的具体情况展开。

朗科罗色彩调查法主要分两个阶段：第一阶段是色彩景观分析，第二阶段是色彩视觉效果的概括总结。

色彩景观分析阶段主要是进行色彩数据的调查，即从色彩的角度出发，将一切影响色彩景观质量的要素列入考察范围之内，了解项目的相关背景，通过一系列手段如材料提取、色彩复制、材料亮度等级清单、现场上色草图、拍摄照片等进行现场考察，以掌握建筑及其周围环境的数据，其中，草图上色和拍摄照片大部分人使用色彩摄影来方便地记录色彩信息，但是相片色彩由于容易受到光的影响而造成失真情况，不能列出准确数据，所以只能作为色彩分析的参考。

色彩视觉效果概括总结阶段则是对这些色彩数据进行统计、分析、总结复制出忠于原色彩材料的色彩模型，对于过于复杂的色彩组成要进行恰当的简化，最好通过图表色谱的方式表现出调查对象建筑物的主色调、点缀色，周围环境的色彩以及各色彩之间的数量关系和视觉效果，统计这些色彩在色相、明度、彩度上的大致范围以及色彩搭配。

对城市的色彩现状进行调研和资料收集是一项内容复杂、工作量巨大的工作。建筑等城市环境中所施用的人工色彩所要达到和所能达到的精确程度与诸如纺织品、印刷品等产品的制作的要求存在一定的差距，在实地调查中，对调查对象的简化也必不可少。尽管如此，我们依然希望提高现状色彩信息的精确度，在色彩样品的定量描述中，本书将统一采用孟塞尔颜色体系的标注方式，中国颜色体系、建筑色彩作为样品对比、色彩制作的辅助手段。

（二）色彩景观的目标——二元定向图表法

把色彩当作个人喜好是毫无意义的，色彩的选择要根据色彩的目标来制定。城市中任何的色彩设计都不是孤立的，而是与地理、历史以及与周边环境密切相关的。因此色彩景观设计的目标也必须从以下三点出发：①地理：色彩设计的目标要传达出城市地理位置的特征。②历史：色彩设计的目标要传达出城市不同历史时期外观的文化内涵。③发展：色彩在城市发展中具有形成视觉连贯性的重要作用。

在实际项目中，色彩景观设计的目标因为和个人或是商业的目标混淆在一起，通常是不明确的，甚至是相互矛盾的，怎样才能制定出清晰合理的设计目标？一个有效的方法就是使用二元定向图表法（The Polarity Prifile）来确立色彩设计的目标。二元定向图表法是色彩景观研究中的一个重要方法，它不但可以帮助建立色彩的限定标准，明确设计目标，还可以用于分析评价一个已建成项目的色彩景观质量以及反馈情况。建筑师曼克（Frank Mahnke）将色彩倾向程度表细化为三个部分：

（1）色彩印象程度表，主要是用于明确指定空间的色彩设计要求，体现建筑的直观感受。它是由设计对象本身的功能、空间以及业主的个性要求共同决定的，以餐厅为例，首先要归纳出共同的关键词：友好的、干净的，舒适的、开胃的等，但是具体分析就会有以下关键词的差异出现：大的—小的，鲜艳的—复杂的，暖色的—冷色的，贵的—经济的，热烈的—冷静的，鲜艳的—素雅的，这些关键词决定了建筑色彩设计的效果。

（2）色彩分析程度表，主要用于分析周边环境中的主色调和辅助色，核对色彩设计目标与环境的关系。它的分析包括三个方面：环境的色调、总体印象或效果以及功能定位。色彩设计受到已有环境的制约，必须与原有环境相适合，特别是在那些具有地域以及历史特色的区域，否则就会成为不协调因子，破坏环境协调性和整体性。

（3）特殊环境问题程度表，反映出建筑对一些特定环境参数的要求，它包括两个方面：物理环境以及空间效果。这些环境参数大部分是针对特殊的功能空间而制定的，比如音乐厅、剧场声响效果、羽毛球、乒乓球等体育馆风速限制，生化实验室温度、湿度以及密闭性要求等，而噪声和节能设计在今天的居住办公建筑中应用也越来越广泛。对于不同的项目来说，色彩倾向程度表并不是固定不变的，建筑师要根据实际的情况来制定出适合自己的色彩倾向程度表，列出项目中所有要考虑的因素以及他们之间的相互作用。

第十四章　市政工程造价专业和就业前景

第一节 工程造价专业介绍

工程造价专业是教育部根据国民经济和社会发展的需要而新增设的热门专业之一，是以经济学、管理学为理论基础，从建筑工程管理专业上发展起来的新兴学科。目前，几乎所有工程从开工到竣工都要求全程预算，包括开工预算、工程进度拨款、工程竣工结算等，不管是业主还是施工单位，或者第三方造价咨询机构，都必须具备自己的核心预算人员，因此，工程造价专业人才的需求量非常大，就业前景非常火爆，属于新兴的黄金行业。就业渠道广，薪酬高，自由性大，发展机会广阔。

工程造价专业培养德智体美全面发展，具备扎实的高等教育文化理论基础，适应我国和地方区域经济建设发展需要，具备管理学、经济学和土木工程技术的基本知识，掌握现代工程造价管理科学的理论、方法和手段，获得造价工程师、咨询（投资）工程师的基本训练，具有工程建设项目投资决策和全过程各阶段工程造价管理能力，有实践能力和创新精神的应用型高级工程造价管理人才。工程造价专业是教育部根据国民经济和社会发展的需要而新增设的热门专业之一，是以经济学、管理学为理论基础，以工程项目管理理论和方法为主导的社会科学与自然科学相交的边缘学科。

本专业要求具备系统地掌握工程造价管理的基本理论和技能；熟悉有关产业的经济政策和法规；具有较高的外语和计算机应用能力；能够编制有关工程定额；具备从事建设工程招标投标，编写各类工程估价（概预算）经济文件，进行建设项目投资分析、造价确定与控制等工作基本技能；具有编制建设工程设备和材料采购、物资供应计划的能力；具有建设工程成本核算、分析和管理的能力，并受到科学研究的初步训练。工程造价专业培养懂技术、懂经济、会经营、善管理的复合型高级工程造价人才。

工程造价的核心即是工程概预算，随着建筑工程概预算的从业人员不断增加，工作岗位也发生较大的变化，概预算的理论水平和业务技术能力有待提高。为此国家劳动和社会保障部中国就业培训技术指导中心推出建筑预算领域岗位培训认证，分为土建、安装、装饰、市政、园林造价师。

第二节 工程造价专业主要课程

西方经济学、土木工程概论、材料力学、结构力学、工程经济学、经济法、工程项目管理办法、工程招投标与合同管理、会计学、财务管理、建筑定额与预算、工程设备与预算、安装工程预算、建筑电气施工预算等课程以及课程设计，工程施工实习和毕业实习与毕业论文写作。

建筑经济：基本内容——建筑业、建筑企业、建筑市场、建筑产品。基本要求——了解建筑业、建筑企业、建筑市场之间的关系，熟悉建筑产品价格的形成理论，了解建筑市场的运作过程。

建筑与装饰材料：基本内容——材料基本性质，无机胶凝材料、混凝土及砂浆、建筑钢材、木材、防水材料、装饰材料等。基本要求——掌握常用建筑材料及制品的名称、规格、性能、质量、标准、检验方法、储运保管和使用方面的技术知识。

建筑构造与识图：基本内容——建筑制图基本知识，工业与民用建筑施工图识读。工业与民用建筑构造，建筑装修、装饰构造基本要求——了解制图原理，掌握制图标准和施工图绘制方法，能识读建筑施工图。掌握民用、公共和工业建筑的一般构造；掌握建筑装修、装饰的一般构造。

建筑结构基础与识图：基本内容——静力学基本原理、钢筋混凝土结构、砖石结构，建筑结构图绘制。基本要求——了解建筑力学和结构的基本原理，理解建筑结构几何稳定性、内力和刚度的简单知识，掌握结构施工图的识读方法。

建筑施工工艺：基本内容——土方工程、砌体工程、钢筋混凝土工程、结构安装工程、屋面工程、装饰工程。基本要求——理解一般工业与民用建筑各重要分部分项工程施工程序、工艺、方法、质量标准和施工要求。

建筑设备安装识图与施工工艺：基本内容——室内给排水、采暖、电气照明、电话、电视、宽带网、建筑防雷。基本要求——了解室内给排水、采暖、电气照明、电话、电视、宽带网工程主要设备及配件的性能、工作原理和施工要求，掌握一般建筑的水、暖、电施工图的识图方法。

工程建设定额原理与实务：基本内容——施工过程及其划分，工作时间及其划分，技术测定法，人工定额、材料消耗定额、机械台班定额、企业定额、预算定额、概算定额编制。基本要求——熟悉施工过程及其划分、工作时间及其划分的方法，掌握技术测定法，掌握人工定额、材料消耗定额、机械台班定额、企业定额、预算定额、概算定额编制方法。

建筑工程预算：基本内容——建筑工程造价，建筑工程定额，施工图预算，竣工结算。基本要求——了解建筑工程造价基本原理，掌握预算定额的使用方法，掌握建筑工程预算的编制程序和方法，根据有关资料熟练地编制建筑工程预算；企业定额的应用，能熟练应用企业定额控制工程造价及编制工程投标报价。

第三节 工程造价专业培养目标

本专业培养德智体美全面发展，具备扎实的高等教育文化理论基础，适应我国和地方区域经济建设发展需要，具备管理学、经济学和土木工程技术的基本知识，掌握现代工程造价管理科学的理论、方法和手段，获得造价工程师、咨询（投资）工程师的基本训练，具有工程建设项目投资决策和全过程各阶段工程造价管理能力，有实践能力和创新精神的应用型高级工程造价管理人才。本专业是为建筑施工企业、建筑工程预算编制单位培养具备工程造价管理知识，能熟练编制工程造价文件的应用型技术人才，更好地解决就业压力。

第四节 工程造价专业就业前景

学生毕业后能够在工程（造价通）咨询公司、建筑施工企业（乙方）、建筑装潢装饰工程公司、工程建设监理公司、房地产开发企业、设计院、会计审计事务所、政府部门企事业单位基建部门（甲方）等企事业单位，从事工程造价招标代理、建设项目投融资和投资控制、工程造价确定与控制、投标报价决策、合同管理、工程预（结）决算、工程成本分析、工程咨询、工程监理以及工程造价管理相关软件的开发应用和技术支持等工作。开设的主要课程：画法几何与工程制图、工程制图与CAD、管理学原理、房屋建筑学、建筑材料、工程力学、工程结构、建筑施工技术、工程项目管理、工程经济学、建筑工程计价、土建工程计量、安装工程施工技术、工程造价管理、建设工程合同管理、工程造价案例分析、电工学、流体力学、建筑电气与施工、安装工程计价与计量、建筑给排水与施工等。授予学位：工学学士或管理学学士。

工程造价行业前景很好，工程造价是属于土木建筑方面的，因为每个工程都会需要造价预算，就这个工作而言是必不可少的，所以对于造价这个行业来说也是十分可观的。中国建筑方面特别多，就拿北京奥运会来说，这么庞大的一个工程怎么会不需要专业造价预算方面的人呢？还有什么安装、土建、市政等，都需要用到造价专业的人士，这可是关乎民生的事情，重要而且严谨。再加上现在造价方面的考试十分严格，考试通过率也十分低，所以对于造价方面的人来说收入也是很可观的，市场需求量大，而市场却供应不足。现在建筑业、装饰业、房地产业等很多领域都需要大量专业预算工程师，前景非常好。只是想学好预算就需要很大的毅力和决心。从专业优势讲，主要有以下几个方面：

1.综合其他专业的相关知识，系统掌控。预算专业既要掌握设计、构造、技术，还要掌握材料及市场信息和动态；对工程整体环境及背景应有整体认识，进

而应用预算专业知识对工程造价有整体掌控。

2.预算专业人员稍加培训甚至不培训（视个人素质及专业而定）即可参与甚至从事其他专业工作。

3.预算专业人员更适合科学合理地管理工地，亦可成为精明的企业经营者。

4.预算专业人员还可以从事工程造价的监督审核等工作，专业的重要性不言自明。

5.预算专业人员是工程不可或缺的重要一环，非其他专业所能代替，是这个工程能否成功获得最大利润的重要组成部分。对已经揽下工程而言，招投标中离了预算更是不可能的。需要具备工民建、土木工程、建筑经济管理、工程造价、建筑工程、预算等专业大专及以上学历。一名合格的工程预算员需要了解一般的施工工序、施工方法、工程质量和安全标准；熟悉建筑识图、建筑结构和房屋构造的基本知识，了解常用建筑材料、构配件、制品以及常用机械设备；熟悉各项定额、人工费、材料预算价格和机械台班费的组成及取费标准的组成；熟悉工程量计算规则，掌握计算技巧；了解建筑经济法规，熟悉工程合同的各项条文，能参与招标、投标和合同谈判；要有一定的电子计算机应用基础知识，能用电子计算机来编制施工预算；能独立完成项目的估、概、预、结算等工作。此外，还需要具有良好的沟通能力、协调能力以及工作执行能力。建筑工程预算的编制是一项艰苦细致的工作，它需要我们专业工作者有过硬的基本功，良好的职业道德，实事求是的作风，勤勤恳恳、任劳任怨的精神。在充分熟悉掌握定额的内涵、工作程序、子目包括的内容、建筑工程量计算规则及尺度的同时，深入建筑工程第一线，从头做起。

参考文献

[1] 于艺婧，马锦义，袁韵珏.中国园林生态学发展综述[J].生态学报，2013，9.

[2] 苏勤，钱树伟.世界遗产地旅游者地方感影响关系及机理分析——以苏州古典园林为例[J].地理学报，2012，8.

[3] 卢文龙.现代园林工程管理调查研究——以上海为例[D].西北农林科技大学，2013.

[4] 刘家琳.基于雨洪管理的节约型园林绿地设计研究[D].北京林业大学，2013.

[5] 董丽.低成本风景园林设计研究[D].北京林业大学，2013.

[6] 赵松婷，李新宇，李延明.园林植物滞留不同粒径大气颗粒物的特征及规律[J].生态环境学报，2014，2.

[7] 张哲，潘会堂.园林植物景观评价研究进展[J].浙江农林大学学报，2011，6.

[8] 梁明捷.岭南古典园林风格研究[D].华南理工大学，2012.

[9] 王忠君.基于园林生态效益的圆明园公园游憩机会谱构建研究[D].北京林业大学，2013.

[10] 白桦琳.光影在风景园林中的艺术性表达研究[D].北京林业大学，2013.

[11] 董丽.低成本风景园林设计研究[D].北京林业大学，2013.

[12] 赵松婷，李新宇，李延明.园林植物滞留不同粒径大气颗粒物的特征及规律[J].生态环境学报，2014，2.

[13] 张哲，潘会堂.园林植物景观评价研究进展[J].浙江农林大学学报，2011，6.

[14] 梁明捷.岭南古典园林风格研究[D].华南理工大学，2012.

[15] 王忠君.基于园林生态效益的圆明园公园游憩机会谱构建研究[D].北京林业大学，2013.

[16] 白桦琳.光影在风景园林中的艺术性表达研究[D].北京林业大学，2013.

[17] 王华青，马良，吉文丽.论园林景观规划的主题与文化[J].西北林学院学报，2011，5.

[18] 徐琴.长沙乡土植物城市园林适宜性指数研究[D].中南林业科技大学，2013.

[19] 刘滨谊.风景园林三元论[J].中国园林，2013，11.

[20] 朱建宁.展现地域自然景观特征的风景园林文化[J].中国园林，2011，11.

[21] 周子颜，王淘莎.谈园林景观中的地面设计[J].环境与生活，2015，18.

[22] 赵广超.不只中国木建筑[M].上海：三联书店出版社，2006.

[23] 陈鞠良.谈平面构成设计[J].湖南包装，2003(2)：26-29.

[24] 王受之.世界现代设计史[M].北京：中国青年出版社，2002.

[25] 辞海编辑委员会.辞海[M].上海：上海辞书出版社，1995.

[26] 俞孔坚.论景观[J].中国建筑装饰装修，2003(12)：12-13.

[27] 刘滨谊.现代景观规划设计[M].南京：东南大学出版社，1999.

[28] 西蒙・贝尔.景观的视觉设计要素[M].王文彤，译.北京：中国建筑工业出版社，2004.

[29] 顾大庆.设计视知觉基础[J].室内，2003(8)：18-22.

[30] 巴厘・A.伯克斯.艺术与建筑[M].刘俊，蒋家龙，詹晓薇，译.北京：中国建筑工业出版社，2003.

[31] 康定斯基.康定斯基论点线面[M].罗世平，魏大海，辛丽，译.北京：中国人民大学出版社，2003.

[32] 夏镜湖.平面构成[M].重庆：西南师范大学出版社，1999.